普通高等教育机械类专业基础课系列教材

工程训练

——基础实训项目指导

主　编　郑耀辉
副主编　梁　峰
主　审　王亚杰

北京理工大学出版社
BEIJING INSTITUTE OF TECHNOLOGY PRESS

内容简介

本书是高等学校工程训练实践类课程的教材，主要内容包括锻造、铸造、焊接、钢的热处理、普通车削加工、普通铣削加工、普通磨削加工、普通刨削加工、钳工技术、CAD/CAM 软件实训、数控铣、数控车削加工、电火花线切割加工、3D 打印、激光切割等 15 个实训项目，同时介绍了智能制造、常规量具应用等内容，共计 17 章。

本书在部分章节安排了包含课程思政元素的延伸阅读内容。同时，编者录制了各实训项目的规范操作视频，读者可以通过扫描书中的二维码进行观看学习。

图书在版编目(CIP)数据

工程训练：基础实训项目指导／郑耀辉主编. --北京：北京理工大学出版社，2021.8

ISBN 978-7-5763-0185-4

Ⅰ.①工… Ⅱ.①郑… Ⅲ.①机械制造工艺 Ⅳ.①TH16

中国版本图书馆 CIP 数据核字(2021)第 165937 号

出版发行／北京理工大学出版社有限责任公司
社　　址／北京市海淀区中关村南大街 5 号
邮　　编／100081
电　　话／(010)68914775(总编室)
　　　　　(010)82562903(教材售后服务热线)
　　　　　(010)68944723(其他图书服务热线)
网　　址／http：//www. bitpress. com. cn
经　　销／全国各地新华书店
印　　刷／涿州市新华印刷有限公司
开　　本／787 毫米×1092 毫米　1/16
印　　张／17.25
字　　数／358 千字
版　　次／2021 年 8 月第 1 版　2021 年 8 月第 1 次印刷
定　　价／45.00 元

责任编辑／江　立
责任校对／刘亚男
责任印制／李志强

图书出现印装质量问题，请拨打售后服务热线，本社负责调换

《工程训练——基础实训项目指导》
编委会

主　编：郑耀辉

副主编：梁　峰

主　审：王亚杰

参　编：陈　磊　郭海萍　贺声阳　姜　阳

李向阳　廖　伟　刘江宁　刘洋洋

刘　贞　栾美娟　秦　斌　汪志超

王　迪　王　帅　武国瑞　项　坤

徐　晗　闫　周　杨　兵　杨婧婷

杨　静　杨　旭　张希洋

主编简介

郑耀辉，副教授，沈阳航空航天大学工程训练中心副主任，“工程实践与创新”课程思政校级教学团队负责人。承担辽宁省省级教改项目2项、教育部产学合作协同育人项目3项，获批国家级一流本科课程1门、省级一流本科课程2门、校级优秀“课程思政”示范课1门，获得辽宁省省级教学成果二等奖1项、校级教学成果三等奖1项，指导学生参加科技竞赛获国家级、省部级奖励20余项。

主持国家科技重大专项子课题、辽宁省自然科学基金、航空科学基金等6项纵向项目，主持8项与沈飞、成飞、黎明等航空企业合作的横向项目。发表学术论文20余篇，授权发明专利6项，授权登记计算机软件著作权8项。获得中国航空学会技术发明一等级1项、国防科技进步二等奖1项、辽宁省科技进步二等奖1项，科技成果向辽宁省省内企业转化2项。

前　言

“工程训练”是一门实施工程知识传授、能力培养和价值塑造的重要实践类课程。新工科建设、工程教育专业认证、金课建设等教育改革工作的推进，对高等院校的工程训练教学提出了新的要求。《国家中长期教育改革和发展规划纲要》提出：“高校要强化多学科交叉和融合的实践教学环节，重点扩大应用型、复合型、技能型人才的培养规模。”教育部高等学校工程训练教学指导委员会主任指出：“工程训练要为培养有作为有担当的综合能力强、创新意识强的新时代人才起到关键作用，要遵循‘大工程’概念重新诠释‘工程训练’的内涵”。为此，作者根据多年的教学实践经验，编写了此书。

本书为高等学校工程训练实践类课程的教材，是围绕工程训练课程的教学目标，根据课程教学大纲编写而成的，包括了传统制造加工实训项目、数控加工实训项目、特种加工实训项目等内容，并在部分章节安排了包含课程思政元素的延伸阅读内容。同时，编者录制了各实训项目的规范操作视频，读者可以通过扫描书中的二维码进行观看学习。

本书由沈阳航空航天大学郑耀辉任主编，沈阳航空航天大学梁峰任副主编。参加本书编写的沈阳航空航天大学人员和具体的编写分工如下：第 1 章由陈磊编写，第 2 章由郭海萍、杨旭、杨兵编写，第 3 章由武国瑞编写，第 4 章由杨兵、杨旭、郭海萍编写，第 5 章由闫周、李向阳编写，第 6 章由陈磊编写，第 7、8 章由梁峰编写，第 9 章由闫周编写，第 10 章由栾美娟、张希洋、郑耀辉编写，第 11 章由项坤、汪志超、刘贞、郑耀辉、梁峰编写，第 12 章由姜阳、郑耀辉编写，第 13 章由贺声阳编写，第 14 章由杨婧婷、杨静、郑耀辉编写，第 15 章由刘洋洋、刘江宁、郑耀辉编写，第 16 章由廖伟编写，第 17 章由郑耀辉、梁峰编写。工程训练中心王迪书记对全书的课程思政内容进行了审定，工程训练中心主任王亚杰教授和徐晗老师对本书进行了审核，工程训练中心王帅老师参与了部分视频课件的制作。同时，本书的编写工作得到了广州华之尊光电科技有限公司的大力支持，公司总经理高级工程师秦斌参与了大量的实际操作案例编写与审定工作。

限于编者的水平，书中难免存在疏漏之处，诚请读者批评指正。

编　者

2021 年 5 月于沈阳

目录

第1章 锻　造

1.1 概　述

锻造在中国有着悠久的历史。最初，人们为了制造工具，利用人力、畜力通过转动轮子来举起重锤锻打工件，这就是最古老的锻造。14 世纪出现了水力落锤。15—16 世纪，航海业蓬勃发展，为了锻造铁锚等，出现了水力驱动的杠杆锤。18 世纪，英国工程师内史密斯创制第一台蒸汽锤，开始了蒸汽动力锻压机械的时代。20 世纪初，锻造才以机械化的方式出现在工业生产中，并占有重要的地位。

锻造在机械制造、汽车、仪表、造船、冶金及国防等工业中应用广泛。以汽车为例，按质量计算，汽车中 70% 的零件都是锻造而成的。锻造常用于制造主轴、连杆、曲轴、齿轮、高压法兰、容器、汽车外壳、电机硅钢片、武器、弹壳等重要零件的毛坯。

根据采用的设备、工具和成形方式的不同，可将常用锻造方法进行如图 1-1 所示的分类。

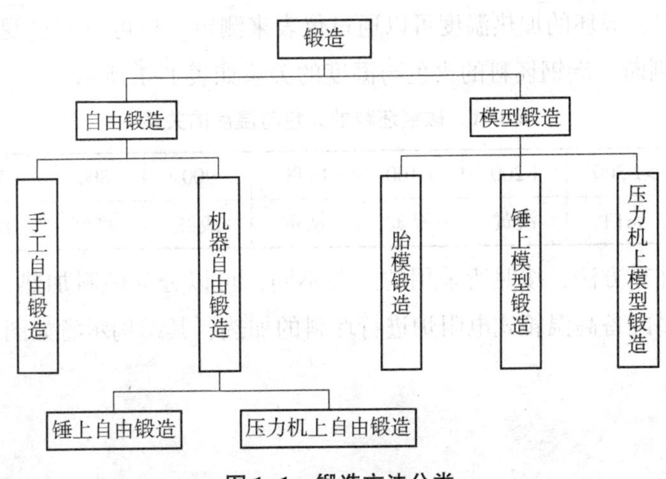

图 1-1　锻造方法分类

锻造的生产工艺过程一般为：下料→坯料加热→锻造→冷却→热处理→清理→锻后检查。在实际生产中，有时为了满足不同强度和表面粗糙度的锻件生产要求，根据毛坯锻打时的温度，还可将锻造分为冷锻、温锻和等温锻等不同的锻造方法。

1.2 实训目的

（1）了解锻造的工艺特点及加工范围。

（2）熟悉锻造的生产工艺过程及自由锻造的基本工序。

（3）了解空气锤的基本结构及工作原理，并能进行简单的基本操作。

1.3 锻造加热基本知识

在锻造生产中，金属坯料锻前加热的目的是：提高金属的可塑性，降低其变形抗力，即增加金属的可锻性，从而使金属易于流动成形，并使锻件获得良好的锻后组织和力学性能。锻造温度范围是指锻件由始锻温度到终锻温度的间隔。各种金属材料在锻造时所允许的最高加热温度，称为该材料的始锻温度，所允许的最低锻造温度，也就是停止锻造的温度，称为该材料的终锻温度。锻造温度范围的确定原则是：保证金属坯料在锻造过程中具有良好的锻造性能；同时，锻造温度范围应尽量放宽，以便有较充裕的时间进行锻造成形；减少加热次数，降低材料消耗，提高生产率。

在实际生产中，锻坯的加热温度可以通过仪表来测定，也可以通过观察被加热锻坯的颜色（火色）来判断。碳钢坯料的火色与温度的关系如表 1–1 所示。

表 1–1　碳钢坯料的火色与温度的关系

加热温度/℃	>1 300	1 200	1 100	1 000	900	800	700	<600
火色	亮白	淡黄	橙黄	橘黄	淡红	樱红	暗红	黑色

金属坯料的加热方法，按照所采用的热源不同，可以分为燃料加热和电加热两大类。在锻造实训室中多配备高温箱式电阻炉进行坯料的加热，其结构示意如图 1–2 所示。

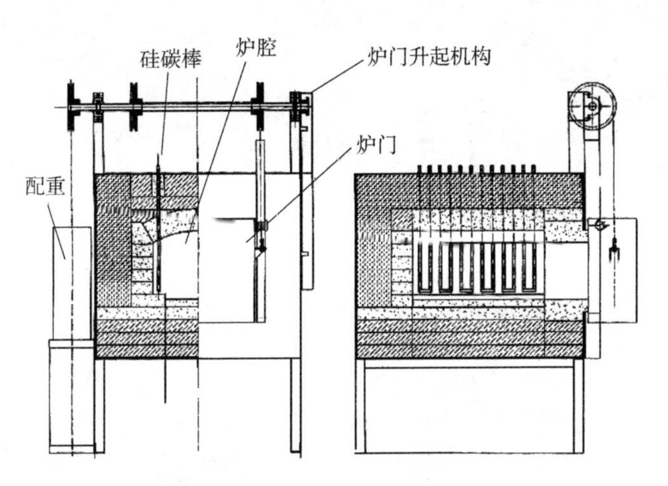

图 1-2　高温箱式电阻炉结构示意

1.4　锻造分类

根据成形机理，可将锻造分为自由锻造和模型锻造。

自由锻造（自由锻）是指金属在通用工具上或直接在锻造设备的上、下砧铁之间进行塑性变形，从而获得所需要的形状、尺寸以及内部质量的锻造方法。自由锻造通常分为手工自由锻造和机器自由锻造。手工自由锻造依靠人力，利用简单的工具对坯料进行锻打，从而改变坯料的形状和尺寸来获得所需要的锻件，主要用于生产小型工具或用具。机器自由锻造指的是主要依靠专用的自由锻设备和专用工具对坯料进行锻打，从而改变坯料的形状和尺寸来获得所需要的锻件。自由锻造所用的工具简单，通用性强且灵活性大，适用于生产单件和小批锻件。

模型锻造（模锻）是把热塑性金属坯料放在具有一定形状和尺寸的锻模模膛内承受冲击力或静压力产生塑性变形从而获得锻件的加工方法。按所用设备的不同，可将模型锻造分为胎模锻造、锤上模型锻造和压力机上模型锻造。模型锻造与自由锻造相比，生产效率提高了几倍甚至几十倍，生产出的锻件形状复杂程度更高，机械加工余量更小，尺寸更加精确，锻件纤维更合理，力学性能更好。但模型锻造的加工成本高，因而只适用于大批量生产。由于模型锻造时工件是整体变形，受设备能力限制，因此一般仅用于锻造 450 kg 以下的中小型锻件。

1.5 锻造实训

1.5.1 空气锤的操作实训

空气锤的工作原理如图 1-3 所示。空气锤由电动机驱动，通过减速机构和曲柄连杆机构使压缩活塞在压缩气缸中做上下往复运动。当压缩活塞向下运动时，压缩气缸下部的空气被压缩，经下旋阀进入工作气缸下部，即工作活塞下部，从而使工作活塞向上运动。与此同时，工作气缸上部的空气经上旋阀进入压缩气缸上部。反之，当压缩活塞向上运动时，压缩气缸上部的空气被压缩，经上旋阀进入工作气缸上部，即工作活塞上部，使工作活塞向下运动并进行锻击。

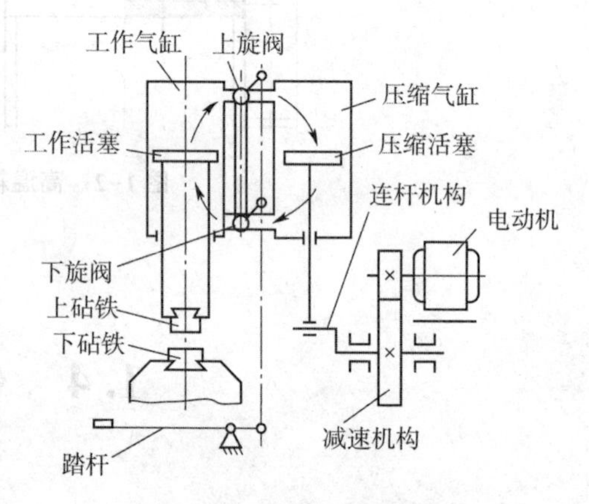

图 1-3 空气锤的工作原理

实际操作之前，先由实训指导教师演示一遍空气锤的使用方法及其能够实现的动作，然后以班级为单位，在指导教师的指挥下逐一进行空气锤的操作。接通电源后，通过手柄（或踏杆）操纵上、下旋阀，能使空气锤实现以下 4 个动作。

（1）提锤：手柄呈图 1-4（a）所示工作位置，上旋阀通入气体，下旋阀单向通工作气缸的下部，使落下部分提升并且停留在上方，以便锻前放置工件或工具。

（2）打击：手柄呈图 1-4（b）所示工作位置，上、下旋阀均与压缩气缸和工作气缸连通，压缩空气交替进入工作气缸的上部和下部，使落下部分运动，打击锻件。

（3）压锤：手柄呈图 1-4（c）所示工作位置，下旋阀通入气体，上旋阀单向通工作气缸的上部，使落下部分落下并压紧工件，以便进行弯曲、扭转等工序的操作。

（4）空转：手柄呈图 1-4（d）所示工作位置，上、下旋阀均与空气相通，压缩空气排入大气中，落下部分靠自身重量停落在下砧铁上。

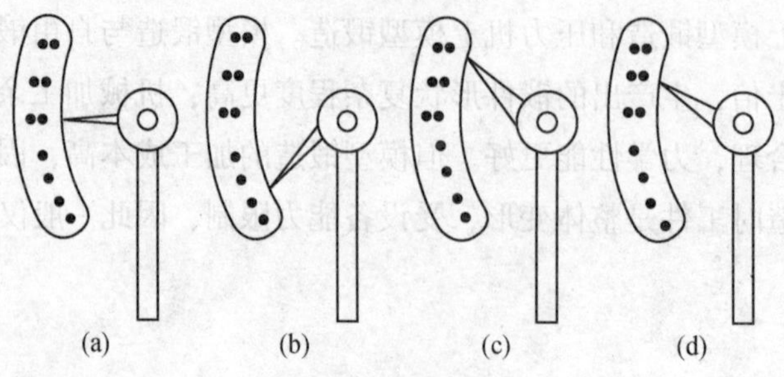

图 1-4 手柄位置

1.6　锻造安全操作规程

（1）实训前掌握一定的设备保养知识，并遵守安全操作规程，不得单独操作锻造设备和加热设备。

（2）锻造时，强大的辐射热、灼热的料头、飞出的氧化皮等都会对人体造成伤害，因此操作者在工作前必须穿戴好个人防护用品（工作服、鞋、帽等）。

（3）在进行锻造作业时，操作者要集中精力，互相配合，注意选择安全位置，躲开危险方向，身体尽量避开料头可能飞出的方向。

（4）掌钳工握钳和站立姿势要正确，禁止将钳把正对或抵住腹部；司锤工要按掌钳工的指挥准确司锤，锤击时，每一锤要轻打，等工具和锻件接触稳定后方可重击。

（5）锻件过冷、过薄、未放在锤中心、未放稳时均不得锤击，以免损坏设备、模具和震伤手臂，以及锻件飞出伤人。

（6）严禁擅自落锤和打空锤，禁止用手或脚去清除砧面上的氧化皮，禁止用手触摸锻件。

（7）烧红的坯料和锻好的锻件禁止乱扔，以免烫伤他人。

（8）锻造工具和辅助工具，特别是手工锻和自由锻工具等种类繁多，操作结束后必须收拾整齐，以备下次使用。

（9）锻造属于集体作业，操作者应互相配合，操作过程应井然有序，一切听从指导教师指挥。

（10）锻造结束后，清理工作环境卫生，并检查工作设备是否断电。

1.7　延伸阅读

大国重器——世界最大 19 500 t 自由锻造油压机

由中国重型机械研究院自主研发的 19 500 t 自由锻造油压机是已投产的世界最大吨位的自由锻造油压机，如图 1-5 所示。

19 500 t 自由锻造油压机采用三梁四柱三缸上传动压套插入式全预应力框架结构，上横梁和下横梁均采用预应力组合梁，最大锻件能力可达 450 t，可完成镦粗、拔长等自由锻造工艺，具有常锻和快锻功能，运行平稳、无冲击。

中国重型机械研究院为该项目提供了全过程、全方位的技术支持和服务，并与用户合作，攻克了超大型零部件加工、焊接、热处理和安装等诸多技术难题，圆满完成了机组设备的制造、安装和调试工作。

图 1–5　国产 19 500 t 自由锻造油压机

该项目的投产，提升了我国重型锻压装备的加工能力和机械化水平，打破了大型电力、船舶、冶金、化工、航空航天和国防军工等领域超大型优质锻件的制造瓶颈，巩固了中国重型机械研究院在重型锻压装备领域的领先地位，为企业的飞跃发展提供了保障。

第2章 铸造

2.1 概述

铸造是指将金属熔化成液体，并浇注到与零件相适应的铸型空腔中，待其冷却、凝固、清整后，获得毛坯或零件的工艺过程。铸造是人类所掌握的比较早的一种金属加工工艺，已有约6 000年的历史。这种方法生产出的毛坯与零件统称为铸件。铸件一般是零件的毛坯，需经过机械加工后才能成为零件。若对零件的精度要求不高，则铸件也可不经加工直接作为零件使用。

铸造方法根据生产方式的不同，可分为砂型铸造和特种铸造。砂型铸造因其具有适应性强、生产准备简单等特点而被广泛应用。特种铸造是不用砂或少用砂的铸造工艺的统称，主要包括金属型铸造、压力铸造、离心铸造、壳型铸造和消失模铸造等。

铸造是机械制造业中毛坯和零件的主要加工工艺，在机械制造业中占有极其重要的地位。铸造主要具有如下的优点。

（1）工艺灵活、适应性强。铸件的金属材质与生产批量不受限制。铸件的质量不受限制，可由几克到数百吨。铸件的外形轮廓和内腔结构不受限制。铸件能获得一般机械加工设备难以加工的复杂内腔，如箱体、气缸体、机床床身等。

（2）铸造成本低廉。铸件形状、尺寸与零件相近，可节省大量的原材料和加工工时，并且铸造的原材料来源广泛，如废旧金属就可以作为铸造原材料。

但是，液态成型也给铸造带来如下缺点。

（1）铸造组织疏松，晶粒粗大，内部易产生缩孔、缩松、气孔等缺陷。

（2）铸造的力学性能（特别是冲击韧性）较差。

（3）铸造工序多，难以精确控制，生产条件较差，劳动强度较高。

虽然铸造有以上缺点，但是突出的优点使其成为制造具有复杂结构金属件的最灵活、最经济的成型方法，在工业生产中得到广泛的应用。在机床、汽车和拖拉机等设备的生产过程中，25% ~80% 的毛坯采用铸造方法生产。

2.2 实训目的

（1）了解铸造生产的工艺流程、特点及实际应用。

（2）了解铸型的组成，常用的造型方法，分型面及浇注系统位置的选择。

（3）了解造型工装和工具的名称及使用方法。

（4）了解整模、分模、挖砂造型的操作过程。

（5）了解浇注系统的作用和组成，常见铸造缺陷的形成原因。

2.3 砂型铸造基础知识

砂型铸造是将液体金属浇入砂质铸型（砂型）中，待其冷却凝固后，将砂型破坏取出铸件的铸造工艺。砂型铸造的生产工艺流程如图 2-1 所示。

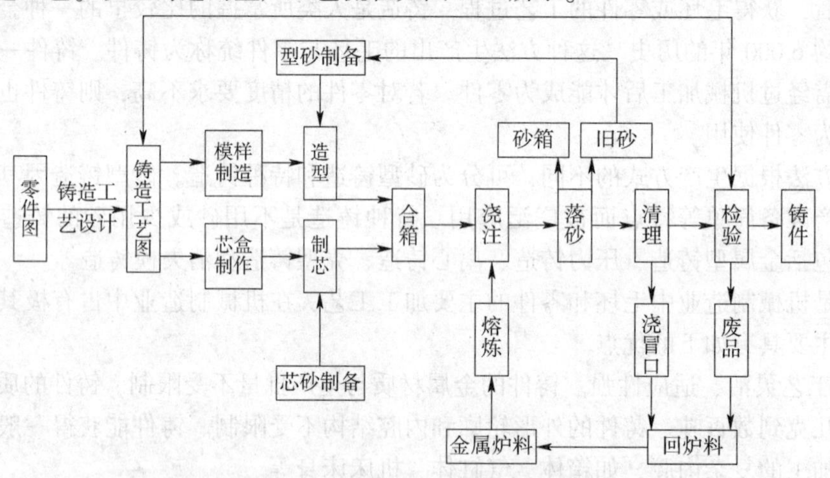

图 2-1 砂型铸造的生产工艺流程

2.3.1 手工造型的工具

（1）造型工具：主要有砂冲、刮板、通气针、起模针或起模钉。

（2）修型工具：主要有镘刀、提钩、半圆、成型镘刀、圆头、法兰梗和压勺等。

（3）砂箱：常采用灰铁或铝合金制成，在造型、运输和浇注时支撑砂型，防止砂型损坏。

（4）型（芯）砂：主要由原砂、黏结剂、水和附加物配制而成。其中，型（芯）砂的主要性能要求有强度、透气性、耐火度、可塑性和退让性。

生产中，一般采用比较直观快速的方法来鉴别型砂的适用性。检验方法为：用手抓一把型砂并捏紧，然后松开手指，若砂团不散，砂粒不黏手，并且指纹清晰，则说明型砂混制均匀，水分恰当，其退让性、流动性和塑性较好；如将砂团折断，其断面平齐，无水痕，而且断面上没有碎裂状纹路，则说明型砂的强度好，如图2-2所示。

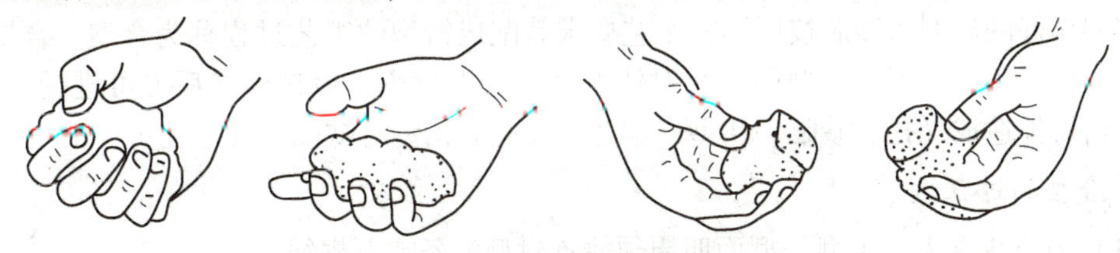

图2-2 型砂的检验方法

黏土砂的混砂操作：称量原材料、干混、湿混、抽检、卸料、调匀处理、疏松处理、储存待用。

2.3.2 模样与芯盒的制造

模样与芯盒是造型和造芯用的模具。模样用于造型，以形成铸件的外形。芯盒用于造芯，以形成铸件的内腔。小批量生产常采用木制模样和芯盒。

1. 模样工艺数据确定

模样工艺数据确定是以零件图为依据，结合铸造工艺特点，绘制铸造工艺图，主要考虑分型面、加工余量、起模斜度、铸造圆角、收缩余量、芯头和芯座等。

2. 制模工艺过程

制模工艺过程主要包括绘制木模图、制备木材坯料、加工、装配、检验和涂漆。

2.3.3 造型方法

造型方法的分类多种多样，本书按型砂紧实成型方式进行分类，分为手工造型和机械造型。

全部用手或手动工具来完成的造型工序称为手工造型。根据铸件结构、生产批量和生产条件，可采用不同的手工造型方案。用机器全部完成或部分完成紧砂操作的造型工序称为机器造型。

手工造型根据模样特征分为整模造型、分模造型、活块造型、挖砂造型、假箱造型和刮板造型等。手工造型根据砂箱特征分为两箱造型、三箱造型等。两箱造型是铸造中最常用的造型方法，其特点是方便灵活，适应性强（详见2.7铸造实训）。

2.3.4 制造型芯

型芯是铸型的重要组成部分，采用芯盒制造，制造方法一般为放置芯骨、扎通气孔等。砂芯一般用芯座或芯撑固定。由于型芯大部分表面被高温金属液所包围，因此型芯要比砂型具有更高的强度，更低的吸湿性和发气性，更好的透气性，更好的退让性和溃散性。

2.3.5 砂型和砂芯的烘干

砂型和砂芯的烘干是砂型铸造的重要工序。黏土砂型和砂芯经烘干后，水分蒸发，黏土膜烧结，有机物燃烧，使砂型和砂芯的整体强度、表面硬度和透气性均得以提高，发气量也明显下降。

2.3.6 合型

将制作好的砂型和砂芯按照图样工艺要求装配成铸型的工艺过程称为合型。合型是造型的最后一道工序，因此合型前必须对铸型进行全面检查，检查合格后方可进行。否则，可能会给铸件造成气孔、砂眼、错型、偏芯、飞刺和抬型等缺陷，甚至使铸件报废。

1. 合型的过程

（1）为防止跑火，干型分型面四周须放置封型泥条或石棉绳。

（2）合型时，上型要呈水平状态，缓慢下落，准确定位后再合型。

（3）检查直浇道与下型横浇道位置，判断砂芯是否有卡芯的可能。

（4）检查分型面处是否合严，如有间隙，应采取防火措施。

（5）放好压铁，紧固好砂型，放浇冒口杯，盖好浇口杯，准备浇注。

2. 紧固

为防止上型在金属静压力和砂芯浮力作用下被抬起，上下砂型要紧固在一起。紧固方法有压铁法（明、暗）、螺栓法或弓形卡法等。

2.4 熔炼和浇注

铸造合金的熔炼是比较复杂的物理化学过程。熔炼时，既要控制金属液的温度，又要控制其化学成分。此外，在保证质量的前提下，应尽量减少能源和原材料的消耗，减轻劳动强度，降低环境污染。

2.4.1 铝合金的熔炼

1. 铝合金的熔炼设备

铝合金的熔炼设备主要有坩埚炉和感应电炉。真空感应电炉的结构示意如图 2-3 所示。

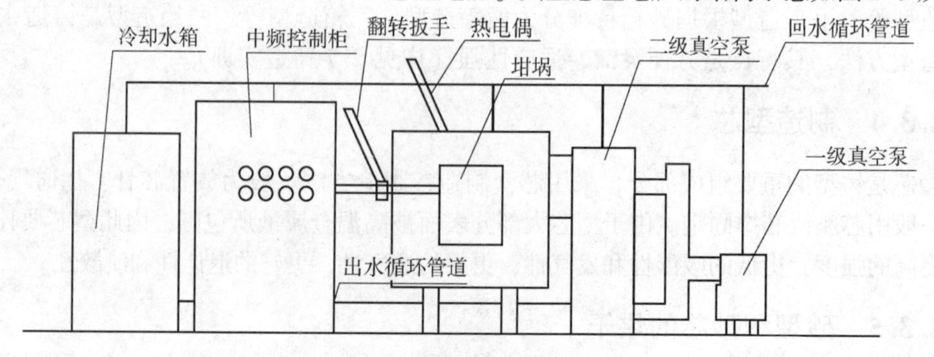

图 2-3 真空感应电炉的结构示意

2. 铝合金的熔炼工艺过程

虽然铝合金的牌号较多，但一般来说，铝合金的熔炼工艺过程可归纳为：熔化前的准备→装料→熔化→调整化学成分→精炼→变质处理→调整温度→浇注。

2.4.2 浇注

将金属液浇入铸型的过程称为浇注。浇注前需要了解浇注件的质量、大小、形状和合金牌号等，对于浇注情况做到心中有数。此外，还需要检查铸型的紧固和压铁情况，以免浇注时由于金属液的浮力使上箱抬起，造成跑火。常用合金砂型铸造的浇注温度如表2-1所示，浇注速度应按铸件形状合理确定。

表2-1 常用合金砂型铸造的浇注温度

合金名称	熔点/℃	浇注温度/℃		
		壁厚小于20 mm	壁厚20～30 mm	壁厚大于30 mm
铝硅合金	570	720～780	700～740	650～700

2.5 落砂、清理、检验与常见缺陷分析

2.5.1 落砂与清理

将铸件从浇注过的铸型中取出来的过程称为落砂。

铸件的清理一般包括去除浇冒口、清除砂芯、铲除飞边毛刺、清理表面粘砂和缺陷修整等。

2.5.2 检验和常见缺陷分析

在铸造生产中，影响质量的因素很多。有时一种缺陷会由多种因素造成，或一种因素可能引起多种缺陷。因此，实际分析时应根据具体条件，找出产生缺陷的主要原因，并采取相应措施防止和消除缺陷。

为了检查铸件是否存在缺陷，生产中常用的铸件检验项目有外观、尺寸、质量、力学性能、化学成分、金相组织。检查方法有检查内部缺陷的无损探伤法（磁力、X射线、超声波探伤等）和水密、气密试验等。

铸件缺陷的种类繁多，产生缺陷的原因相当复杂。常见铸件缺陷和分析如下。

（1）气孔产生原因：型砂含水过多，透气性差；起模和修型时刷水过多；砂芯烘干不良或砂芯通气孔堵塞；浇注温度过低或浇注速度太快。

（2）缩孔产生原因：铸件结构不合理，如壁厚相差过大，造成局部金属积聚；浇注系统和冒口的位置不对，或冒口过小；浇注温度太高，或金属化学成分不合格，收缩过大。

（3）砂眼产生原因：型砂和芯砂的强度不够；砂型和砂芯的紧实度不够；合箱时铸型

局部损坏；浇注系统不合理，冲坏铸型。

(4) 浇注不足产生原因：浇注时金属量不够；浇注时金属液从分型面流出；铸件太薄；浇注温度太低；浇注速度太慢。

(5) 渣眼产生原因：浇注时挡渣不良；浇注温度太低，渣子未能有效上浮；浇注系统不正确，挡渣作用差。

(6) 错型产生原因：模样的上半模和下半模未对好；合箱时，上、下砂箱未对准。

(7) 偏芯产生原因：砂芯未固定好，浇注时冲偏；制模样时，芯头偏芯；下芯时，放偏。

2.6 铸型的组成和浇注系统

2.6.1 铸型的组成

铸型是根据零件形状用造型材料制成的。铸型一般由砂箱、上砂型、型芯出气孔、铸型出气孔、分型面、下砂型、型芯、型腔和浇注系统等部分组成，其结构示意如图 2-4 所示。铸型中各组元之间的接合面称为分型面。铸型中由砂型面和型芯面所组成的空腔部分，用于在铸造中形成铸件主体，称为型腔。型芯一般用来形成铸件的内孔和内腔。金属液流入型腔内的一系列通道统称为浇注系统。出气孔的作用是排出浇注过程产生的气体。

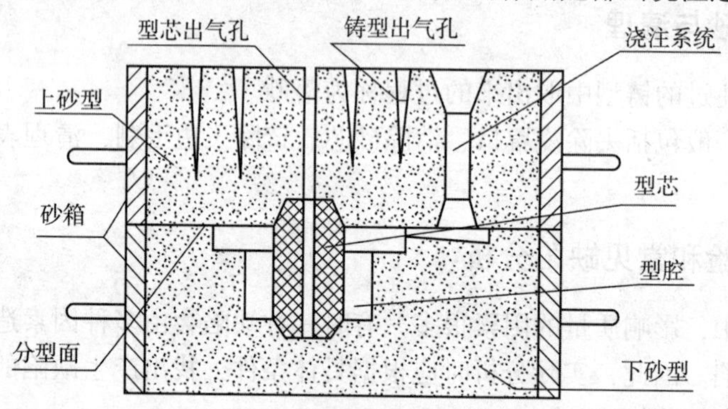

图 2-4 铸型的结构示意

2.6.2 浇注系统

浇注系统是砂型中引导金属液进入型腔的通道。典型浇注系统由冒口、浇口杯、直浇道、横浇道和内浇道组成。典型浇注系统的结构示意如图 2-5 所示。正确地设计浇注系统是获得优质铸件的主要手段。

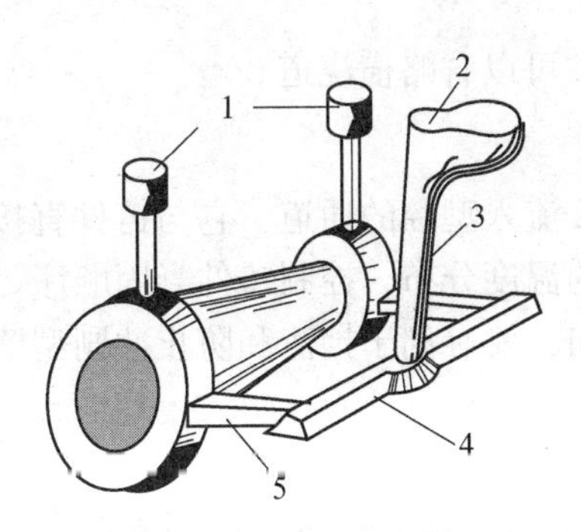

1—冒口；2—浇口杯；3—直浇道；4—横浇道；5—内浇道。

图 2-5　典型浇注系统的结构示意

1. 浇注系统的开设应满足的要求

（1）控制金属液流动的速度和方向，并保证金属液充满型腔。

（2）有利于铸件的温度分布。

（3）金属液在型腔中的流动应平稳、均匀，以免夹带空气，产生金属氧化物和冲刷砂型。

（4）浇注系统应具有除渣功能。

2. 浇注系统的组成和作用

1）冒口

在铸型内储存供补缩铸件用的熔融金属的空腔称为冒口。冒口通常位于铸型的顶部或热节附近，具有补缩、排气、集渣等作用并作为浇注充满的标志。设置冒口应遵循以下原则：

（1）冒口应尽量放在铸件被补缩部位的上部或最后凝固的热节点旁边；

（2）冒口应尽量放在铸件最高最厚的地方，以便利用金属液的重力进行补缩；

（3）在铸件的不同高度上有热节需要补缩时，可在不同水平面安放冒口，但应利用冷铁将各个冒口补缩范围隔开；

（4）冒口应尽可能不阻碍铸件的收缩，不应放在应力集中处，以免引起裂纹；

（5）力求用一个冒口同时补缩一个铸件的几个热节；

（6）冒口最好放在铸件需要机械加工的表面上，以减少精整的工作量；

（7）为了加强铸件的定向凝固，应尽可能使内浇道靠近冒口或通过冒口，同时提高冒口的补缩效率。

2）浇口杯

浇口杯的作用有接纳来自浇包的金属液，防止浇注时飞溅或外溢；当浇口杯中储存一定量的金属液时可防止熔渣和气体卷入型腔，起到集渣作用；能减少金属液对铸型的冲击；增加静压头高度，提高金属液的冲型能力。

3. 直浇道

直浇道是连接浇口杯与横浇道的垂直通道，提供充型静压头。

4. 横浇道

横浇道是连接直浇道与内浇道的水平通道，它是阻挡熔渣进入型腔的最后一道关口，一般设在内浇道的上方，界面形状为高梯形，浇注时要始终充满，以免浮到横浇道顶面的熔渣被吸入内浇道。简单小件可以省略横浇道。

5. 内浇道

内浇道是引导金属液直接流入型腔的通道，它与铸件直接相连，作用是控制金属液的充型速度和方向，调节铸件的温度分布，控制铸件凝固顺序。此外，内浇道对铸件质量有较大影响，其开设位置和方向，要有利于挡渣和防止冲刷型壁或砂芯。

2.7 铸造实训

2.7.1 实训项目——整模造型

视频2-1
整模造型

当零件的最大截面在端部，并选该截面作为分型面时，采用整体模样进行造型，即整模造型。模样截面由大到小，放在一个砂箱内，可一次从砂箱中取出，一般采用整模两箱造型方法。这种造型方法操作简便，适用于生产形状简单的铸件。整模两箱造型的步骤如表2-2所示。

表2-2 整模两箱造型的步骤

序号	工序内容	工序简图	操作要领
1	安放模样和砂箱	底板 模样 砂箱	注意模样与砂箱内壁之间应预留合适的吃砂量；若模样黏附砂型，可撒或涂上一层防黏模材料
2	填砂和舂砂	底板 模样 砂箱	在模样的表面筛上或铲上一层面砂，将模样盖住；再在面砂上铲入一层背砂，用砂舂扁头将分批填入的砂型逐层舂实；填入最后一层背砂后，用砂舂平头舂实
3	修整和翻型		用刮板刮去多余的背砂，使砂型表面与砂箱边缘齐平，翻转下砂型
4	修整分型面	撒上一层分型砂	用镘刀将模样四周砂型表面修整光平，撒上一层分型砂后，再用手风箱吹去模样上的分型砂

续表

序号	工序内容	工序简图	操作要领
5	制造上砂型	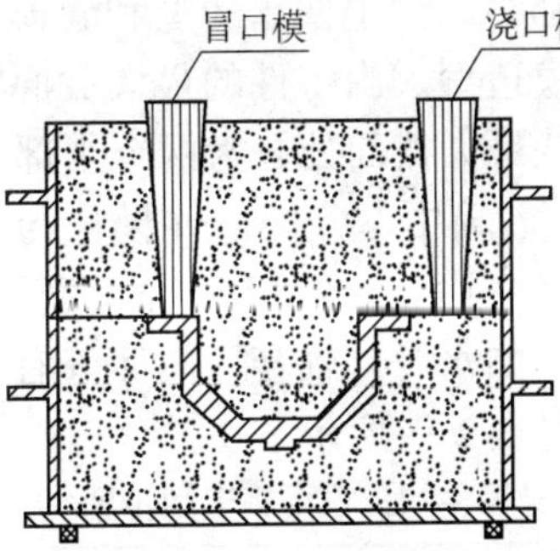 冒口模　浇口模	将上砂箱套放在下砂型上，安放浇冒口模后，再进行填砂、舂砂、修整和扎通气孔
6	开型	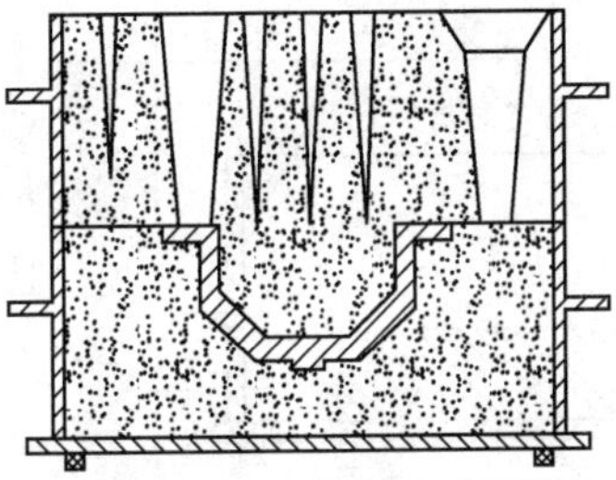	如砂箱无定位装置，则在砂箱上做出定位装置；轻轻松动并小心地取出浇冒口模，在直浇道上端开挖漏斗形浇口杯；打开上砂型，翻转放好
7	起模	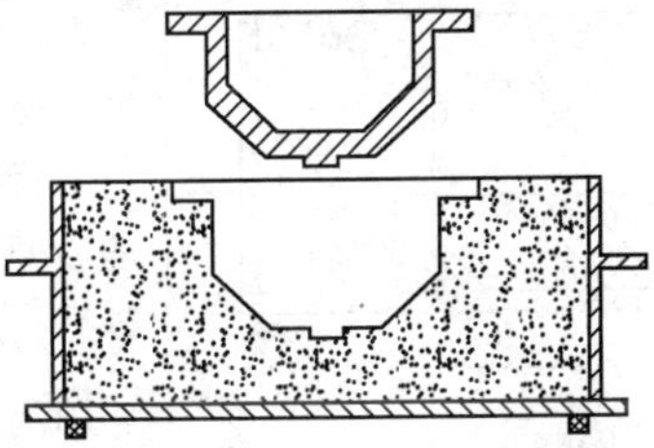	扫除分型砂，将模样向四周松动，然后用起模钉将模样从砂型中取出；将损坏的砂型修整完好
8	开挖浇注系统	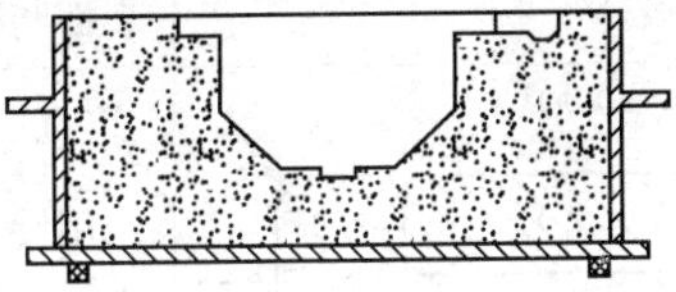	用水笔润湿靠近模样处和需开挖浇道处的型砂；开挖浇道，修整分型面
9	修型	图略	型腔如有损坏，应使用修补工具进行修补；用面砂修整过的部分应牢固、形状尺寸准确
10	开设浇注系统	图略	应保证浇道内平整、光滑、洁净
11	合型	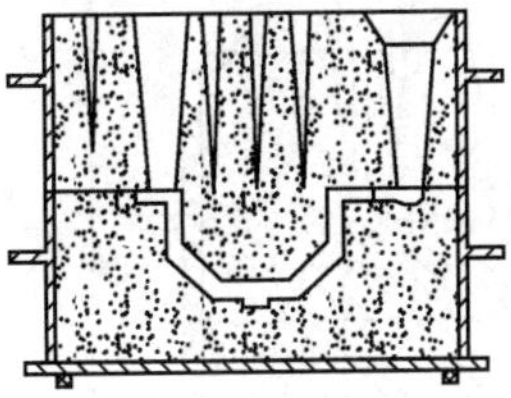	将修整好的上砂型按照定位装置准确地放在下砂型上，放置压铁，糊好箱缝，准备浇注

2.7.2 实训项目二——分模造型

视频 2-2
分模造型

当铸件的最大截面不在铸件的端部时，为了便于造型和起模，模样要分成两半或几部分，这种造型称为分模造型。当铸件的最大截面在铸件的中间时，应采用两箱分模造型，模样从最大截面处分为两个半部分（用销钉定位）。造型时模样分别置于上、下砂箱中，分模面（模样与模样间的接合面）与分型面（砂型与砂型间的接合面）位置相重合。两箱分模造型广泛应用于形状比较复杂的铸件生产，如水管、轴套、阀体等有孔铸件的生产。套管铸件的分模两箱造型步骤如表 2-3 所示。

表 2-3 套管铸件的分模两箱造型步骤

序号	工序内容	工序简图	操作要领
1	安放模样和砂箱	底板 模样 砂箱	注意模样与砂箱内壁之间应预留有合适的吃砂量；若模样黏附砂型，可撒或涂上一层防黏模材料
2	填砂和舂砂		在模样的表面筛上或铲上一层面砂，将模样盖住；再在面砂上铲入一层背砂，用砂舂扁头将分批填入的砂型逐层舂实；填入最后一层背砂后，用砂舂平头舂实
3	修整和翻型	图略	用刮板刮去多余的背砂，使砂型表面与砂箱边缘齐平，翻转下砂型
4	修整分型面	撒上一层分型砂	用镘刀将模样四周砂型表面修整光平，撒上一层分型砂后，再用手风箱吹去模样上的分型砂
5	制造上砂型	冒口模 浇口模 冒口模	将上砂箱套放在下砂型上，安放浇、冒口模后，再进行填砂、舂砂、修整和扎通气孔

续表

序号	工序内容	工序简图	操作要领
6	开型		如砂箱无定位装置，则在砂箱上做出定位装置；轻轻松动并小心地取出浇、冒口模，在直浇道上端开挖漏斗形浇口杯；打开上砂型，翻转放好
7	起模		扫除分型砂，将模样向四周松动，然后用起模钉将模样从砂型中取出；将损坏的砂型修整完好
8	开挖浇注系统	图略	用水笔润湿靠近模样处和需开挖浇道处的型砂；开挖浇道，修整分型面
9	修型、放置型芯		将型芯放入型腔；型腔如有损坏，应使用修补工具进行修补；用面砂修整过的部分应牢固、形状尺寸准确
10	开设浇注系统	图略	应保证浇道内平整、光滑、洁净
11	合型	型芯	将修整好的上型按照定位装置准确地放在下型上，放置压铁，糊好箱缝，准备浇注

2.7.3 实训项目三——挖砂造型

视频2-3
挖砂造型

当铸件的最大截面不在端部，且模样又不允许分成两半（如模样分开后，某些部分太薄易变形），必须做成整体时，一般采用挖砂造型。对于挖砂造型，由于每造一型需要挖砂一次，操作麻烦，生产率低，技术水平要求较高，因此只适用于单件生产。当铸件较多时应采用假箱造型。手轮的挖砂造型步骤如表 2-4 所示。

表 2-4　手轮的挖砂造型步骤

序号	工序内容	工序简图	操作要领
1	安放模样和砂箱	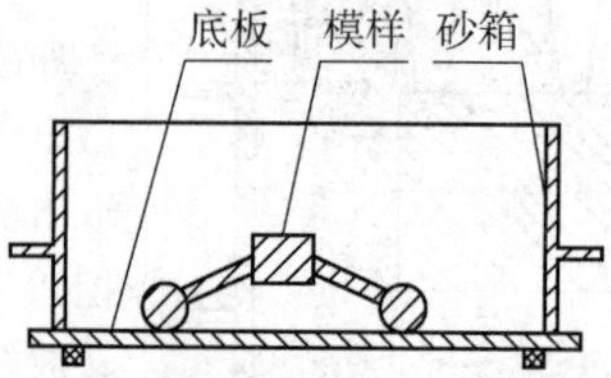 底板　模样　砂箱	注意模样与砂箱内壁之间应预留有合适的吃砂量；若模样黏附砂型，可撒或涂上一层防黏模材料
2	填砂和舂砂		在模样的表面筛上或铲上一层面砂，将模样盖住；再在面砂上铲入一层背砂，用砂舂扁头将分批填入的砂型逐层舂实；填入最后一层背砂后，用砂舂平头舂实
3	修整和翻型	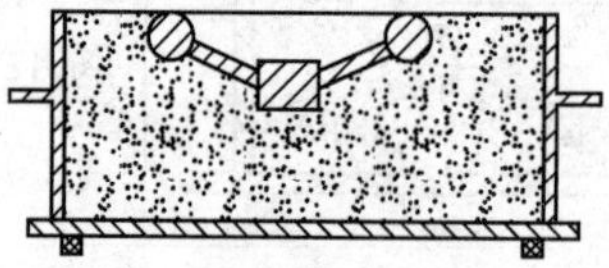	用刮板刮去多余的背砂，使砂型表面与砂箱边缘齐平，翻转下砂型
4	挖出最大截面	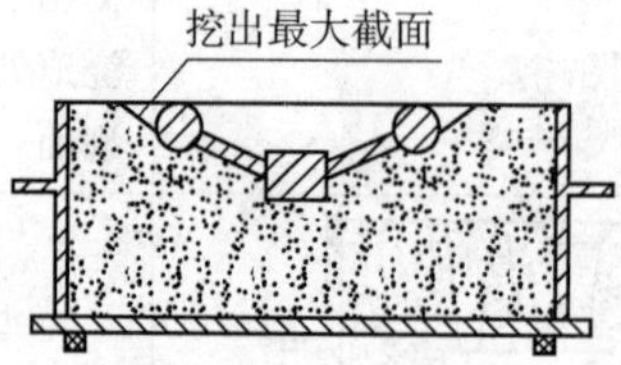 挖出最大截面	挖砂时，一定要挖到模样的最大截面处；挖砂部位要平整光滑，坡度要尽量小，以利于开型、合型操作；用镘刀将模样四周砂型表面修整光平后，撒上一层分型砂
5	制造上砂型	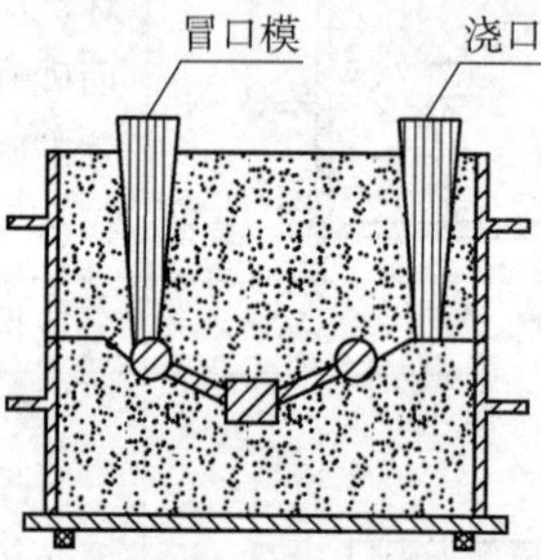 冒口模　浇口模	将上砂箱套放在下砂型上，安放浇、冒口模后，再进行填砂、舂砂、修整和出通气孔
6	开型	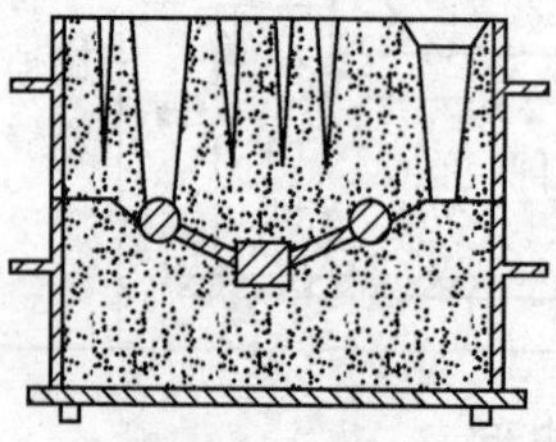	如砂箱无定位装置，则在砂箱上做出定位装置；轻轻松动并小心地取出浇、冒口模，在直浇道上端开挖漏斗形浇口杯；打开上砂型，翻转放好
7	起模	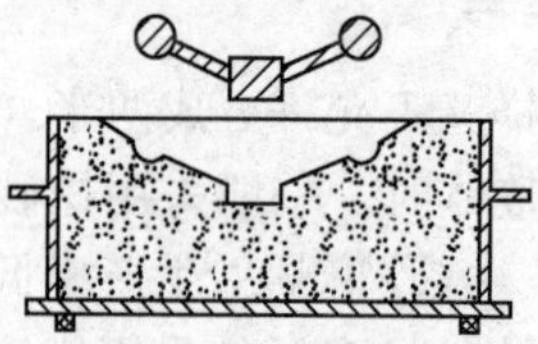	扫除分型砂，将模样向四周松动，然后用起模钉将模样从砂型中取出；将损坏的砂型修整完好

续表

序号	工序内容	工序简图	操作要领
8	开挖浇注系统		用水笔润湿靠近模样处和需开挖浇道处的型砂；开挖浇道，修整分型面
9	修型	图略	型腔如有损坏，应使用修补工具进行修补；用面砂修整过的部分应牢固、形状尺寸准确
10	开设浇注系统	图略	应保证浇道内平整、光滑、洁净
11	合型		将修整好的上型按照定位装置准确地放在下型上，放置压铁，糊好箱缝，准备浇注

2.7.4 其他手工造型方法

其他手工造型方法是在整模造型的基础上演变得到的，其造型方法与主要特点如表2–5所示。

表2–5 其他手工造型方法与主要特点

其他手工造型方法	主要特点
活块造型	将模样、芯盒伸出部位做成活块，取出时与主体分开
刮板造型	用专制的刮板刮制，可节省制造模样的材料和工时
组芯造型	铸型由多块砂型组成，可在砂箱、地坑中或用夹具组装

2.7.5 手工造型的操作要领

（1）手工造型前准备工作要领。熟悉零件图样和有关工艺文件，研究操作顺序和要点；检查造型材料是否符合要求；检查造型工具是否完好齐备；检查模样、浇冒口是否完整，尺寸是否合格，活动部分定位销松紧是否合适，起模装置是否齐备、合理，如不合适，则应退回修理；检查造型模底板是否平直、坚固，尺寸是否符合要求；检查砂箱尺寸与吃砂量是否符合工艺要求。

（2）填砂要领。型砂一般分为面砂、中间砂、背砂和特种用途砂。贴近模样表面填充面砂，面砂填充完成后再填充背砂，有时在面砂和背砂之间填充中间砂或特种用途砂。填砂前要检查大型模样的起模装置是否牢固；填砂时检查冷铁、浇道模样和活块等的埋放情况。填面砂时，对于价格昂贵的型砂，需先手工贴覆，然后放上中间砂和背砂之后再舂砂。填入的面砂和背砂应松散、不结块。面砂的厚度应视铸件壁厚和型砂的种类而定，舂实厚为20～30 mm，大型铸件约100 mm，手工舂砂时，每次填砂厚度约100 mm。

（3）舂砂要领。舂砂是一项技术性较强的工作，在舂湿砂型时尤为重要，它对铸件质量和造型速度的影响很大。舂砂前要先将模样，活块，浇、冒口模用砂固定好位置，不要舂歪或移位。不易舂实的部位或模样凹陷处应先用手塞紧或舂实，但不宜过硬，以防起模时将此处砂型一起带出。活块的临时定位销要及时拔出，避免起模时损坏砂型。对于大型砂箱，为了防止塌箱，有的部位需要放置铁钩、铁棒等进行加强。舂砂的紧实度要均匀适当，舂砂太松易产生掉砂、塌型、胀砂现象；舂砂太紧会降低砂型透气性，从而使铸件产生气孔。下型要比上型舂得紧些，以防胀砂。干砂型要比湿砂型舂得紧些。总之，整个砂型紧实度要合理分布。

（4）起模要领。起模前要先将模样四周砂型稍做修整，压光浮砂，干砂型要将模样四周的砂型稍微压低或消减一些，以防起模时被拉松带起，造成合型时此处砂型被压坏。舂砂后的模样与型壁结合很严，为便于起模，需要通过松模使模样与型壁之间产生均匀而足够的缝隙，松模量应适当，不能太大。松模后找出重心位置，小型铸件的起模针要放在重心位置上，大型铸件的起模吊具的合力要通过重心。起模方向应保持垂直向上，边向上起出边敲打模样，起模动作是先缓慢上起，当模样快全部起出砂型时，应迅速上升，以防模样起出型腔口时摇摆撞坏砂型。

（5）修型要领。起模时带出的大块型砂取出后仍要覆盖回原处，在覆盖前将砂型损伤处刷一薄层的黏结剂或水，覆盖后插铁钉加固。凡砂型损坏的部位，应事先刷少量的水稍微润湿，但湿砂型刷水一定要少，因为过湿会使铸件产生气孔。刷水后铺面砂加铁钉修补。大面积或较浅的损坏面，应先挖深划毛，再进行修补，并插铁钉加固；对局部松软的部位，要用手按实或用手锤舂实。型腔和浇冒口内的尖角、两面相交的棱角必须倒成圆角。整个修型过程应从上往下进行，避免下面修好后又被上面掉落的型砂弄脏。

2.8　铸造安全操作规程

（1）工作前应检查自用设备和工具，砂型必须排列整齐，并留出浇注通道；所有工具应放在工具箱内，砂箱不得随意摆放，以免损坏或妨碍他人工作。

（2）装砂时不得将手放在砂箱边上，以免碰伤。

（3）造型时禁止用嘴吹分型砂；使用吹风器时，要选择向无人的方向吹，以免砂尘吹入眼中，更不得用吹风器玩闹。

（4）戴好防护用品（防护眼镜等）后方可进行开炉工作。

（5）浇注时，除直接操作者外，其他人员必须离开一定距离，严禁站在浇注往返的通道上。浇注速度和流量要适当，浇注时操作者不得站在铁水正面，严禁从冒口正面观察铁水。不得用冷工具进行挡渣、撇渣或在剩余的铁水内敲打，以免产生爆溅而被烫伤；铸件开箱后未经许可不得触动，以免损伤铸件或被烫伤。

（6）敲打冒口时应注意周围情况，以免发生击伤事件。

（7）如遇火星或金属液飞溅等意外事故，应及时躲避，保持镇静，听从指导教师的安排。

（8）在造型场内走动时，要注意脚下，以免踏坏砂型或被铸件碰伤。造型结束时，应将所有用具复原放好。

（9）当日实训结束后应将场地清理干净，经指导教师检查合格后方可离开。

2.9　延伸阅读

铸造有着几千年的悠久历史，其产品贯穿于国民经济生活的方方面面。但铸造业存在着高温、高热、高污染的限制，特别是进入21世纪以后，环保要求的日益提高，对铸造业的发展提出了更高的要求，绿色铸造是未来的发展方向。

部分内容请参阅视频课件

视频2-4
毛坯与模样

视频2-5
铸造工具

视频2-6
金属熔炼

视频2-7
烘干

视频2-8
落砂

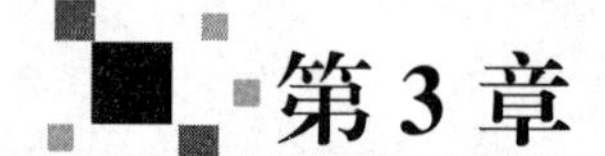

第3章

焊　接

3.1　概　述

焊接是将被焊工件通过加热或加压或两者并用，并且用或不用填充材料，使工件的材质达到原子间相互扩散结合，而形成永久性连接的工艺过程。目前，焊接已经从一种传统的热加工技艺发展为集材料、冶金、结构、力学和电子等多门类科学为一体的工程工艺学科。随着相关学科技术的发展和进步，不断有新的知识融合在焊接之中。

现代焊接具有以下几大特征。

1. 焊接已成为最流行的连接技术

在工业社会，没有哪一种连接技术像焊接一样被如此广泛、如此普遍地应用在各个领域，最主要的原因就是焊接极具竞争力的性价比。

2. 焊接显现了极高的技术含量和附加值

随着许多最新科研成果、前沿技术和高新技术，如计算机、微电子、数字控制、信息处理、工业机器人和激光技术等，被广泛应用于焊接领域，焊接的技术含量得到了空前的提高，并在此过程中创造了极高的附加值。

3. 焊接已成为关键的制造技术

焊接作为组装工艺之一，通常被安排在制造流程的后期或最终阶段，因而对产品质量具有决定性作用。正因为如此，在许多行业中，焊接被视为一种关键的制造技术。

4. 焊接已成为现代工业不可分离的组成部分

在工业化最发达的美国，焊接被视为“美国制造业的命脉，而且是美国未来竞争力的关键所在”，其主要根源就是基于许多工业产品的制造已经无法离开焊接技术的使用。

三峡水利工程、西气东输工程和“神舟”号载人飞船，均采用了焊接结构，以西气东输工程项目为例，全长约 4 300 km 的输气管道，焊接接头的数量达 350 000 个，整个管道上焊缝的长度至少为 14 000 km。焊接技术今天已经深深融入了现代工业经济中，并起到十分重要，甚至是不可替代的作用。

3.2　实训目的

（1）了解焊接工艺过程、特点和应用。

（2）初步学习常见的焊接方法与安全操作规程。

（3）掌握电弧焊、气焊、气割的基本实操技能。

3.3　焊接的分类

焊接的方法和种类繁多，但是按其过程特点的不同可分为三大类：熔化焊、压力焊和钎焊。在以上焊接方法中，熔化焊应用得比较多。

熔化焊的共同特点是利用局部加热的方法，将被连接金属的结合处加热至熔化状态并形成共同的熔池，待其冷凝后彼此结合在一起。常见的熔化焊有电弧焊、气体保护焊、气焊、电渣焊、等离子焊、激光焊等。

压力焊的共同特点是不论加热与否都会施加一定的压力，使两个连接结合面紧密地结合到一起，然后获得牢固接头。常见的压力焊有锻焊、接触焊、摩擦焊、电阻焊、冷压焊、爆炸焊等。

钎焊的共同特点是在焊接时焊件不熔化，而是适当的加热，将熔化的钎料填充到焊件之间，凝固后便将焊件连接起来，必要时候要添加熔剂。常见的钎焊有烙铁钎焊、火焰钎焊和电阻钎焊等。

3.3.1　焊条电弧焊

视频 3-1
电弧焊

焊条电弧焊是利用电弧产生热量来熔化被焊金属的一种焊接方法。其中，手工操作进行焊接的方法是焊接最基本的操作工艺。

焊接前将焊机的输出部分，分别与工件和焊钳连接，在焊条和工件之间引燃电弧后，电弧产生的热量将使焊条和工件同时熔化形成熔池，药皮熔化后形成熔渣覆盖在焊缝熔池上方起到保护作用，焊条边熔化边向前移动，焊件金属不断熔化但又随热源的移动迅速冷却凝固，从而形成焊缝，使两个分离的工件连接成一体，如图 3-1 所示。

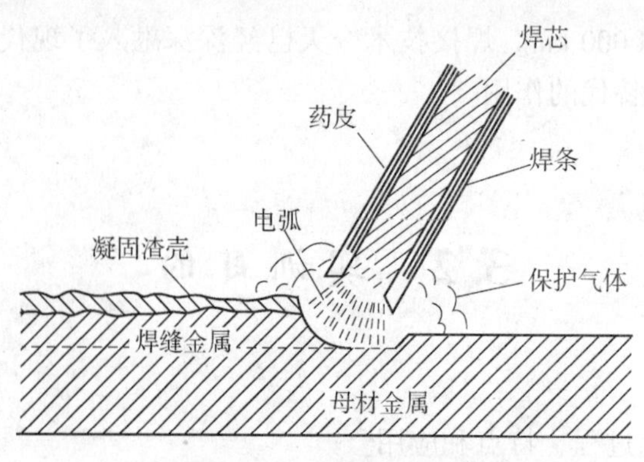

图 3-1 焊条电弧焊焊接过程

焊条电弧焊的焊接设备主要有弧焊电源、焊钳和焊接电缆。此外，还有面罩、敲渣锤、钢丝刷、焊条保温桶等辅助设备或工具。下面介绍焊接电源、焊条、焊接接头与接头形式。

1. 焊接电源

焊条电弧焊的焊接电源有交流电源和直流电源，如弧焊变压器、直流弧焊发电机和逆变弧焊电源等。

1）弧焊变压器

弧焊变压器用于将交流电（220 V 或 380 V）变成适宜于弧焊的交流电（空载时 60 ~ 80 V，工作时 20 ~ 40 V），与直流电源相比，它具有结构简单、制造方便、使用可靠、维护容易、效率高和成本低等优点，生产中占很大的比例。

2）直流弧焊发电机

直流弧焊发电机由一台原动机（交流电动机或柴油机）和特殊的直流发电机组成，稳弧性好，经久耐用，电压波动影响小，但硅钢片和铜导线的需要量大，空载损耗大，效率低，结构复杂笨重，已属于淘汰产品，但在某些行业（如长输管道）野外作业的特殊性施工中仍使用。

直流弧焊电源输出端有正极、负极之分，它们与焊条、焊件有两种不同的接线方法。焊件接直流弧焊电源的正极，焊条接负极，这种接法称为正接；反之，将焊件接负极，焊条接正极，称为反接。

3）逆变弧焊电源

逆变弧焊电源是近年来迅速发展起来的新一代弧焊电源，它把交流电整流后，逆变成几千至几万赫兹的中频交流电，再降压输出或再降压、整流、滤波后输出。逆变弧焊电源具有体积小、质量轻、高效节能、引弧容易、性能柔和、电弧稳定、飞溅小等优点，适用于焊条电弧焊的所有场合，已被广泛应用。

2. 焊条

焊条是电弧焊的焊接材料，由焊芯和药皮两部分组成，如图 3-2 所示，它对焊接质量有很大的影响。

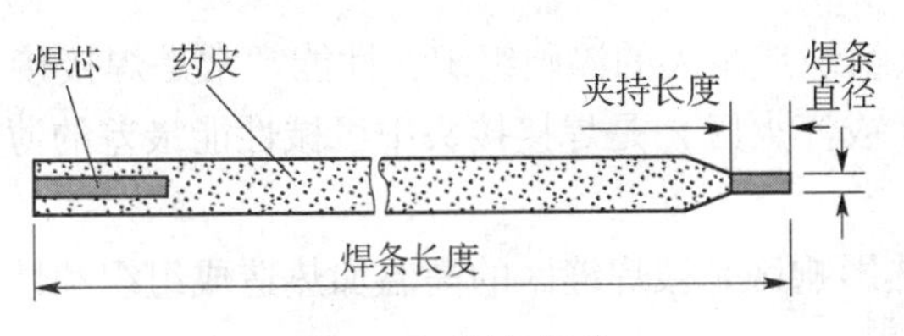

图 3-2 焊条组成

1）焊芯

焊芯是焊条内的金属丝，它具有一定的直径和长度。

焊接时焊芯有 3 个作用：一是作为电极，用来传导焊接电流，产生电弧；二是熔化后作为填充金属，与熔化的母材一起组成焊缝金属；三是维持电弧稳定燃烧。

焊条的直径和长度是以焊芯的直径和长度来表示，常用的焊条直径有 $\phi2$、$\phi2.5$、$\phi3.2$、$\phi4$ 几种。

如果焊芯外面没有涂敷药皮，则称之为焊丝。焊芯和焊丝牌号第一位为“H”，即“焊”字的汉语拼音第一个字母。其后的牌号表示方法与钢号表示方法相同，按国家标准规定“焊接用钢丝”有 44 种，可分为碳素结构钢、合金结构钢和不锈钢。

2）药皮

药皮是压涂在焊芯表面的涂料层，由矿石粉、铁合金粉和黏结剂等原料按一定比例配制而成。焊条的药皮在焊接的过程中起着极其重要的作用，是决定焊缝金属质量的重要因素。

药皮的主要作用为：提高电弧燃烧的稳定性，以保证焊接过程正常进行；产生保护气体和形成熔渣，保护焊缝金属防止其氧化；使熔滴向熔池顺利过渡，减少飞溅和热量损失，改善焊接工艺性，提高生产率。此外，可在药皮内加入一定量合金元素，通过冶金反应去除有害杂质（O、H、N、S、P 等）；同时，添加有益的合金元素，可使焊缝达到要求的力学性能。

3. 焊接接头与接头形式

1）焊接接头

焊接接头是指零件之间焊接的接头，包括焊缝区、熔合区和热影响区，如图 3-3 所示。

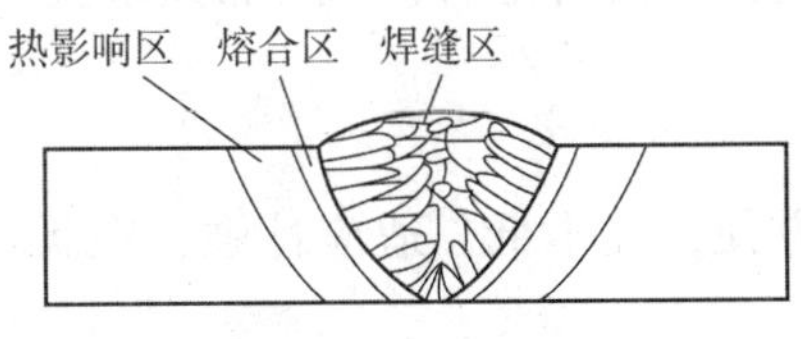

图 3-3 焊接接头

（1）焊缝区。焊缝区是接头金属和填充金属熔化后，又以较快的速度冷却凝固后形成的区域。焊缝组织是液体金属结晶的铸态组织，其晶粒粗大，成分偏析，组织不致密；但焊接熔池小，冷却快，化学成分控制严格，C、S、P 含量都较低，还可通过渗合金调整焊缝化学成分，使其含有一定的合金元素。因此，焊缝金属的性能问题不大，可以满足性能要求，特别是强度容易达到。

（2）熔合区。熔合区熔化区和非熔化区之间的过渡部分，其化学成分不均匀，组织粗大，往往是粗大的过热组织或粗大的淬硬组织，性能常常是焊接接头中最差的，熔合区和热影响区中的过热区（或淬火区）是焊接接头中机械性能最差的薄弱部位，会严重影响焊接接头的质量。

（3）热影响区。热影响区是被焊缝区的高温加热造成组织和性能改变的区域。

2）焊接的接头形式

焊接的接头是焊接件最重要的部分。接头的设计应根据结构形状、强度要求、工件厚度、焊接性、焊后变形大小、焊条消耗量与坡口加工难易程度等多方面进行综合考虑。生产过程中应用最多的是对接、搭接、角接和丁字接这几类接头形式，如图 3-4 所示。

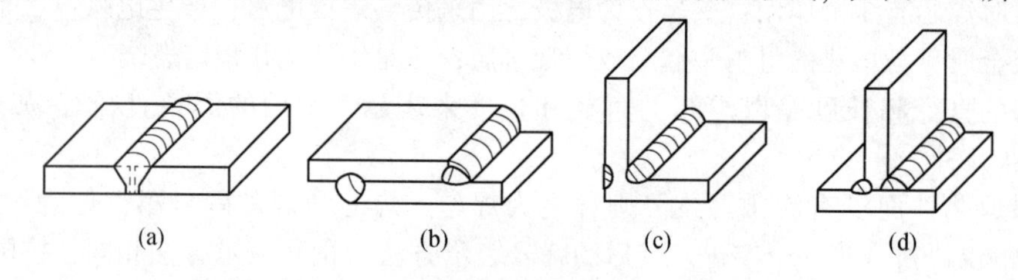

图 3-4　接头形式

（a）对接；（b）搭接；（c）角接；（d）丁字接

（1）对接接头。焊接角度为 135°～180°的接头，称为对接接头。对接接头在各种焊接中应用得最多。

（2）搭接接头。两工件部分重叠构成的接头，称为搭接接头。

（3）丁字接接头。工件的端面与另一工件表面构成直角或近似直角的接头，称为丁字接接头。

（4）角接接头。两焊件端面夹角为 30°～135°的接头，称为角接接头。

3.3.2　气焊

1. 气焊的特点

气焊是利用气体火焰作热源的一种熔焊方法。它借助可燃气体与助燃气体混合燃烧产生的气体火焰，将接头部位的母材和焊丝熔化，使被熔化的金属形成熔池，冷却凝固后形成牢固接头，从而使两焊件连接成一个整体。气焊常用氧气和乙炔混合燃烧的火焰进行焊接，故又称为氧乙炔焊。

1）气焊的优点

（1）设备简单，操作方便，成本低，适应性强，在无电力供应的工作场合可方便焊接。

（2）可以焊接薄板、小直径薄壁管。

（3）焊接铸铁、有色金属、低熔点金属和硬质合金时质量较好。

2）气焊的缺点

（1）火焰温度低，加热分散，热影响区宽，焊件变形大和过热严重，接头质量不如焊条电弧焊容易保证。

（2）生产率低，不易焊较厚的金属。

（3）难以实现自动化。

2. 气焊设备和工具

气焊设备和工具主要有氧气瓶、乙炔瓶、回火防止器、减压器、焊炬、乙炔胶管和氧气胶管，如图 3-5 所示。

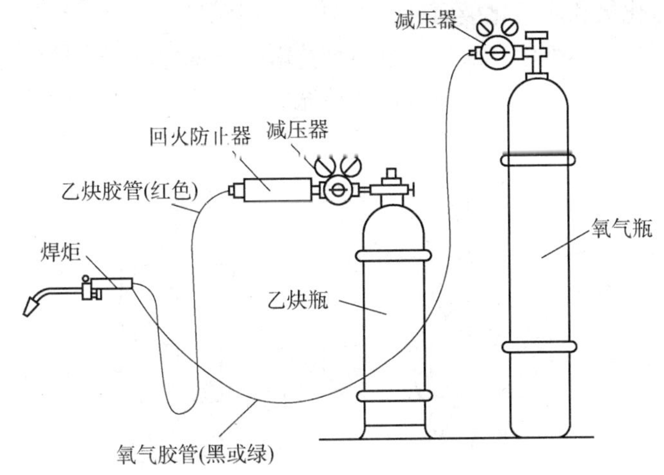

图 3-5 气焊设备和工具

3.3.3 气割

气割是利用气体火焰的能量将金属分离的一种加工方法，是生产中分离钢材的重要手段。气割和焊接是同时诞生的一对相互促进、相互发展的技术。

1. 气割的原理

气割的原理是利用气体火焰将金属预热到燃点，然后开放切割氧，使金属剧烈燃烧为熔渣，并从切口处将熔渣吹掉，从而使金属分离。气割时金属是在纯氧中燃烧，而不是熔化。气割的过程实际上是预热—燃烧—去渣，重复进行的过程。

2. 气割的条件

要使气割过程连续进行，必须符合下面几个条件。

(1) 金属在氧气流中猛烈氧化的燃点应低于熔点。

(2) 金属氧化物的熔点应低于金属本身的熔点。

(3) 生成的金属氧化物应易于流动。

(4) 金属在氧气流中能够剧烈燃烧，并放出足够的热量。

(5) 金属在氧气流中燃烧时的发热量，应大于其导热性能。

含碳量在 0.4% 以下的碳钢和含碳量低于 0.25% 的低合金钢，因为它们的燃点低于熔点，且形成的氧化物燃点也低于熔点，所以都能顺利进行切割。燃点不低于熔点的铸铁，燃点与熔点相近的高碳钢与氧化物熔点高的不锈钢，铜及其合金，铝及其合金都不宜使用气割。

3.3.4 氩弧焊

1. 氩弧焊的原理

氩弧焊是在惰性气体氩气的保护下，利用钨极与焊件间产生的电弧热熔化母材和填充焊丝（也可以不填充焊丝）形成焊缝的焊接方法。焊接时保护气体从焊枪的喷嘴中连续喷出，在电弧周围形成保护层隔离空气，保护电极和焊接熔池与邻近热影响区，以形成优质的焊接接头。

氩弧焊分为熔化极和非熔化极两种，如图 3-6 所示。焊接时，由于用难熔金属钨或钨合金制成的电极基本上不熔化，故比较容易维持电弧长度的恒定。填充焊丝应在电弧前方添加，当焊接薄焊件时，一般不需开坡口和填充焊丝；还可以采用脉冲电流以防止烧穿焊件。焊接厚大焊件时，也可以将焊丝预热后，再添加到熔池中去，以提高熔敷速度。

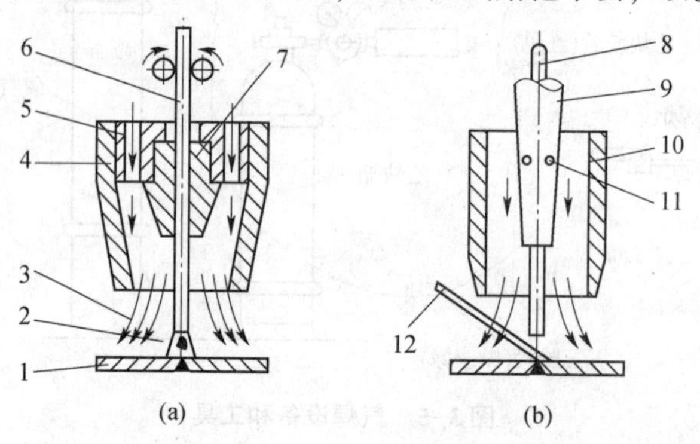

1—焊件；2—熔滴；3—氩气；4、10—喷嘴；5、11—氩气喷管；
6—熔化极焊丝；7、9—导电嘴；8—非熔化极钨丝；12—焊丝。

图 3-6　氩弧焊

（a）熔化极；（b）非熔化极

氩弧焊在焊接厚板，高导热率或高熔点金属等情况下，也可采用氦气或氦-氩混合气作为保护气体，在焊接不锈钢、镍基合金和镍铜合金时可采用氩-氢混合气作为保护气体。

2. 氩弧焊的特点与应用

1）氩弧焊的特点

（1）可焊金属多。氩气能有效隔绝焊接区域周围的空气，且本身不溶于金属，不和金属反应；氩弧焊的过程中，电弧还有自动清除焊件表面氧化膜的作用。因此，可成功焊接其他焊接方法不易焊接的易氧化、氮化、化学活泼性强的有色金属、不锈钢和各种金属。

（2）适应能力强。钨极电弧稳定，即使在很小的焊接电流下也能稳定燃烧，不会产生飞溅，焊缝成形美观，热源和焊丝可分别控制，因而热输入量容易调节，适用于薄件、超薄件的焊接，可进行各种位置的焊接，易于实现机械化和自动化焊接。

（3）焊接生产率低。钨极承载电流能力较差，过大的电流会引起钨极熔化和蒸发，其颗粒可能进入熔池，造成夹钨。因此，氩弧焊使用的电流小，焊缝熔深浅，熔敷速度小，生产率低。

（4）生产成本高。因为惰性气体较贵，所以氩弧焊与其他焊接方法相比生产成本高，主要用于产品的焊接要求较高时。

2）氩弧焊的应用

氩弧焊几乎可以用于所有的钢材、有色金属及其合金的焊接，特别适用于化学性质活泼的金属与合金的焊接，常用于不锈钢、高温合金，铝、镁、钛及其合金，难熔的活泼金属（如锆、钽、钼铌等）和异种金属的焊接。

氩弧焊容易控制焊缝的成形，容易实现单面焊双面成形，主要用于薄板焊接或厚板的打底焊。脉冲氩弧焊特别适用于薄板焊接和全位置管道对接焊，但是，由于钨极的载流能力有限，电弧功率受到限制，致使焊缝熔深浅，焊接速度低，因此氩弧焊一般只用于焊接厚度在 6 mm 以下的焊件。

3.3.5 二氧化碳气体保护焊

视频 3-2
CO_2 保护焊

1. 二氧化碳气体保护焊的原理

二氧化碳气体保护焊是利用二氧化碳作为保护气体的熔化极电弧焊方法。这种方法以二氧化碳气体作为保护介质，使电弧及熔池与周围空气隔离，防止空气中氧、氮、氢对熔滴和熔池金属的有害作用，从而具有优良的机械保护性能。生产中一般利用专用的焊枪，形成足够的二氧化碳气体保护层，依靠焊丝与焊件之间的电弧热，进行自动或者半自动熔化极气体保护焊接。

二氧化碳气体保护焊根据使用焊丝直径的不同，可分为细丝二氧化碳焊（焊丝直径<1.6 mm）和粗丝二氧化碳焊（焊丝直径≥1.6 mm）；按操作方式分类，又可分为半自动二氧化碳焊和自动二氧化碳焊。

2. 二氧化碳气体保护焊的特点

1）优点

（1）焊接成本低。二氧化碳气体是酿造厂和化工厂的副产品，来源广、价格低，二氧化碳气体保护焊的焊接成本约为手弧焊和埋弧焊的 40% ~50% 。

（2）焊接生产率高。由于焊丝自动送进，焊接时电流密度大，焊丝的熔化效率高，因此二氧化碳气体保护焊的熔敷速度高。焊接生产率比手弧焊高 2 ~3 倍。

（3）应用范围广。二氧化碳气体保护焊可以焊接薄板、厚板，并可实现全位置的焊接等。

（4）抗锈能力强。二氧化碳气体保护焊对焊件上的铁锈、油污及水分等，不像其他焊接方法那样敏感，具有较好的抗气孔能力。

（5）操作性好。二氧化碳气体保护焊具有手弧焊那样的灵活性。

2）缺点

（1）在电弧空间里，二氧化碳气体氧化作用强，因而需对焊接熔池脱氧，要使用含有较多脱氧元素的焊丝。

（2）飞溅大。不论采用什么措施，也只能使二氧化碳气体保护焊的焊接飞溅减小到一定程度，但仍比手弧焊、氩弧焊大得多。

（3）抗风能力差，室外作业具有一定困难。

（4）不能焊接容易氧化的有色金属。

二氧化碳气体保护焊的缺点可以通过提高技术水平和改进焊接材料、焊接设备加以解决，而其优点却是其他焊接方法所不能比的。因此，可以认为二氧化碳气体保护焊是一种高效率、低成本的节能焊接方法。

3. 二氧化碳气体保护焊的应用

二氧化碳气体保护焊主要用于焊接低碳钢、低合金钢等黑色金属。对于不锈钢，由于焊缝金属有增碳现象，影响抗晶间腐蚀性能，因此只能用于焊接对焊缝性能要求不高的不锈钢焊件。此外，二氧化碳气体保护焊还可以用于耐磨零件的堆焊、铸钢件的补焊以及电铆焊等方面。目前，二氧化碳气体保护焊已在车辆制造、化工机械、农业机械、矿山机械等领域得到了广泛的应用。

3.3.6 点焊

视频 3-3
点焊

1. 点焊的原理与应用

点焊属于电阻焊的一种。它是将焊件组合后通过电极施加压力，利用电流通过接头的接触面和邻近区域产生的电阻热进行焊接的焊接方法，如图 3-7 所示。点焊具有生产效率高、成本低、节省材料、易于自动化等特点，广泛应用于航空、航天、能源、电子、汽车、轻工等工业部门，是重要的焊接工艺之一。

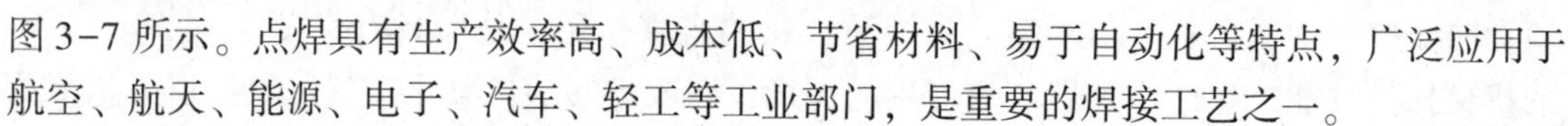

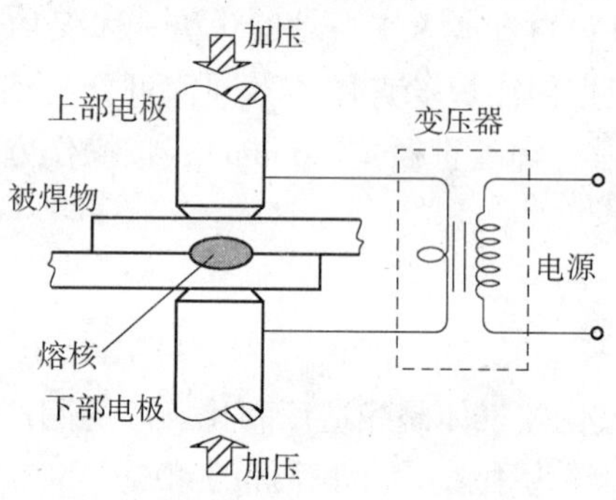

图 3-7　点焊的工作原理

2. 点焊的特点

点焊的特点是不需要填充金属，冶金过程简单，焊接应力和变形小，焊接接头质量高；但接头的质量很难用无损探伤检测，焊接设备复杂，一次性投资高。

零件的连接可以由多个焊点来实现。点焊适用于板厚小于 3 mm 且不需要气密性的工件，如汽车的车身焊装、电器箱板组焊等。

3.4 焊接实训

3.4.1 焊条电弧焊操作

1. 引弧

焊接电弧是在电极与工件之间的气体介质中强烈而持续的放电现象，也是一种局部气体的导电现象。焊条电弧焊是采用低电压，大电流放电产生电弧，因此电焊条必须瞬间接触工件才能实现引弧。根据操作手法不同引弧方法可分为划擦引弧法和敲击引弧法，如图 3-8 所示。

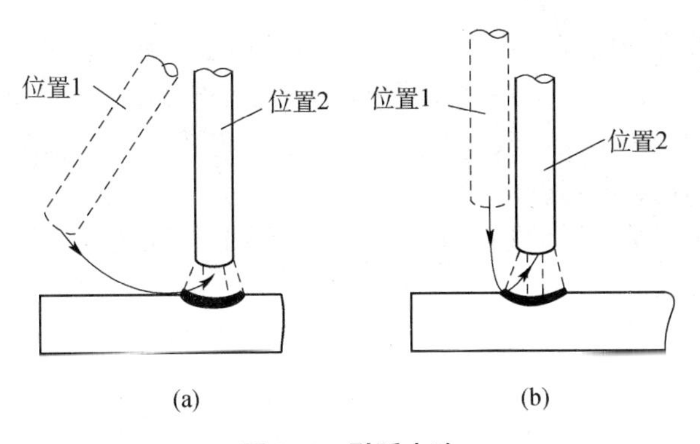

图 3-8 引弧方法

（a）划擦引弧法；（b）敲击引弧法

1）划擦引弧法

划擦引弧法与划火柴类似，将焊条在焊件上划动一下引燃电弧。当电弧产生后，趁金属还没有熔化的瞬间，迅速将焊条提起和工件保持 1～3 mm 距离，使弧长维持到所需长度。

2）敲击引弧法

敲击引弧法操作时，焊条在焊件表面垂直接触（敲击一下）后，便迅速缩回并保持一定距离，电弧即产生。

以上引弧方法中，划擦引弧法比较容易掌握，但在狭小工作面上或不允许焊件表面有划痕时，应采用敲击引弧法。在使用碱性焊条时，为防止引弧处产生气孔，宜采用划擦引弧法。

引弧的位置应选在焊缝起点前约 10 mm 处。引弧后，将电弧适当拉长并迅速移动到焊缝的起点，同时逐渐将电弧长度调整到正常范围。这样做的目的是对焊缝起点处预热，以保证焊缝始端熔深正常，并有消除引弧点气孔的作用。此外，焊接重要的结构时往往需增加引弧板。

2. 运条

在焊接过程中，焊条相对焊缝所做的各种动作的总称叫作运条。当电弧引燃后，在焊接过程中为了得到良好的焊缝，焊条不但要和工件保持一定角度（与前进方向保持 70°～80°），还必须要有 3 个基本方向的运动，如图 3-9 所示。

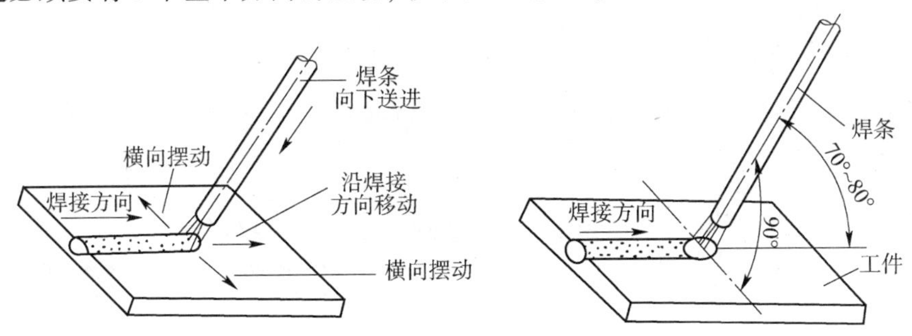

图 3-9 焊条基本方向的运动和角度

焊条朝着熔池的方向逐渐下降。其主要是随着焊条的熔化来维持所要求的电弧长度，为了达到这个目的，焊条下降的速度应该和焊条熔化的速度同步。

焊条沿着焊接的方向前移。其主要是使焊条的熔注金属与焊件的熔化金属形成焊缝，焊接的移动速度就是焊接速度，它对焊缝质量有很大的影响。

焊条的横向摆动是为了获得较宽的焊缝，其摆动范围与所要求的焊缝宽度和焊条直径有关，摆动的范围越宽，所得的焊缝宽度也越大。

总之，焊接时3个基本运动必须配合得当，以保证焊接电弧长度稳定、焊接速度适当而均匀、摆动前后一致。

运条方法有很多，应根据接头的形式、装配间隙、焊缝的空间位置、焊条直径与性能、焊接电流和焊工的技术水平等方面而定。常用的运条方法有以下几种。

（1）直线运条法。该方法要求焊接时保持一定的弧长，并沿着焊接方向直线前进。

（2）直线往复运条法。该方法要求焊条末端与焊缝的纵向进行来回直线形摆动。

（3）锯齿形运条法。该方法要求将焊条末端进行锯齿形连续摆动并向前移动，并在其两边稍停片刻以防止咬边。

（4）月牙形运条法。该方法要求焊条末端沿着焊接方向进行月牙形的左右摆动。

（5）三角形运条法。该方法要求焊条末端连续进行三角形运动并不断前移。

（6）圆圈形运条法。该方法要求焊条末端连续进行圆圈运动，并不断前进。

（7）8字运条法。该方法要求焊条末端连续进行“8”字运动，并不断前移。

3. 收弧

焊缝的收弧是指一条焊缝焊接完成的收尾方法。焊接结束时，如果将电弧突然熄灭，则焊缝表面会留下凹陷较深的弧坑，从而降低焊缝尾处的强度，并容易引起弧坑裂纹。过快拉断电弧，液体金属中的气体来不及逸出，还容易产生气孔等缺陷。为克服弧坑缺陷，可采用下述收弧法。

（1）反复收弧法。焊条移动到焊缝终点时，在弧坑处反复熄弧、引弧数次，直到填满弧坑为止，此方法适用于薄板和大电流焊接时的收尾，不适用于碱性焊条焊接时的收尾。

（2）画圈收弧法。焊条移动到焊缝终点时，在弧坑处进行圆圈运动，直到填满弧坑再拉断电弧，此法适用于厚板焊接时的收尾。

（3）转移收弧法。焊条移到焊缝终点时，在弧坑处稍做停留，将电弧慢慢拉长，引到焊缝边缘的母材坡口内，这时熔池会逐渐缩小并且凝固后一般不出现缺陷，此方法适用于换焊条或者临时停弧时的收尾。

3.4.2 气割的操作

气割的操作分为4步步骤：点火、起割、正常气割和停割。

1. 点火

点火前，先打开乙炔阀，再微开预热氧气阀，用点火枪或火柴点火。在正常情况下，应采用专用的打火枪点火；在无打火枪的条件下，亦可用火柴来点火，但须注意安全，不要被喷射出的火焰烧伤。

点火后开始为碳化焰，此时应逐渐加大氧气流量，将火焰调节为中性火焰或者略微带氧化性质的火焰。

2. 起割

起割点应选择在割件的边缘，先用预热火焰加热金属，待预热到亮红色时，将火焰移至边缘以外，同时慢慢打开切割氧气阀，随着氧流的增大，当从割件的背面飞出鲜红的铁渣时，证明工件已被割透，割炬就可根据工件的厚度以适当的速度开始由右至左移动。

3. 正常气割

起割后，割炬的移动速度要均匀，控制割嘴与割件的距离约等于焰芯长度（2～4 mm）。割嘴可向后（即向切割前进方向）倾斜 20°～30°。气割过程中，倘若发生爆鸣和回火现象，应立即关闭切割氧气阀，然后依次关闭预热氧气阀与乙炔阀，使气割过程暂停。用通针清除通道内的污物，处理正常后，再重新气割。

4. 停割

临结束时，应将割炬沿气割相反的方向倾斜一个角度，以便将钢板的下部提前割透，使切口在收尾处切割整齐。最后关闭氧气阀和乙炔阀，整个气割过程结束。当钢板厚度在 24 mm 以上时，应采用大号割炬和割嘴，并且加大预热火焰和切割氧流。在气割过程中，切割速度要慢，并适当进行横向月牙形摆动，以加宽切口，方便排渣。

3.4.3 气焊的操作

1. 点火、调节火焰与灭火

点火时，先微开氧气阀，再打开乙炔阀，随后点燃火焰。这时的火焰是碳化焰。然后，逐渐开大氧气阀，将碳化焰调整为中性焰。同时，按需要把火焰大小调整合适。灭火时，应先关乙炔阀，后关氧气阀。

2. 堆平焊波

气焊时，一般用左手拿焊丝，右手拿焊炬，两手的动作要协调，沿焊缝向左或向右焊接。焊嘴轴线的投影应与焊缝重合，同时要注意掌握好焊嘴与焊件的夹角。焊件越厚，焊炬与焊件的夹角越大。在焊接开始时，为了较快加热焊件和迅速形成熔池，夹角应大些。正常焊接时，一般夹角保持在 30°～50°范围内。当焊接结束时，夹角应适当减小，以便更好地填满熔池和避免焊穿。焊炬向前移动的速度应能保证焊件熔化并保持熔池具有一定的大小。焊件熔化形成熔池后，再将焊丝适量点入熔池内熔化。气焊操作示意如图 3-10 所示。

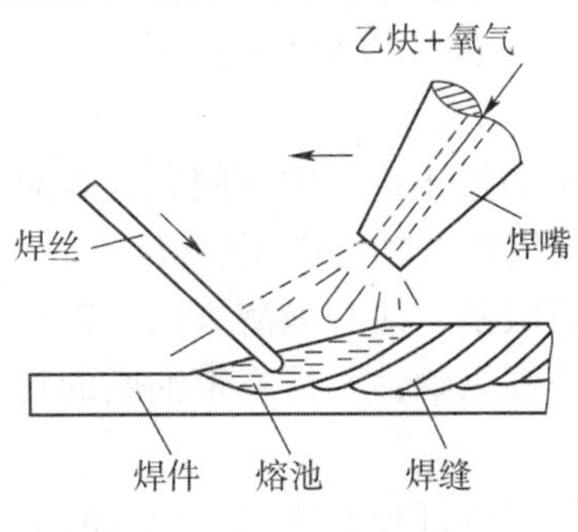

图 3-10 气焊操作示意

3.4.4 点焊的操作

焊接材料为 1 mm 钢板，点焊前应将焊件的焊接表面清理干净，清除的方法为酸洗清除（先在加热的 10% 硫酸中酸洗，然后在热水中洗净），焊接过程如图 3-11 所示。

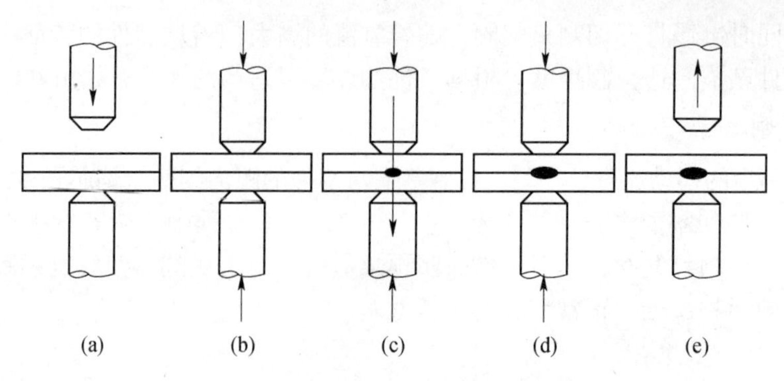

图 3-11　点焊过程

(a) 放件；(b) 预压；(c) 焊接；(d) 保持；(e) 停止

工件经过搭接装配好后，放在电焊机的上、下电极之间压紧，使焊件的接触面之间接触良好，再以大电流，将焊件的接触面迅速加热到塑性和局部熔化状态，形成熔核，断电后保持一定的压力，使熔核在压力的作用下冷却凝固，形成焊点，随后除去压力，取出工件。

3.5　焊接安全操作规程

(1) 进行焊接操作时要穿好工作服，电焊操作要戴好面罩和电焊手套等防护用品；在附近围观的人员也要做好防护。

(2) 电焊机的外壳应安装接地保护，焊钳和导线应绝缘良好，以防止触电；严禁携带易燃易爆物品进行操作。

(3) 严禁将焊钳放在工作台上，以免短路烧坏电焊机；点火后不得将焊钳口对准人，更不能用正在工作的焊钳去拨动工件。

(4) 禁止用手或脚接触被焊工件，以免烫伤；电焊机或电缆线发热时，应立即停止工作。

(5) 气焊操作前须检查设备和气压，如发现问题应及时报告指导教师；当焊接正在进行时，禁止调节电流或转动减压装置，以免烧坏焊机。

(6) 焊后清渣时应戴好护目眼镜，注意敲渣方向，以免焊渣烫伤脸、眼睛等。

(7) 氧气瓶不得受撞击或高温烘晒；不得将带油脂的物品靠近减压器和氧气瓶口，以免发生剧烈燃烧。

(8) 点火时，应先打开氧气阀再打开乙炔阀，熄火时需先关乙炔阀再关氧气阀。

(9) 实训过程中发生故障或事故时，要保持镇静，切断电源并及时向指导教师报告。

(10) 操作完毕要及时检查实训场地，切断电源，摆放好所用焊接工具等；打扫卫生，关好门窗，在指导教师允许后方可离开。

3.6　延伸阅读

高凤林：焊接火箭“心脏”的中国第一人

长征系列火箭，是我国最重要的运载火箭，40%的长征系列火箭“心脏（发动机）”的焊接都出自高凤林之手。高凤林高深的技艺将火箭“心脏”的最核心部件——泵前组件的产品合格率从29%提升到92%，破解了20多年来掣肘我国航天事业快速发展的困难。火箭生产的提速让中国迎来了航天密集发射的新时期。

突破极限精度，将龙的轨迹划入太空；破解20载困难，让中国繁星映亮苍穹！焊花闪烁，岁月寒暑，高凤林，为火箭铸“心”，为民族筑梦！

李万君：复兴号焊接大师，被誉为“工人院士”

复兴号是现今世界上大范围运行的动车组列车，目前最高运营时速350 km/h。李万君以独创的一枪三焊的新方法破解了转向架焊接的核心技术困难，实现了我国动车组研制完全自主知识产权的重大突破，也焊出了世界新标准，推动复兴号的批量生产成为现实。如今，每天290多对复兴号追风逐电，已成为闪耀世界的中国名片。

一把焊枪，一双妙手，他以柔情庇护复兴号的筋骨；千度烈焰，万次攻关，他用坚固为中国梦提速。李万军，那飞驰的列车，记下指尖的温度！

张冬伟：以大匠境界焊缝“氢弹”内胆

LNG（中文名称是液化天然气）体积仅为气态时的1/600，这样的大比例压缩特别适合于远洋运输，但对运输船的技术要求极高。建造一艘LNG运输船的难度堪比建造一艘航母。能够建造这种船的国家，世界上也没几个。LNG运输船最大的危险是泄漏，装了十几万吨液化天然气的船简直就是一颗假寐的巨型“氢弹”。LNG运输船管住液化天然气泄漏的关键构造是殷瓦钢内胆。张冬伟的工作就是焊接那些构成这个内胆的钢板。

LNG运输船的殷瓦钢内胆壁的厚度是0.7 mm，大约相当于两层鸡蛋壳。殷瓦钢非常“娇气”，手指直接触摸或沾上汗液，都会导致它生锈。这使得张冬伟和工友们每一次登船作业，都是陪着千百倍的小心。

直到2005年，中国才有了第一批16个掌握殷瓦钢内胆焊接技术的工人。张冬伟就是其中之一。一艘LNG运输船的内胆由3 600片规则的和数万片不规则的殷瓦钢板焊接而成，全船殷瓦钢焊缝总长度可达到140 km，其中有14 km的繁难焊缝需要人工完成。

对一个殷瓦钢焊工来说，最大的挑战就是如何稳定自己的心理状态，而这个状态的控制不是能够轻易做到的。张冬伟总能够有办法让自己在端起焊枪时平心静气。他焊完一条3.5 m的焊缝需要5 h，在精神高度集中的这段时间内，心如止水，手如拂羽，身如渊渟岳峙，这确实是大匠境界。

这个境界是先要修出“心境”，才能达到“技境”。随着更多的中国LNG运输船陆续出坞，“张冬伟们”的心路历程将伴着LNG运输船的遨行而愈加广远。

第4章 钢的热处理

4.1 概　述

视频4-1
钢的热处理

热处理是指通过加热、保温和冷却的有机配合来改变固态金属的内部组织，使其获得所需性能的一种工艺方法。与其他加工工艺相比，热处理的目的是只改变零件金属材料的组织和性能，而不改变零件的形状和尺寸。

热处理是机械制造中的重要工序之一，与铸造、锻压、焊接和切削加工等工序一起构成零件的完整加工过程。不同的热处理工序常穿插在零件制造过程的各个热、冷加工工序中进行。热处理既可以作为预备热处理以消除上一工序所遗留的某些缺陷，为下一工序准备好条件；也可以作为最终热处理进一步改善材料的性能，从而充分发挥材料的潜力，达到零件的使用要求。

在现代工业生产中，热处理已经成为提高产品质量、改善工艺性能、节约能源和材料的极其重要的一项工艺措施。在各种机床上约有80%的零件需要进行热处理，至于刃具、量具、磨具、轴承等，则要100%进行热处理。随着工业的不断发展，热处理将发挥更大的作用。

4.2 实训目的

（1）认知碳钢的基本热处理工艺（退火、正火、淬火、回火）的操作方法。

（2）学习硬度测量的操作方法。

（3）学习热处理设备的使用，了解其应用范围。

4.3　热处理工艺

任何一种热处理工艺的过程，都包括以下3个步骤。

(1) 以一定速度将零件加热到规定的温度范围内（这个温度范围根据不同的金属材料、不同的热处理要求而定）。

(2) 在第（1）步结束的温度下保温，使工件全部热透。

(3) 以某种速度对工件进行冷却。

通过控制加热温度和冷却速度，可以在很大范围内改变金属材料的性能。热处理工艺曲线如图4-1所示。在机械制造所使用的金属材料中，钢材所占的比重最大，因此钢的热处理占有十分重要的地位。下面以钢的热处理工艺为例进行介绍。

根据加热和冷却方式的不同，可将常用的热处理工艺方法分为整体热处理、表面热处理、化学热处理、其他先进热处理技术和工艺。

4.3.1　整体热处理

对工件整体加热的热处理工艺称为整体热处理。钢的整体热处理主要是退火、正火、淬火、回火，其热处理工艺曲线如图4-2所示。

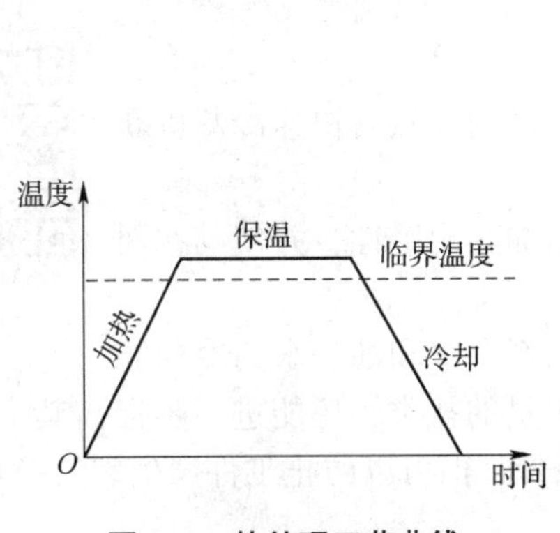

图4-1　热处理工艺曲线

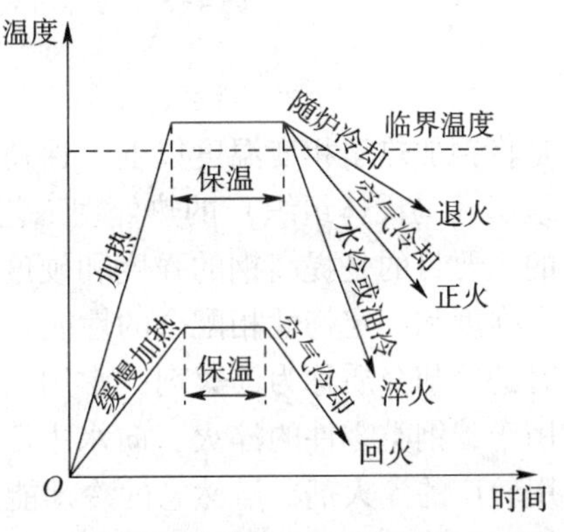

图4-2　钢的热处理工艺曲线

1. 退火

视频4-2
钢的退火

退火是将钢加热到适当温度，保持一定时间，然后随炉冷却，以获得接近平衡状态组织的热处理工艺。

工具钢和某些作为重要结构零件的合金钢经铸、锻、焊后的毛坯件有时硬度不均匀，存在内应力。为便于切削加工，并保持加工后的精度，常对工件施以退火处理。退火使工件硬度变低，消除其内应力，同时还可以使材料的内部组织均匀细化，为进行下一步热处理（淬火）做好准备。

常用的退火方法有：完全退火、不完全退火、等温退火、球化退火、去应力退火、再结晶退火和扩散退火。

2. 正火

视频 4-3
钢的正火

正火是将钢加热到临界温度以上，保温后在空气中冷却，得到珠光体类组织的热处理工艺。正火的作用与退火相似，只是得到的组织更细。

由于正火处理的温度冷却速度比退火快，因此正火工件比退火工件的强度和硬度稍高，而塑性和韧性则稍低。含碳量越高的钢硬度差别越大。因为正火冷却时不占用设备，所以效率比退火高，如果用正火能同样满足退火的技术要求时，应尽量采用正火而不采用退火。

一般低碳钢和中碳钢，多采用正火代替退火。但若工具钢和部分合金钢经过正火后的硬度较高，则仍应选用退火处理。各种退火、正火加热温度范围如图 4-3 所示。

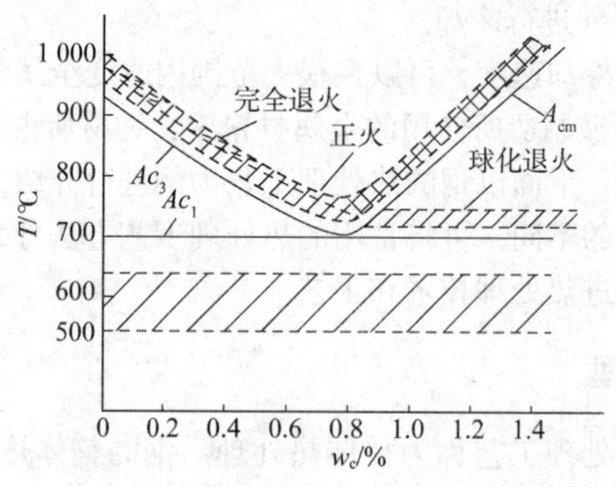

图 4-3 各种退火、正火加热温度范围

3. 淬火

视频 4-4
钢的淬火

淬火是将钢加热至相变温度以上，保持一定时间，然后快速冷却以获得不稳定组织（马氏体组织）的热处理工艺。

淬火的主要目的是提高钢的强度和硬度，增加其耐磨性，并使其在回火后获得高强度和一定韧性相配合的性能。

淬火时的冷却介质称为淬火剂，常用的淬火剂有水和油，水的冷却能力强，适用于碳钢类零件的淬火，向水中溶入少量的盐类，还能进一步提高其冷却能力；油也是应用较广的淬火剂，虽然它的冷却能力较低，但可以防止工件产生裂纹等缺陷，适用于合金钢和形状复杂的高碳钢零件的淬火。

淬火种类很多，根据冷却方式的不同，可以分为单液淬火、双液淬火、分级淬火和等温淬火。

淬火时由于零件内外温差大，胀缩不均与组织转变时体积发生变化等原因，往往在零件内部会形成很大内应力，当应力超过一定限度时，会引起零件变形和开裂，因此，除零件淬入淬火剂的方式必须正确外，对于截面不均匀、外形复杂的零件，应采用双液淬火、分级淬火和等温淬火的方法，以防止变形和开裂。

4. 回火

视频 4-5
钢的回火

回火是将淬火后的零件加热到临界点以下某一温度，保温后冷却至室温的热处理工艺方法。回火通常是工件进行热处理的最后一道工序。

回火的目的是减小内应力和降低脆性，调整零件的机械性能，稳定零件尺寸，改善零件的切削性能。

回火分为低温回火、中温回火、高温回火。

（1）低温回火。回火温度为150～250 ℃，低温回火可以部分消除淬火造成的内应力，适当提高工件的韧性，同时使工件仍保持高硬度。低温回火适用于刀具、量具、磨具、轴承、渗碳件等。

（2）中温回火。回火温度为350～500 ℃，淬火件经中温回火后，可消除大部分的内应力，获得高的弹性极限，同时具有足够的硬度和一定的韧性。中温回火适用于弹簧、热锻模等。

（3）高温回火。回火温度为500～650 ℃，回火后工件内应力基本消除，并具有高强度和高韧性。

淬火后再进行高温回火，这种联合操作的工艺称为调质处理，一般来说，要求具有较高综合机械性能的重要结构零件，都要经过调质处理。

4.3.2 表面热处理

在实际生产过程中，应用最多的热处理工艺是表面热处理，即仅对工件表层进行淬火。在各种动载荷和摩擦条件下工作的齿轮、曲轴、凸轮等零件，要求表面有高硬度、高耐磨性，而心部具有足够的塑性和韧性。如果采用前述的整体热处理方法是难以满足上述要求的，所以只能通过表面淬火的方法加以解决。表面热处理包括感应淬火、接触电阻加热淬火、火焰淬火、激光淬火、电子束淬火等。

4.3.3 化学热处理

化学热处理是将钢置于适当的活性介质中加热、保温，使一种或几种元素渗入工件的表层，以改变其化学成分、组织和性能的热处理方法。

化学热处理很多，主要有渗碳、渗氮、碳氮共渗、渗硫、渗硼、渗金属等。

4.3.4 其他先进热处理技术和工艺

（1）可控气氛热处理。工件在炉气成分可以控制的炉内进行的热处理称为可控气氛热处理。

（2）真空热处理。真空是指压强远低于一个大气压的气态空间。在真空中进行的热处理称为真空热处理，包括真空退火、真空回火、真空化学热处理。

（3）激光热处理。利用激光作为热源的热处理称为激光热处理。

（4）形变热处理。将塑性变形和热处理有机结合，使金属材料同时受到形变强化和相变强化，以提高材料力学性能的复合工艺称为形变热处理。

4.4 热处理工序位置安排

在机器零件的生产过程中，热加工（如铸、锻、焊）、冷加工（切削加工）和热处理是相互配合，相辅相成的，热处理穿插在各个冷热加工工序之间，起着承上启下的作用，并最后保证零件的机械性能。

4.4.1 预备热处理工序位置安排

预备热处理主要是指退火、正火、调质处理等工序，这些工序主要安排在毛坯生产（铸、锻）之后，切削加工之前；有时也安排在机械粗加工之后，机械精加工之前。

1. 退火、正火工序位置安排

退火、正火工序一般安排在毛坯生产之后，切削加工之前，即：毛坯生产（铸锻）→退火或正火→切削加工及最终热处理等工序。

2. 调质处理工序位置安排

经调质处理后，零件的综合力学性能显著提高，调质处理工序一般安排在机械粗加工之后，机械精加工或半精加工之前，即：下料→锻造→退火或正火→机械粗加工→调质处理→机械半精加工或机械精加工→成品或继续后续工序。

4.4.2 最终热处理工序位置安排

最终热处理是指各种淬火（包括表面淬火）、回火及化学热处理等。零件经过最终热处理后，由于硬度提高，所以只能进行磨削加工，故工序位置应尽量靠后，一般均安排在机械半精加工之后、磨削工序之前。

淬火的工序位置安排如下。

（1）整体淬火件的工序位置安排一般为：下料→锻造→退火（或正火）→机械粗加工→机械半精加工→淬火→回火（低中温）→磨削加工→成品。

（2）感应淬火件的工序位置安排一般为：下料→锻造→正火（或退火）→机械粗加工→调质处理→机械半精加工→感应淬火→低温回火→磨削→成品。

4.5 热处理炉简介

常用的热处理炉主要有箱式电阻炉和电磁感应加热炉两种。另外，还有燃料炉、盐浴炉等。

4.5.1 箱式电阻炉

利用电阻丝加热的设备称为箱式电阻炉，也称马弗炉，如图 4-4 所示。其结构简单，价格便宜，加热温度范围有低温炉（$T≤650$ ℃）、中温炉（650 ℃$≤T≤$1 000 ℃）和高温炉（$T≥$1 000 ℃）。

4.5.2 电磁感应加热炉

利用电磁感应加热的设备称为电磁感应加热炉，如图 4-5 所示。工件被通有高频电流的感应圈加热，感应圈在工件内部产生感应电流，由于感应电流的集肤效应，感应电流仅流经工件表面将工件加热，因此这种加热炉多用于表面淬火。

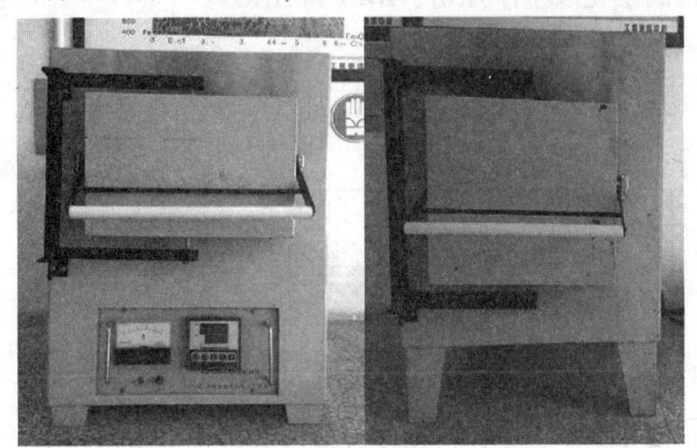

图 4-4 箱式电阻炉

图 4-5 电磁感应加热炉

4.6 硬度计的使用

硬度是衡量材料软硬程度的一个性能指标。硬度试验的方法较多，原理也不相同，测得的硬度值和含义也不完全相同。最常用的试验方法是静载荷压入法硬度试验，即布氏硬度（HB）、洛氏硬度（HRA，HRB，HRC）、维氏硬度（HV），其试验所得数值表示材料表面抵抗坚硬物体压入的能力。因此，硬度不是一个单纯的物理量，而是反映材料的弹性、塑性、强度和韧性等的一种综合性能指标。

4.6.1 硬度检验的优点

（1）工件的硬度与其他机械性能存在着定性关系。

（2）测定硬度时不需要将被检验工件损坏，仅在其局部表面留下压痕。

（3）测定硬度与测定其他机械性能相比，测试过程更简便。

（4）由于测试过程中对工件损伤较小，因此对极薄的金属层、极小体积的金属均能测定其硬度。

4.6.2 硬度检测的方法

硬度检测的方法有很多种，常用的有布氏硬度检测法、洛氏硬度检测法、显微硬度检测法、维氏硬度检测法、肖氏硬度检测法和锉刀硬度检测法等。

1. 洛氏硬度检测法

洛氏硬度检测法是以一个规定的锥角为 120°的金刚石圆锥体或直径为 1. 588 mm（1/16 in）的淬火钢球为压头，在规定载荷作用下压入被测试金属表面，如图 4-6 所示，压入深度为 h_1，再加上主载荷使压入深度增加为 h_2，经保持规定时间后，卸除主载荷，由于材料弹性恢复，压入深度减少为 h_3，以 $\Delta h=h_3-h_1$ 作为洛氏硬度值的计算深度，并直接在硬度指示盘上读出硬度值，常用的洛氏硬度指标有 HRA、HRB 和 HRC。

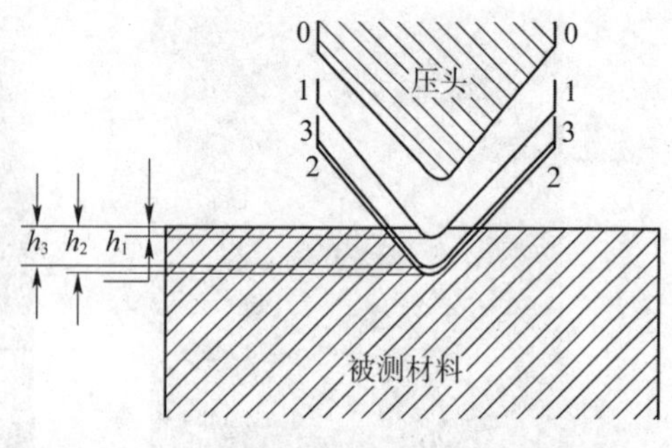

图 4-6　洛氏硬度检测法的原理

洛氏硬度检测法有以下优点：操作简单、迅速，硬度数值可以直接从指示器上读出；压痕较小，可在工件上进行试验，不会损坏工件表面；适用范围广，采用不同标尺可测定各种不同硬度的金属和不同厚度的试样硬度。

2. 洛氏硬度计的使用方法

视频 4-6
洛氏硬度计的使用

（1）将试件支撑面与测试平台擦净，然后将试件平稳置于工作台上，旋转手轮使工作台缓慢上升并顶起压头，直到大指针旋转 3 圈垂直向上至小指针指向红点为止（允许相差±5 个刻度，如超过±5 个刻度，此点应作废，并重新试验）。

（2）旋转指示器，使零线对正大指针（顺时针或逆时针旋转均可）。

（3）拉动加荷手柄，施加主试验力，指示器的大指针按逆时针方向转动。

（4）当大指针转动停止后，即可将卸荷手柄推回，卸除主试验力，主试验力的施加与卸载均应缓慢进行。

（5）从指示器上相应的标尺读数，采用金刚石压头试验时，读表盘外圈的黑色数字；采用钢球压头试验时，读表盘外圈的红色数字。

（6）逆时针方向转动手轮使试件下降，试件不应离开工作台面。

（7）为保证测试数值的准确性，平移试件，按以上步骤进行新的试验，测试点不少于 3 个。

（8）试验结束后擦拭仪器，用防尘罩将机器盖好。

试验时应按表 4-1 选用压头和总试验力使用范围。

HRA 标尺：用于测定硬度超过 70 HRC 的金属（如碳化钨，硬质合金等），也可用于测定硬的薄板材料以及表面淬硬的材料。

HRB 标尺：用于测定较软的或中等硬度的金属和未经淬硬的钢制品。

HRC 标尺：用于测定经过热处理的钢制品硬度。

表 4-1 压头和总试验力使用范围

刻度符号	压头	总试验力	硬度符号	测量范围
A	120°金刚石	60	HRA	20～88
B	ϕ1.588 mm 钢球	100	HRB	20～100
C	120°金刚石	150	HRC	20～70

3. 布氏硬度检测法

布氏硬度检测法的原理如图 4-7 所示，布氏硬度检测法是将不同直径的钢球用压力压入被检测金属的表面，根据压痕直径的大小来确定被测金属的硬度，其采用读数显微镜测出压痕直径 d，再根据 d 值在硬度表中查出布氏硬度值。布氏硬度指标 HBW（硬质合金球压头）适用于布氏硬度值低于 650 的金属材料。数值越大，被测材料硬度越高。

视频 4-7
布氏硬度计的使用

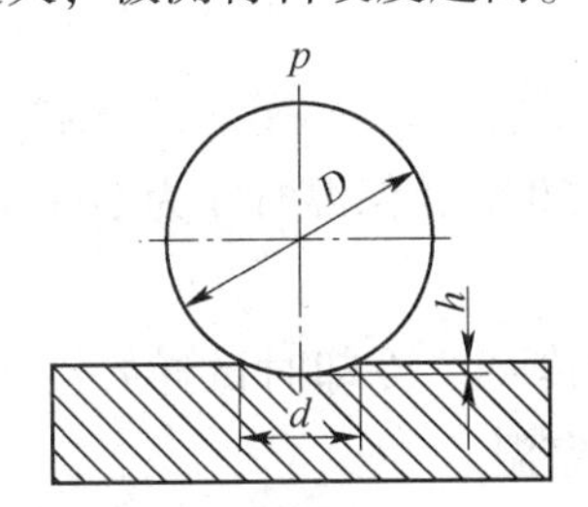

图 4-7 布氏硬度检测法的原理

4. 布氏硬度计的使用方法

布氏硬度计测定硬度的范围是 8～650 HBW。

（1）试件应制成光滑平面，其表面粗糙度 Ra 不应大于 3.2 μm，目的是使压痕边缘清晰，保证测量结果的准确性。

（2）将试件支撑面与测试平台擦拭干净，将试件平稳放置于工作台上，试验时要保证压头轴线与试件平面垂直，试验过程中试验力的加荷与卸荷应平稳、无冲击。

（3）根据试件选择试验力 3 000 kgf（1 kgf=9.8 N），选择试验力保持时间 30 s。

（4）打开电源开关，接通电源，此时电源指示灯亮，然后启动按钮开关，做好拧紧固定螺钉的准备，在保荷指示灯亮的同时迅速拧紧，使圆盘随曲柄一起回转直至自动反向和停止转动为止。

（5）试验结束后，转动手轮，取下试样，用手持式读数显微镜测量试样表面的压痕直径，查表得出试样硬度值。

（6）试验结束后擦拭仪器，用防尘罩将机器盖好。

手持式读数显微镜的使用方法请参考显微镜使用说明书。使用此显微镜测定压痕读数时的光源必须注意，通常以中午的自然光线为适宜，若在灯光下读数，应注意光线对压痕直径大小的影响。布氏硬度计主要用于铸铁、钢材、有色金属与软合金等材料的硬度检测。

4.7 热处理实训

4.7.1 实训设备和材料

（1）箱式电阻炉（马弗炉）：用于淬火和回火加热。

（2）洛氏硬度计：用于测定钢试样在各种热处理状态下的硬度。

（3）淬火槽：用于淬火冷却。

（4）淬火介质：水。

（5）实验用材料：45 号钢试样。

4.7.2 实训步骤

1. 45 号钢淬火

（1）加热：加热温度 830 ~ 850 ℃，保温时间为 20 min，淬火工艺过程温度-时间曲线如图 4-8 所示。

（2）冷却：在冷水槽中进行冷却，冷却时试样要浸入至水面以下，并不断搅动（时间约为 1 min），直至试样冷却至室温。

2. 利用洛氏硬度计测试淬火后的洛氏硬度值

将淬火后的试样在砂纸上打磨，直至试件测试表面光滑。打磨后用洛氏硬度计测试硬度值，测试 3 次，取平均值。

3. 回火

将淬火后的 44 号钢试样继续放入马弗炉中进行高温回火，回火温度为 540 ~ 560 ℃，保温时间为 60 min 左右，出炉空冷，回火工艺过程温度-时间曲线如图 4-9 所示。

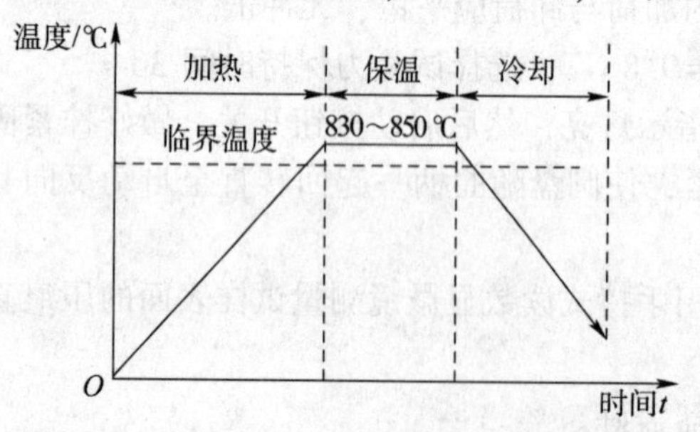

图 4-8 淬火工艺过程温度-时间曲线

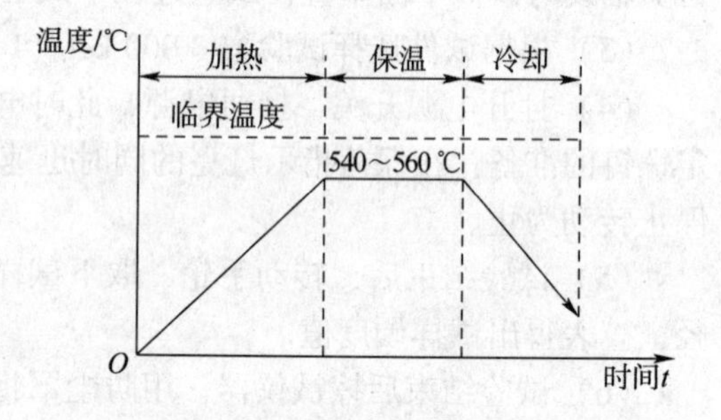

图 4-9 回火工艺过程温度-时间曲线

4. 利用洛氏硬度计测试回火后的洛氏硬度值

利用洛氏硬度计测试回炉工件洛氏硬度值的方法同实训步骤 2。

5. 利用洛氏硬度计测量正火件、退火件和未经热处理的原始件的硬度值

用同样方法测试正火件、退火件和未经热处理的原始件的洛氏硬度值，填入表4-2中。

表4-2　洛氏硬度值（HRC）

次数	不同状态的硬度值				
	淬火	回火	正火	退火	原始件
1					
2					
3					
平均值					

4.8　热处理安全操作规程

（1）学生进入实训场地须穿工作服，必须做到领口、袖口、下摆“三紧”。例如，接触热物和酸碱物品需要戴防护手套和护目镜，严禁穿凉鞋。操作设备必须在指导教师的指导下进行，检查相关设备接地装置、电器开关、导线和工具等，确认安全可靠后，方可进行操作。未经批准不得擅自启动任何设备。

（2）开动各种电阻炉之前，须先检查电源接头和电源线是否绝缘良好，仪表与指示灯工作是否正常，炉内是否清洁，是否设备有短路现象等。

（3）开、关炉门要快，炉门打开时间不宜过长，以免炉温下降影响炉膛耐火材料的使用寿命。

（4）在放、取试样时不得碰到加热元件和热电偶，往炉中放、取试样时必须使用夹钳；夹钳必须擦干，不得沾有油和水。

（5）试样从炉中取出淬火时，动作要迅速，以免试样温度下降，影响淬火后的试件质量。

（6）油槽温度不应高于 30 ℃，且应在油槽加盖槽盖，以保持油的清洁，防止火灾发生。

（7）实训过程中要注意安全，不要随手触摸未冷却的试件，同时注意防触电、防灼伤、防火和防爆，发生意外时要镇静，及时报告指导教师或有关部门。

（8）实训完毕，应做好仪器设备的复位工作，关闭电源，把试样、工具等物品放到指定位置，保养好仪器设备，清扫室内卫生，关好门窗，在指导教师允许后方可离开。

4.9 延伸阅读

在传统热处理工艺实施过程中会产生一定的空气污染。例如，合金钢淬火时（油），高温零件会造成油温升高甚至燃烧，结果会产生很大的油烟；利用盐浴炉加热工件时会产生废气烟雾；实施气体渗碳或碳氮共渗工艺时，产生的废气通常会通过燃烧的方式解决，废气燃烧过程中同样会产生烟雾。这些油烟、烟雾会损害操作人员的身体健康，更会造成空气污染。

通过分析造成空气污染的原因，思考如何加强对热处理废气的管理与控制，如何用先进的设备和技术在热处理生产各环节进行控制，减少废气排放。例如，用高压气淬取代传统的油淬；用废气处理系统取代传统的废气燃烧；改进加热方式，提高加热效率；应用更加环保的渗剂；探索使废气循环利用的方法。

第5章 普通车削加工

5.1 概　述

在车床上利用工件的旋转运动和刀具的移动来完成对零件切削加工的方法称为车削加工，是切削加工中最基本、最常用的加工方法。车削加工特别适用于加工各种回转体表面的零件，车削加工的尺寸精度可达IT7，精车甚至可达IT6～IT5；表面粗糙度*Ra*可达1.6 μm。

5.2 实训目的

（1）了解车床型号、规格、主要部件的名称和作用。

（2）掌握车削端面、外圆、台阶，切槽与切断，钻孔，镗孔，车削圆锥面，车削成形面，车削螺纹和滚花的加工工艺方法和步骤。

（3）懂得车床维护、保养及文明生产和安全技术的知识。

5.3 基本知识

5.3.1 车床型号及结构

以常用的CA6136型卧式车床为例，其字母与数字的含义如下：

C——机床类别代号（车床类），为“车”字的汉语拼音的第一个字母；

A——指通用特性或结构特性；

6——机床组别代号（落地及卧式车床组）；

1——机床系别代号（卧式机床系）；

36——主参数代号（床身上最大回转直径的1/10，即360 mm）。

以CA6136型卧式车床为例，其主要结构包括主轴箱、进给部分、溜板箱部分、尾座部分、床身部分，如图5-1所示。

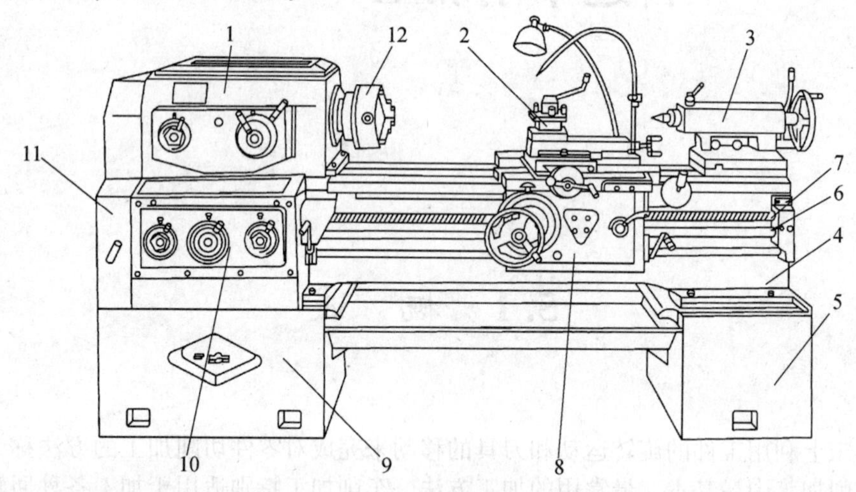

1—主轴箱；2—刀架；3—尾座；4—床身；5、9—床腿；6—光杠；7—丝杠；
8—溜板箱；10—进给箱；11—挂轮变速机构；12—卡盘。

图5-1　CA6136型卧式车床

1. 主轴箱

主轴箱内装有主轴和变速机构。改变设在主轴箱外面的手柄位置，可使主轴获得12级不同的转速。主轴是空心结构，主轴右端的内表面是莫氏6号的锥孔，可插入锥套和顶尖。

2. 进给部分

1）进给箱

进给箱是进给运动的变速机构。变换进给箱外面的手柄位置，可将主轴箱内主轴传递下来的旋转运动，转为进给箱输出的光杠或丝杠的运动并获得不同的转速。

2）光杠和丝杠

调整进给箱上的手柄，光杠的旋转带动刀具做横向或纵向的自动进给；丝杠用来车削螺纹。

3. 溜板箱部分

1）溜板箱

溜板箱是进给运动的操纵机构，将光杠和丝杠传来的旋转运动变为刀具的直线运动。当接通丝杠，并按下开合螺母时可车削螺纹。

2）床鞍和滑板

溜板箱上有床鞍、中滑板、小滑板。床鞍用于带动刀具纵向进给，中滑板用于带动刀具横向进给，小滑板用于微量纵向进给或车削圆锥时车刀斜向进给。

3）刀架

小滑板的上方有方刀架，用以夹持车刀，并使其实现纵向、横向和斜向的进给运动。

4. 尾座部分

尾座部分用于安装后顶尖，以支承较长工件进行加工，或安装钻头、铰刀等刀具进行孔加工。偏移尾座可以车削长工件的锥体。

5. 床身部分

床身是车床的基础件，用来支撑和连接车床其他部件，其上有供溜板箱和尾座移动用的导轨。

5.3.2　车刀的结构形式

车削加工内容不同，必须采用不同种类的车刀。车刀的结构形式如图 5-2 所示。

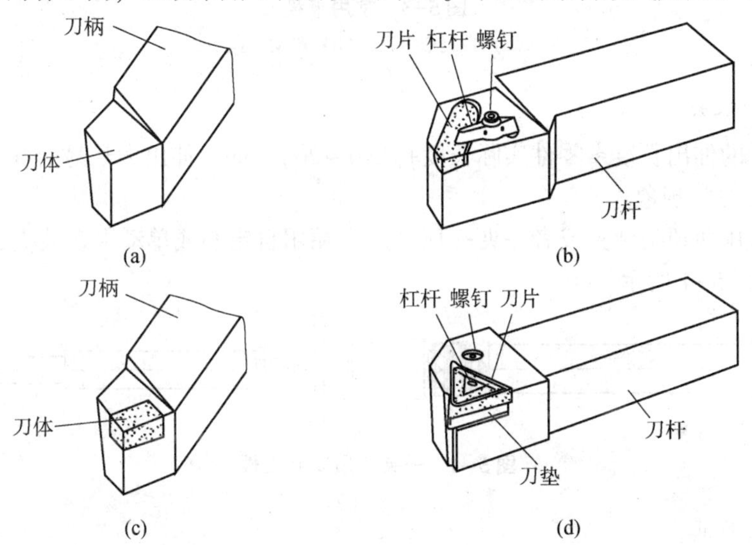

图 5-2　车刀的结构形式

（a）整体式；（b）机夹式；（c）焊接式；（d）机夹式（可转位）

机夹式车刀的刀片为多边形刀片，用螺钉夹固在刀柄上，一个切削刃磨钝后，可将刀片转位使用下一个切削刃，调整迅速方便。

5.3.3　工件的安装

用卡盘装夹工件时，工件必须放正，即应使加工表面的回转轴线和车床主轴的轴线重合，还须把工件夹紧，以承受切削力、重力等。常用卡盘如图 5-3 所示。

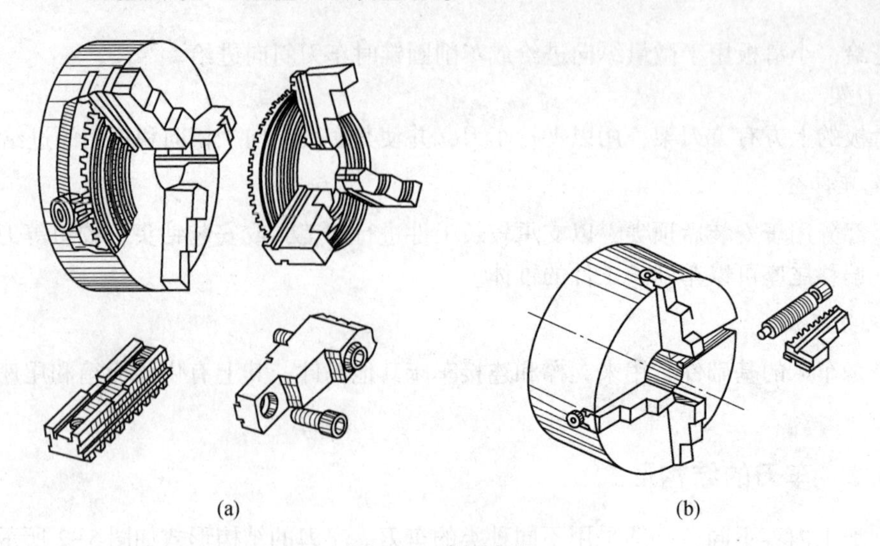

图 5-3　常用卡盘

(a) 自定心卡盘；(b) 单动卡盘

1. 工件的装夹

轴类工件的伸出长度≈零件实际长度+（10～20）mm。伸出太长易引起切削振动、顶弯工件或“打刀”现象。

细长轴采用两顶尖装夹或者一夹一顶（即一端用自定心或单动卡盘装夹，另一端用顶尖装夹），如图 5-4 所示。

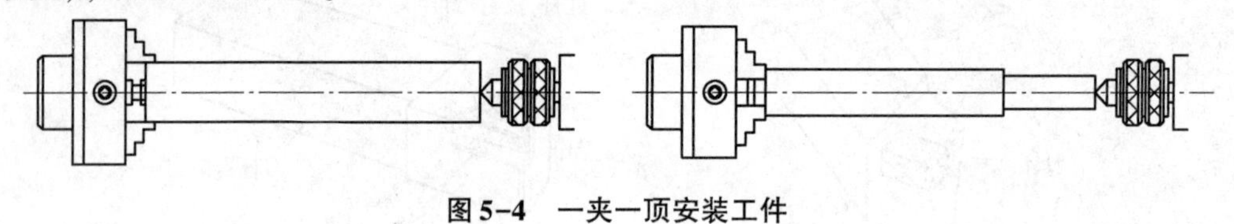

图 5-4　一夹一顶安装工件

2. 工件的找正

将工件安装在卡盘上，使工件的中心与主轴的旋转中心取得一致，这一过程称为工件的找正，如图 5-5 所示。

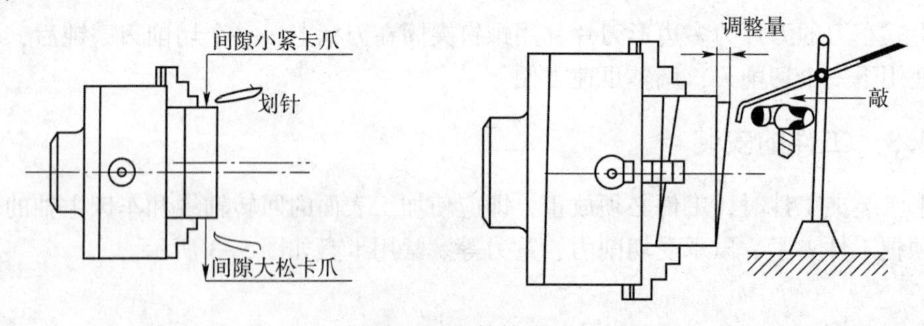

图 5-5　工件的找正

找正的方法一般有以下 3 种。

(1) 目测法。其基本方法为：工件旋转→观察工件跳动，找出最高点→找正→夹紧。

(2) 使用划针盘找正。工件装夹后（不可过紧），用划针对准工件外圆并留有一定的间隙，转动卡盘使工件旋转，观察划针在工件圆周上的间隙，调整最大间隙和最小间隙，使其达到间隙均匀一致，最后将工件夹紧。

（3）开车找正法。在刀台上装夹一个刀杆（或硬木块），工件装夹在卡盘上（不可用力夹紧）；开车使工件旋转，刀杆向工件靠近，直至把工件靠正，然后夹紧。此种方法较为简单、快捷，但必须注意工件夹紧程度，不可太紧也不可太松。

5.3.4　车刀的安装

车刀需要牢固可靠的安装，至少要用 2 个螺钉压紧在刀架上，刀杆尽量与机床轴线垂直或平行。另外还必须注意“3 个度”：高度、长度、角度。

（1）高度：车刀安装在刀架上，刀尖应与工件轴线等高，一般用顶尖或试切的方法进行车刀高低的校准。如果车刀略低，可以在车刀下面放置垫片进行调整，车刀的几种安装位置如图 5-6 所示。

（2）长度：车刀在刀架上伸出的长度通常不超过刀体高度的 2 倍。

（3）角度：车刀安装在刀架上时要使加工时刀具角度合适，特别是加工时的主偏角和副偏角。

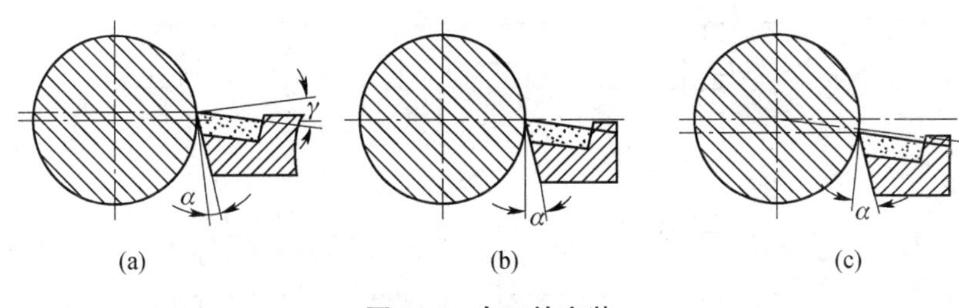

图 5-6　车刀的安装

（a）偏高；（b）等高；（c）偏低

5.4　基本操作

视频 5-1
普通车床车削外圆

5.4.1　车削外圆

车削外圆常用的刀具如图 5-7 所示。

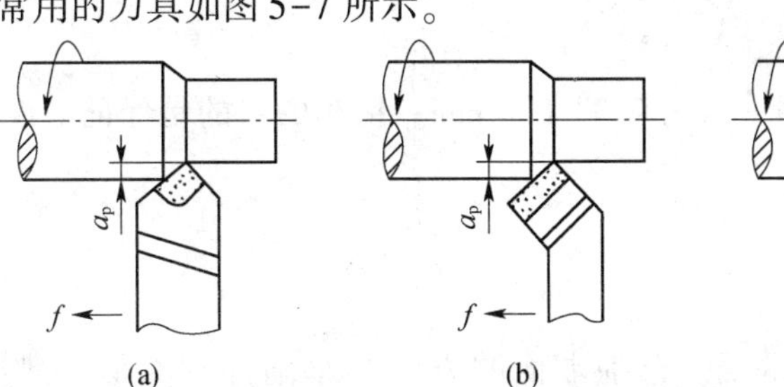

图 5-7　车削外圆常用的刀具

（a）75°外圆车刀；（b）45°外圆车刀；（c）90°外圆车刀

1. 车削外圆的加工方法及步骤

车削外圆的加工方法与步骤如图5-8所示。

（1）开车对刀：使车刀刀尖与工件表面轻微接触，作为横向进刀的起始点，如图5-8（a）所示。

（2）向右退刀：纵向向右退出车刀，为横向进刀做准备，如图5-8（b）所示。

（3）横向进刀：转动横向进给手柄，通过横向走刀刻度盘上的刻度，调整好背吃刀量 a_{p1}，如图5-8（c）所示。

（4）试切：在工件上车出1～3 mm的长度，纵向向右退出车刀，停车，如图5-8（d）所示。

（5）测量调整：测量试切后的实际尺寸，调整背吃刀量 a_{p2}，如图5-8（e）所示。

（6）加工：经过一次或几次的车削，使工件达到图纸要求，如图5-8（f）所示。

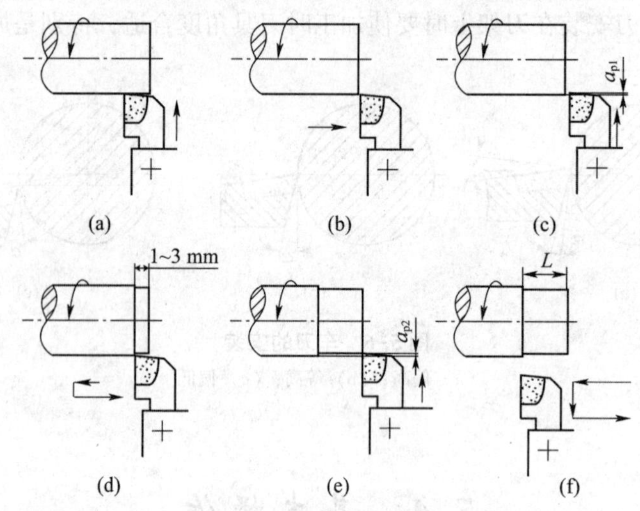

图5-8　车削外圆的步骤

2. 粗车和精车

粗车的目的是尽快地从工件上切去大部分加工余量（实际尺寸与工件要求尺寸的差值称之为余量），粗车时要优先选用较大的背吃刀量，其次适当加大进给量，最后选用中等偏低的切削速度进行切削。

粗车给精车留的加工余量一般为0.3～0.4 mm。精车的目的是保证零件的尺寸精度和表面粗糙度等技术要求。

5.4.2　车削端面

圆柱体两端的平面称为端面。车削端面的方法与车削外圆类似，其步骤如图5-9所示。

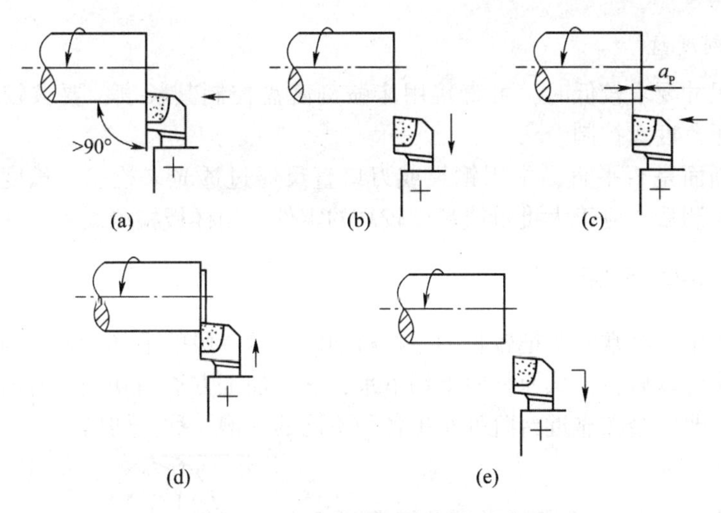

图 5-9 用 90°右偏刀车削端面步骤

5.4.3 车削台阶

视频 5-2
普通车床车削台阶轴

由直径不同的两个圆柱体相连接的部分称为台阶。车削台阶的方法与车削外圆基本相同，但在车削时应兼顾外圆直径和台阶长度 2 个方向的尺寸要求，还必须保证台阶端平面与工件轴线的垂直度要求，如图 5-10 所示。

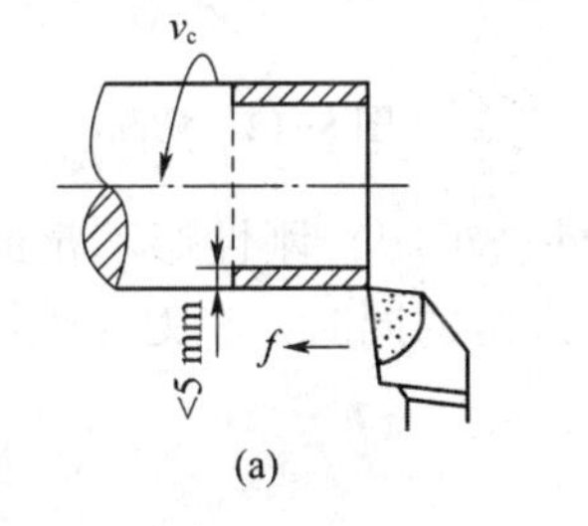

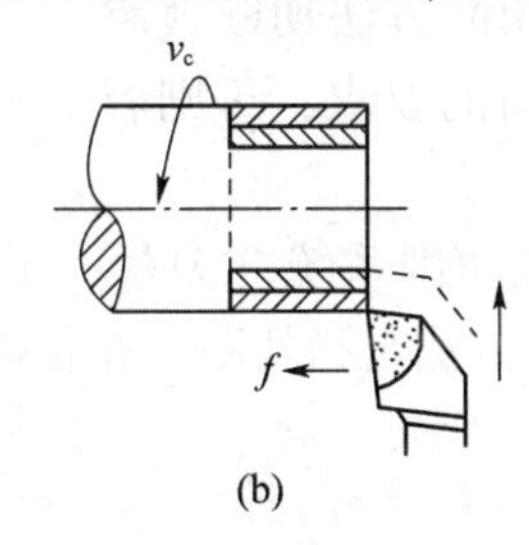

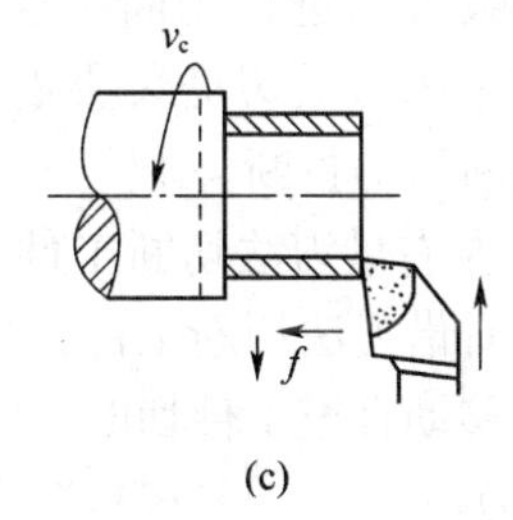

图 5-10 车削台阶

（a）车削低台阶；（b）、（c）车削高台阶

控制台阶轴长度尺寸的常用方法有刻线痕和用床鞍刻度盘。

1. 刻线痕

刻线痕确定台阶位置的方法如图 5-11 所示。

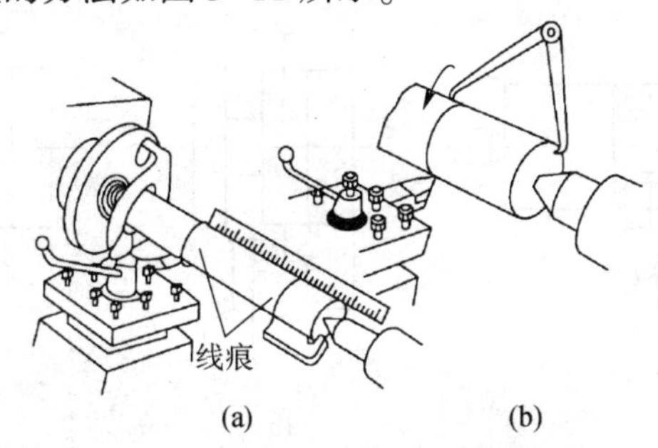

图 5-11 刻线痕

（a）用钢板尺定位；（b）用卡钳定位

2. 用床鞍刻度盘

台阶长度尺寸要求较低时，可直接用床鞍刻度盘控制其长度；要求较高且长度较小时，可用小滑板刻度盘控制。

车削后的断面是否平直，常用钢尺或刀口直尺通过透光来检验。长度用钢尺、内卡钳、游标卡尺来测量。对于大批量或精度较高的零件，用样板检测。

5.4.4 切槽与切断

在车削加工中，经常需要把较长的原材料切成一段一段的毛坯，然后再进行加工，也有一些工件在车好以后，再从原材料上切下来，这种加工方法叫切断。有时为了车螺纹或磨削时退刀的需要，会在靠近台阶处车出各种不同的沟槽，称为切槽。

1. 切断

切断直径小于主轴孔的棒料时，可把棒料插在主轴孔中，并用卡盘夹住，切断刀离卡盘的距离应小于工件的直径，否则容易引起振动或将工件抬起来而损坏车刀，如图 5-12 所示。

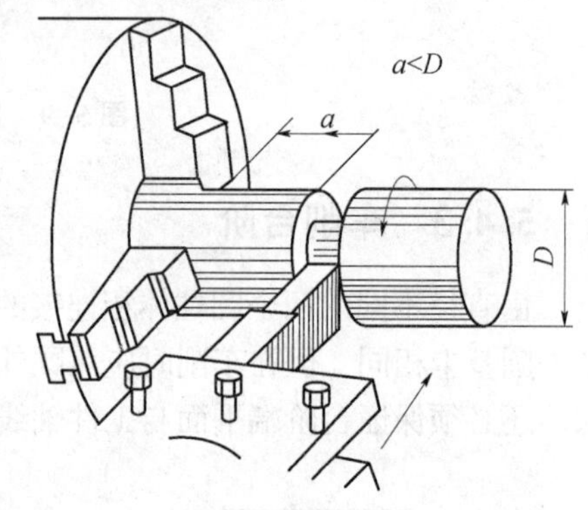

图 5-12　切断

常用切断方法如下。

（1）用直进法切断工件。所谓直进法是指垂直于工件轴线方向进行切断。这种切断方法切断效率高，但对车床刀具刃磨装夹有较高的要求，否则容易造成切断刀的折断。

（2）左右借刀法切断工件。在切削系统（刀具、工件、车床）刚性等不足的情况下可采用左右借刀法切断工件，这种方法是指切断刀在径向进给的同时，车刀在轴线方向反复的往返移动直至工件切断。

2. 切槽

车削窄槽时，可用刀头宽度等于槽宽的切槽刀一刀车出。

车削较宽的沟槽时，应先用外圆车刀的刀尖在工件上刻两条线，把沟槽的宽度和位置确定下来，然后用切槽刀在两条线之间进行粗车，分几次车出，但必须在槽的两侧面和槽的底部留下精车余量，最后一次横向进给切完后沿纵向移动精车槽的底部，如图 5-13 所示。

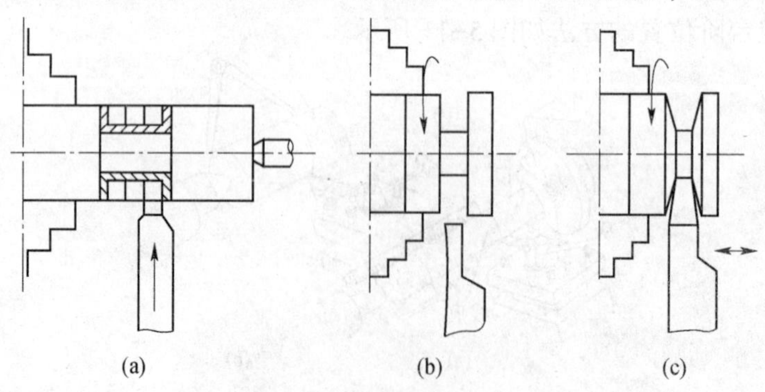

图 5-13　切槽

5.4.5　孔加工

1. 钻中心孔

在工件安装中，一夹一顶或两顶都要先预制中心孔，在钻孔时为了保证同轴度也往往要先钻中心孔来决定中心位置。

中心孔通常用中心钻钻出，直径在 6.3 mm 以下的中心孔一般采用钻的加工工艺，较大的中心孔可采用车、锪锥孔等加工方法。制造中心钻的材料一般为高速钢。中心钻的几何结构如图 5-14 所示。

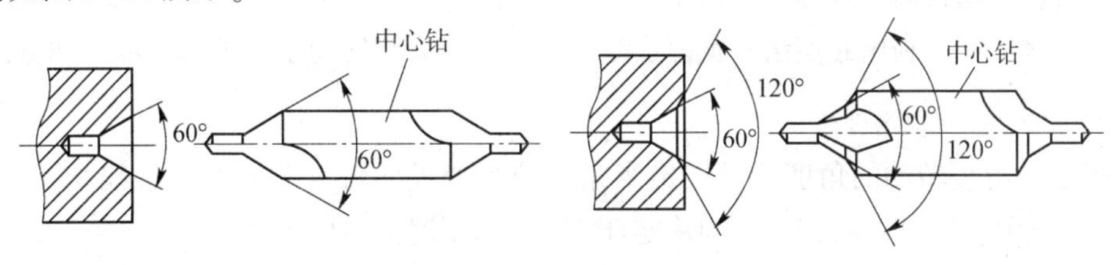

图 5-14　中心钻的几何结构

2. 钻孔

钻孔前先车削端面，用中心钻钻出定心小孔后，再用钻头钻孔，这样加工的孔，同轴度较好。调整好尾架位置并紧固于床身上，然后开动车床，摇动尾架手柄使钻头慢慢进给，注意应经常退出钻头，排出切屑，如图 5-15 所示。

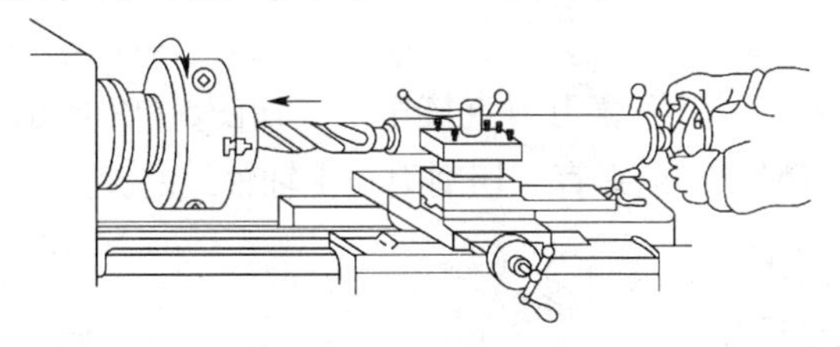

图 5-15　在车床上钻孔

3. 镗孔

镗孔是对钻出、铸出或锻出的孔的进一步加工，以达到图纸上精度等技术要求，注意通孔镗刀的主偏角为 45°~75°，盲孔车刀主偏角大于 90°，如图 5-16 所示。

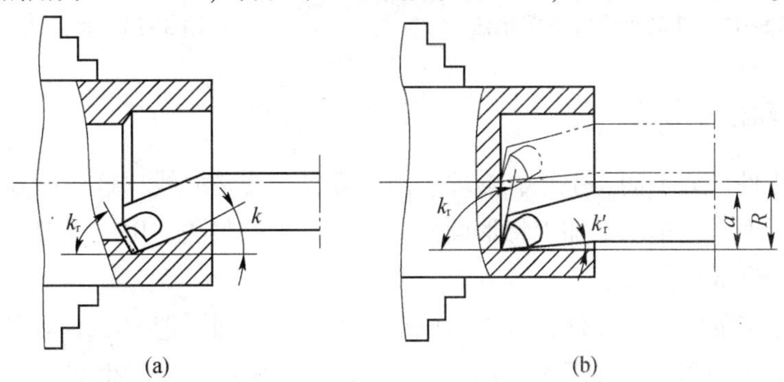

图 5-16　镗孔

(a) 镗通孔；(b) 镗盲孔

在车床上镗孔要比车削外圆困难，因镗杆直径比外圆车刀细得多，而且伸出很长，往往因刀杆刚性不足而引起振动，所以背吃刀量和进给量都要比车削外圆时小些，切削速度也要比车削外圆时小 10% ~20%。镗盲孔时，由于排屑困难，因此进给量应更小些。

5.4.6 车削圆锥面

在机床与工具中，圆锥面结合应用得很广泛。例如，车床主轴孔跟顶尖的结合；车床尾座锥孔跟麻花钻锥柄的结合以及与顶尖的结合等。

加工锥度时通常需要计算出圆锥半角。圆锥面的车削方法有很多种，如转动小滑板车圆锥法、偏移尾座法、利用靠模法和宽刀法等。本节主要介绍转动小滑板车圆锥法和宽刀法。

1. 转动小滑板车圆锥法

车床上小滑板转动的角度就是圆锥半角，即小滑板导轨与车床主轴轴线相交的角度，如图 5-17 所示。小滑板的转动方向决定于工件在车床上的加工位置。

将小滑板转盘上的螺母松开，调整到所需要的圆锥半角，然后固定转盘上的螺母，摇动小滑板手柄开始车削，使车刀沿着锥面母线移动，即可车出所需要的圆锥面。

转动小滑板车削圆锥时，小滑板转过的角度一般是有误差的，所以应先进行试车削，然后根据车出的圆锥进行测量和修正旋转角度。注意，修正角度时，尽量向一个方向慢慢旋转或采用木棒轻敲小滑板进行补正。不可一次修正过多，否则需反向修正。

2. 宽刀法

车削较短的圆锥面时，可以用宽刃刀直接车出，如图 5-18 所示。其工作原理实质上是属于成型法，所以要求切削刃必须平直，切削刃与主轴轴线的夹角应等于工件圆锥半角 $\alpha/2$。

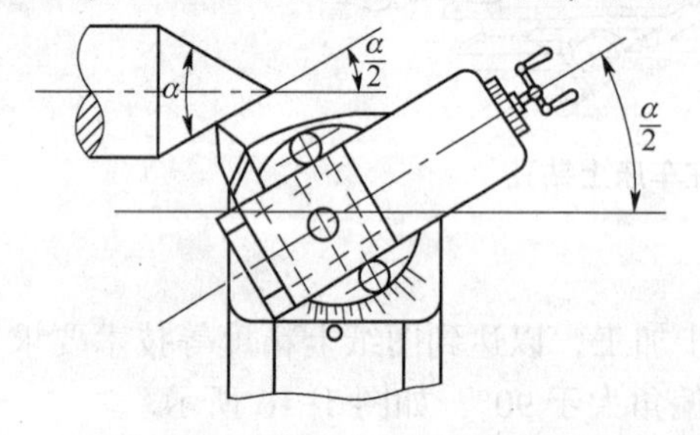

图 5-17 转动小滑板车圆锥法

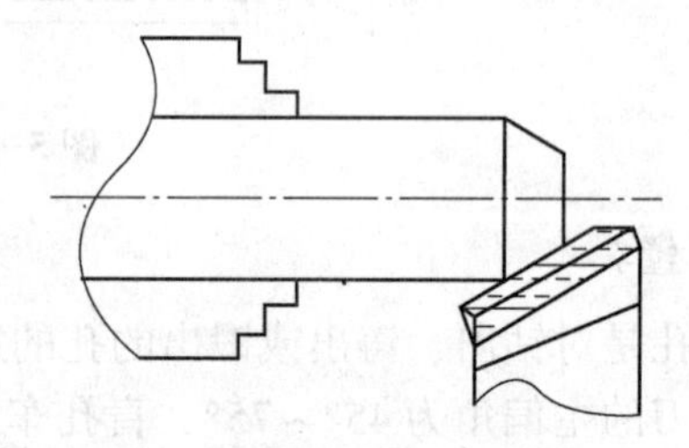
图 5-18 宽刀法

5.4.7 车削特形面

有些机器零件，如手柄、手轮、圆球、凸轮等，母线是曲线，这样的零件表面称为特形面，又叫成形面。在车床上加工特形面的方法有双手控制法、用成形刀法和用靠模板法等。本节主要介绍成形刀法。

对于数量较多的特形面工件，可以用成形车刀进行车削。把刀刃磨得跟工件表面形状相同的车刀称为成型车刀，如图 5-19 所示，其特点是操作简便，生产率高，但制造与刃磨困难，只适宜成批生产轴向尺寸较小的工件。

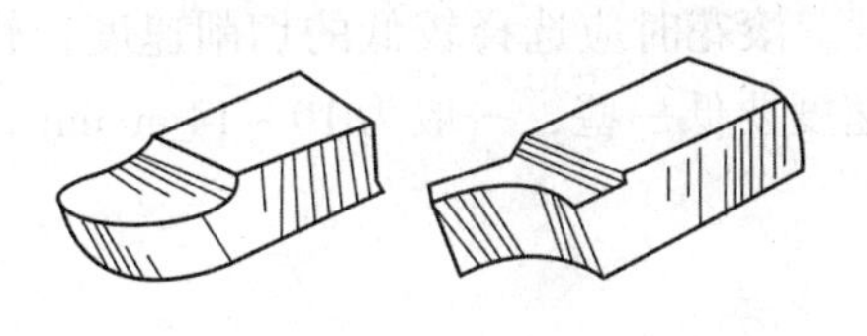
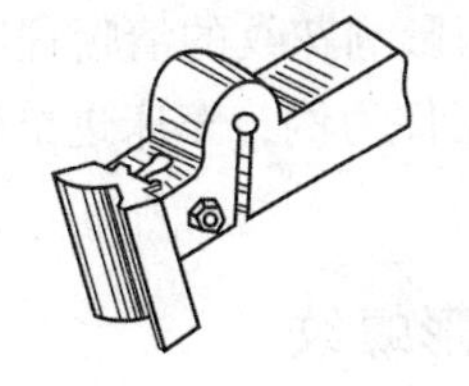
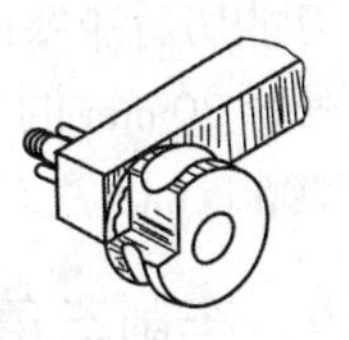

图 5-19　各种成型车刀

5. 4. 8　滚花

有些工具和机器零件的握手部分，为增加摩擦力和使零件表面美观，常常在零件表面上滚出不同的花纹。利用滚花刀的滚轮来挤压工件的金属层，使其产生一定的塑性变形从而形成花纹，如图 5-20 所示。

1. 花纹的种类和选择

花纹有直纹和网纹，如图 5-21 所示，并有粗细之分。相应的滚花刀有直纹滚花刀和网纹滚花刀。花纹的粗细由节距 t 来决定。滚花的花纹粗细根据工件直径和宽度大小来选择。工件直径和宽度大，应选择较粗的花纹；反之，应选择较细的花纹。常用的滚花刀有单轮滚花刀和双轮滚花刀，分别如图 5-22 和图 5-23 所示。

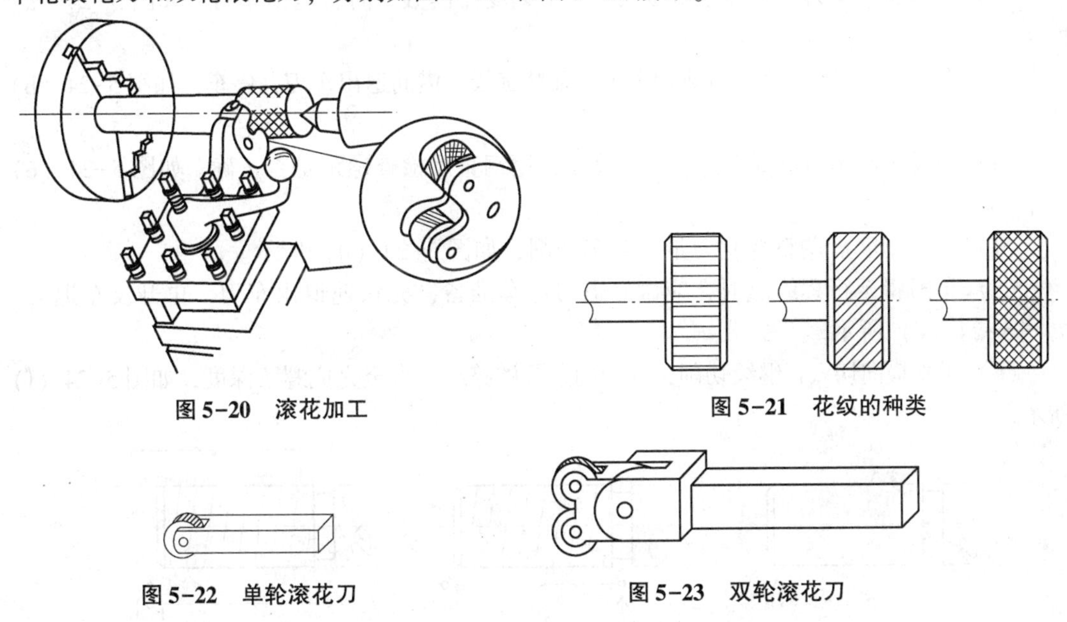

图 5-20　滚花加工

图 5-21　花纹的种类

图 5-22　单轮滚花刀

图 5-23　双轮滚花刀

2. 滚花的方法

滚花前根据工件材料的性质，须把滚花部分的直径车小（0. 25 ~0. 5）t mm。

在滚花刀接触工件时，必须用较大的压力进刀，使工件刻出较深的花纹，否则容易产生乱纹（俗称破头）。这样来回滚压 1 ~2 次，直到花纹凸出为止。

为了减少开始时的径向压力，滚花刀安装仍然要像车刀一样对准工件回转中心，且与工件要呈一个小小的夹角；可先把滚花刀表面宽度的一半与工件表面相接触，或把滚花刀装得略向右偏些，使滚花刀与工件表面有一很小的夹角，大约 8°（类似车刀的副偏角），这样比较容易切入。在滚压过程中，还必须经常加润滑油和清除切屑，以免损坏滚花刀和防止滚花刀被切屑滞塞而影响花纹的清晰程度。滚花时应选择较低的切削速度，较大的进给量。以外径 20 mm 的工件为例，车床进给速度要低一些，一般为 10 ~ 14 m/min，切削速度可选择 200 r/min 左右。

5.4.9 车削三角形螺纹

在车床上加工螺纹主要是指用车刀车削各种螺纹，对于直径较小的螺纹，也可在车床上先车出大径，再用板牙或丝锥套、攻螺纹。

1. 螺纹的车削步骤

首先把工件的螺纹外圆直径按要求车好（比规定要求应小 0.2 ~ 0.3 mm），然后在螺纹的长度上车一条标记，作为退刀标记（如果有退刀槽则不需要标记），并将端面处倒角后，装夹好螺纹车刀；车削标准螺纹时，从车床的螺距指示牌中，找出进给箱各操纵手柄应放的位置进行调整。车床调整好后，选择较低的主轴转速，开动车床，合上开合螺母，正、反车数次后，检查丝杠与开合螺母的工作状态是否正常。为使刀具移动较平稳，须消除车床床鞍、中滑板与小滑板之间的间隙及丝杠螺母的间隙。

车削外螺纹的操作步骤如图 5-24 所示。

（1）开车，使车刀与工件轻微接触，记下刻度盘读数，向右退出车刀，如图 5-24（a）所示。

（2）合上开合螺母，在工件表面车出一条螺旋线，横向退出车刀，停车，如图 5-24（b）所示。

（3）开反车使车刀退到工件右端，停车，用钢直尺检查螺距是否正确，如图 5-24（c）所示。

（4）利用刻度盘调整背吃刀量，开车切削，如图 5-24（d）所示。

（5）车刀将至行程终点时，应做好退刀停车准备，先快速退出车刀，再开反车退刀，如图 5-24（e）所示。

（6）再次横向切入，继续切削，其切削过程的路线，直至完成螺纹深度，如图 5-24（f）所示。

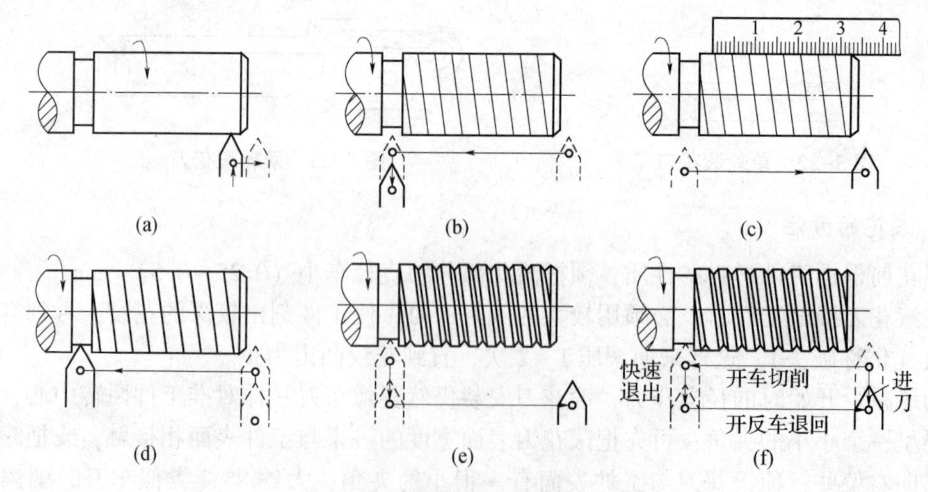

图 5-24 车削外螺纹的操作步骤

2. 用板牙加工外螺纹

一般 M12 以下或螺距小于 1.4 mm 的细牙螺纹，可在车床上用板牙或丝锥加工，其操作简单，生产效率高。具体加工步骤如下。

（1）先把工件外圆车至比螺纹大径的基本尺寸小 0.13 倍螺距。

（2）外圆车好后，工件必须倒角，倒角小于或等于 45°；倒角后的平面直径要小于螺纹小径，使板牙容易切入。

（3）将已车好外圆的被加工工件装夹在卡盘上，确定好套丝长度，划线，并加注切削液。

（4）将主轴速度手柄调整到低速位置。

（5）将符合要求的板牙装夹在板牙架内，把平顶尖用力装入车床尾座套筒内，并移动尾座至工件，使滑动套筒的行程大于工件长度，然后锁紧固定尾座。扳动尾座套筒手轮，使板牙轻套在工件外圆上，板牙另一面与平顶尖紧密接触，尾座起到定心定位的作用。左手匀速顺时针扳动板牙架手柄，右手同时匀速顺时针摇动套筒手轮，以便起到“跟进”作用，即右手跟着左手转动，右手切不可用力过猛，以免损坏板牙。

（6）前 3 圈切记不可逆时针转动退屑，以免发生乱牙。待转动 3 圈左右时，即可把尾座撤离，然后继续顺时针套丝；这时可以逆时针转半圈用以退屑，随深度增加，断屑次数必然增加。直至到达划线位置处，将工件加工完成，退出板牙。

3. 用丝锥加工内螺纹

用丝锥加工内螺纹的步骤如下。

（1）计算出螺纹底径，选择好钻头。用麻花钻钻出底孔，钻孔时加注切削液。

（2）按要求选择好丝锥，将铰杠套锁紧在丝锥方头上，并将丝锥装入孔口内，扳动尾座顶尖，顶住丝锥尾部的中心孔。

（3）将主轴速度手柄调整到低速位置。

（4）左手扳丝锥铰杠顺时针转动，右手扳动尾座套筒，两手同时进行，保证尾座顶尖始终顶住丝锥中心孔；攻入 1 ~ 2 牙后，必须逆时针转半圈以退屑；然后继续顺时针攻螺纹，随深度增加，断屑次数必然增加，攻出口径 1/2 以上完成一攻，用同样的方法进行二攻，使其达到螺纹中径。

（5）在攻不同孔螺纹时，必须在丝锥或尾座套筒上标记好螺纹长度尺寸，以防折断丝锥。

5.5 车床安全操作规程

1. 文明生产

（1）开车前，应检查车床各部分机构是否完好，有无防护设施，各传动手柄是否放在空挡位置，变速齿轮的手柄位置是否正确，以防开车时因突然撞击而损坏车床。

（2）工作中主轴需要变速时，必须先停车；变换走刀箱手柄位置要在低速时进行。

（3）为了保护丝杠的精度，除车削螺纹外，不得使用丝杠进行自动进刀。

（4）不允许在卡盘、床身导轨上敲击或校直工件；床面上不允许放工具或工件。

（5）车削铸件、气割下料的工件，导轨上的润滑油应擦去，工件上的型砂杂质要去除，以免磨坏床面导轨。

（6）下班后，将床鞍摇至床尾一端，各传动手柄放在空挡位置，关闭电源。

2. 安全生产

操作时必须提高执行纪律的自觉性，遵守规章制度，并严格遵守下列安全生产规程。

（1）工作时应穿工作服，不准戴手套，女生应戴工作帽，头发或辫子应塞入帽子内。

（2）工作时，头不应靠工件太近，以防切屑溅入眼内，如果切屑呈崩碎状时，必须戴上防护眼镜。

（3）工作时，必须集中精力，不允许擅自离开车床或做与车床工作无关的事，身体和手不能靠近正在旋转的工件或车床部件。

（4）工件和车刀必须装夹牢固，要及时取下卡盘扳手，以防启动时扳手飞出发生事故。

（5）不得用手去刹住转动着的卡盘。

（6）车床开动时，不能测量工件，也不能用手去触碰工件的表面。

（7）应该用专用的钩子清除切屑，绝对不允许用手直接清除。

（8）纵向或横向自动进给时，严禁床鞍或中滑板超过极限位置，以床鞍滑板脱落或碰撞卡盘。

（9）几人共用一台车床实习时，只允许一人操作，严禁多人同时操作，以防意外。

（10）实训结束，关闭电源，清除铁屑，擦拭机床、工具、量具等，在机床导轨面上加注润滑油，清扫工作地面，保持良好的工作环境。

5.6 普通车削实例

5.6.1 实训基础项目——车削外圆

1. 训练目的和要求

通过加工给定尺寸要求的外圆，使同学们熟练掌握车削外圆步骤。外圆规格如图 5-25 所示，要求锐角倒钝。

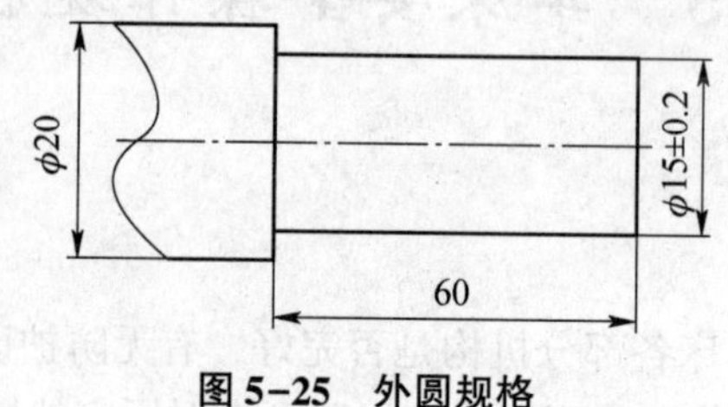

图 5-25　外圆规格

2. 实训的重点难点

(1) 车削外圆的操作步骤。

(2) 车削外圆过程中的注意事项。

3. 实训设备

CA6136 型卧式机床。

4. 实训工具

(1) 量具：游标卡尺、钢直尺。

(2) 刀具：45°外圆车刀、90°外圆车刀、切槽和切断刀。

5. 实训材料

45 号钢，ϕ20 mm×120 mm。

6. 实训过程

1) 外圆车刀安装时的注意事项

(1) 刀尖应与工件轴线等高，刀杆应与工件轴线垂直。

(2) 刀杆伸出不宜过长，一般为刀杆厚度的 1.5 ~2 倍。

(3) 刀杆垫片应平整，尽量用厚垫片，以减少垫片数量。

2) 工件的装夹

在车床上安装工件应使被加工表面的轴线与车床主轴、回转轴重合，同时将工件夹紧，防止加工过程中脱落，保证安全。

3) 车削外圆的步骤

车刀和工件在车床上安装以后，即可开始车削加工，在加工中必须按照如下步骤进行。

(1) 选择主轴转速和进给量，调整有关手柄的位置。

(2) 开车对刀：纵向向右退出车刀，为横向进刀做准备。

(3) 横向进刀：转动横向进给手柄，通过横向走刀刻度盘上的刻度，调整好背吃刀量。

(4) 试切：在工件上车出 1 ~3 mm 的长度。

(5) 向右退刀：纵向向右退出车刀，停车。

(6) 测量调整：测量试切后的实际尺寸，调整背吃刀量。

(7) 加工：经过一次或几次的车削，使工件达到图纸要求。

5.6.2 实训选做项目——车削台阶轴

1. 训练目的和要求

学会合理选择工装、切削用量，掌握拟定车削工艺，掌握台阶轴的车削加工。台阶轴规格如图 5-26 所示，要求锐角倒钝。

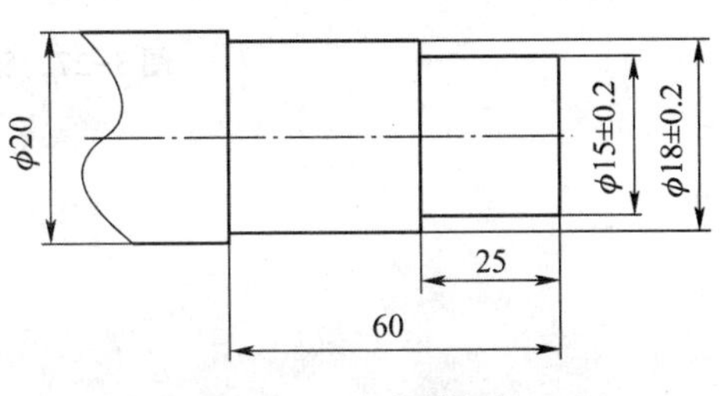

图 5-26 台阶轴规格

2. 实训的重点难点

(1) 台阶轴的安装及车削方法。

（2）控制、测量台阶轴长度的方法。

3. 实训设备

CA6136 型卧式机床。

4. 实训工具

（1）量具：游标卡尺、钢直尺。

（2）刀具：90°外圆车刀、切槽和切断刀。

5. 实训材料

45 号钢，ϕ20 mm×120 mm。

6. 加工工艺

车削台阶轴加工工艺如表 5-1 所示。

表 5-1　车削台阶轴加工工艺

mm

工序	工种	工步	工序内容	刀具	量具
1		1	下料，ϕ20×120 棒料	锯床	直钢尺
2	车	1	自定心卡盘夹持工件，车削端面	外圆车刀	游标卡尺
		2	粗车外圆 ϕ18 轴段，直径余量留取 1	外圆车刀	游标卡尺
		3	精车外圆 ϕ18 至图示尺寸	外圆车刀	游标卡尺
		4	粗车外圆 ϕ15 轴段，直径余量留取 1	外圆车刀	游标卡尺
		5	精车外圆 ϕ15 至图示尺寸	外圆车刀	游标卡尺
		6	锐边去毛刺	外圆车刀	游标卡尺

5.6.3 实训拓展项目——车削锤柄

锤柄几乎涵盖了车削的所有工艺，是车削工艺的典型零件，其尺寸规格如图 5-27 所示，车削锤柄的工艺过程如表 5-2 所示。

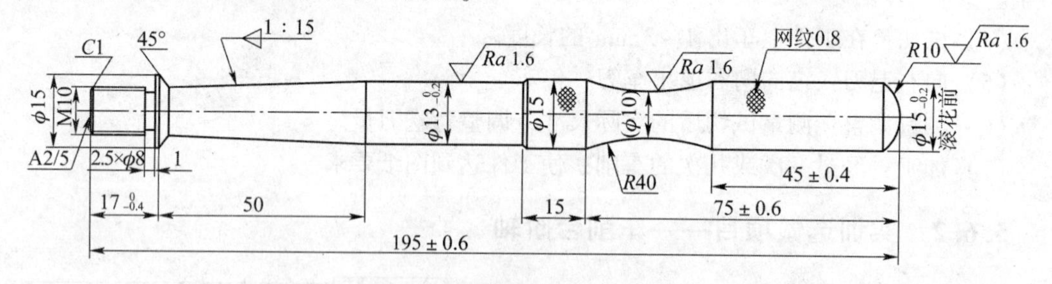

图 5-27　锤柄零件的尺寸规格

表 5-2　车削锤柄的工艺过程

mm

<table>
<tr><td colspan="2" rowspan="3">沈航工程训练中心</td><td colspan="5" rowspan="3">车工训练加工工艺过程卡片</td><td>总 2 页</td><td>第 1 页</td><td colspan="2">训练类别：1.5 d</td></tr>
<tr><td>产品名称</td><td>锤柄</td><td>生产纲领</td><td>单件小批</td></tr>
<tr><td>零件名称</td><td>锤柄</td><td>生产批量</td><td>单件</td></tr>
<tr><td>材料</td><td>45</td><td>毛坯种类 棒料</td><td colspan="2">毛坯外形尺寸 100×20</td><td colspan="2">每毛坯可制作件数 1</td><td>每台件数</td><td>1</td><td>设备</td><td>CA6136</td></tr>
<tr><td rowspan="2">序号</td><td rowspan="2">工序名称</td><td rowspan="2">工序内容</td><td colspan="3">切削用量</td><td rowspan="2" colspan="3">工序简图</td><td rowspan="2">夹具
刀具
量具</td><td rowspan="2">工时/min</td></tr>
<tr><td>主轴转数/(r·min^{-1})</td><td>进给速度/(mm·r^{-1})</td><td>背吃刀量/mm</td></tr>
<tr><td>10</td><td>准备</td><td>清点工量具、检查棒料的尺寸，明确加工余量</td><td></td><td></td><td></td><td colspan="3"></td><td></td><td>15</td></tr>
<tr><td rowspan="3">20</td><td rowspan="3">车</td><td>1. 自定心卡盘夹持棒料一端，伸长 10 ~ 15</td><td></td><td></td><td></td><td rowspan="3" colspan="3">4　φ2　60°　15</td><td rowspan="3">自定心卡盘
中心钻
游标卡尺</td><td rowspan="3">15</td></tr>
<tr><td>2. 车削端面见光</td><td>570</td><td>0.1</td><td>1</td></tr>
<tr><td>3. 钻中心孔</td><td>820</td><td>手动</td><td></td></tr>
<tr><td rowspan="4">30</td><td rowspan="4">车</td><td>1. 装夹工件伸长≥184（一夹一顶）</td><td></td><td></td><td></td><td rowspan="2" colspan="3">184　φ12.5</td><td rowspan="2">自定心卡盘
90°外圆车刀
游标卡尺</td><td rowspan="2">25</td></tr>
<tr><td>2. 车削外圆 $\phi15_{-0.2}^{0}$，长 180</td><td>570</td><td>0.2</td><td>0.5</td></tr>
<tr><td>3. 滚花，长>90</td><td>72</td><td>1</td><td>0.2</td><td colspan="3">90　φ12.5</td><td>自定心卡盘
滚花刀
游标卡尺</td><td>30</td></tr>
<tr><td>4. 车削 $R40$，保证尺寸 75±0.6 和 45±0.4（留顶尖孔余量长 5）</td><td>290</td><td>手动</td><td></td><td colspan="3">75±0.6　R40　45±0.4　φ12.5　φ10</td><td>自定心卡盘
成形车刀
游标卡尺</td><td>50</td></tr>
</table>

续表

序号	工序名称	工序内容	切削用量：主轴转数/(r·min^{-1})	切削用量：进给速度/(mm·r^{-1})	切削用量：背吃刀量/mm	工序简图	夹具 刀具 量具	工时/min
40	车	1. 调头装夹 $\phi15$ 外圆，伸长 25；车削端面见光	570	手动	0.5	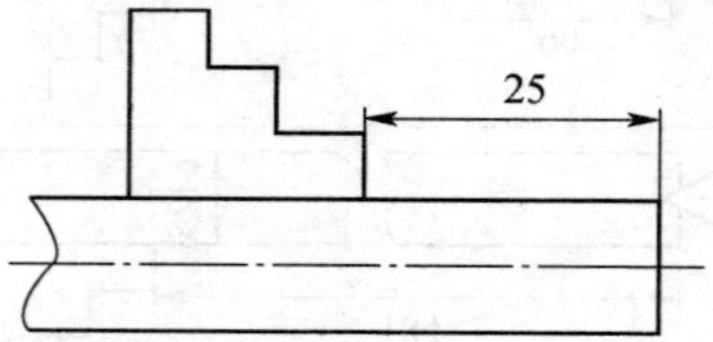	自定心卡盘 90°外圆车刀 游标卡尺	15
		2. 车 M10 螺纹大径 $\phi9.8$，台阶长 16	570	0.1	0.4	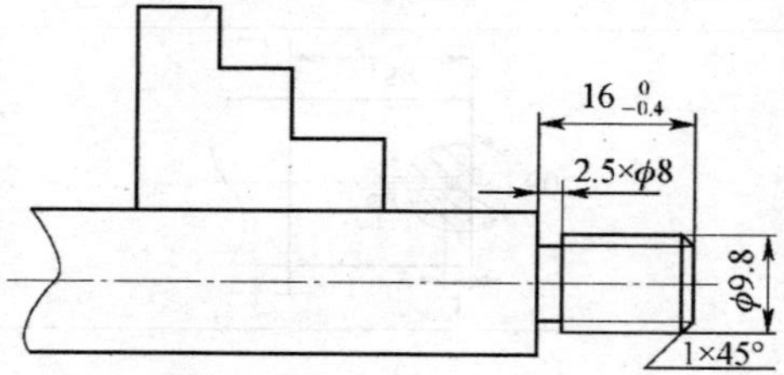	自定心卡盘 90°外圆车刀 45°外圆车刀 切槽刀 板牙 游标卡尺	30
		3. 切槽 2.5×$\phi8$	570	手动				
		4. 倒角 1×45°	570	手动				
		5. 攻 M10 螺纹						
50	车	1. 把 M10 螺纹旋入特制夹具内，右端顶尖支撑				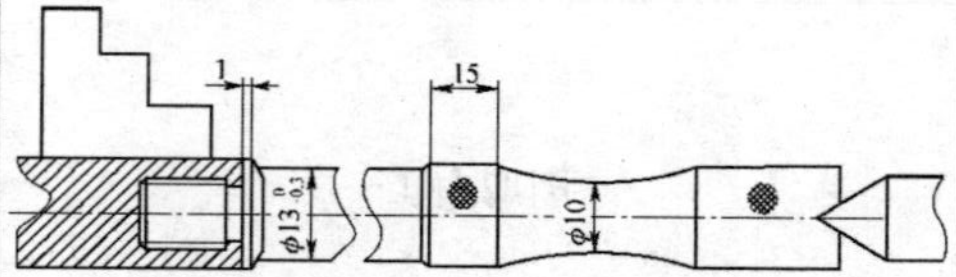	自定心卡盘 45°外圆刀 游标卡尺	30
		2. 车外圆 $\phi13^{\ 0}_{-0.2}$，保证距离前端（螺纹槽）1 mm，距离 $R40$ 左端 15	570	0.1	0.4			
		3. 车 1：15 锥面，保证锥面长 50	570	手动		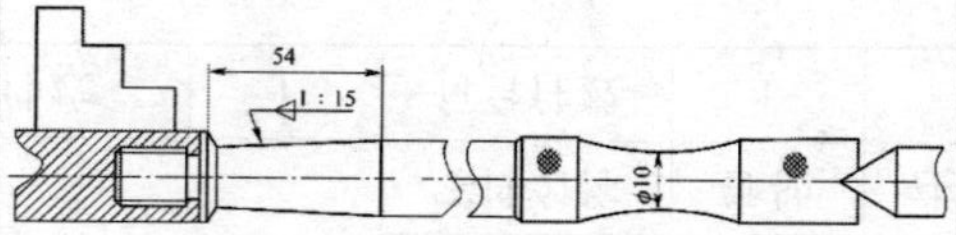	自定心卡盘 45°外圆车刀 游标卡尺	30

续表

序号	工序名称	工序内容	切削用量			工序简图	夹具 刀具 量具	工时/min
			主轴转数/(r·min^{-1})	进给速度/(mm·r^{-1})	背吃刀量/mm			
60	车	1. 切除尾部中心孔，保证总长 195±0.6（装夹滚花部分，注意勿夹伤） 2. 车尾部 $R10$	570	手动	1	R10	自定心卡盘 $R10$ 成形车刀	30
60	车	抛光外圆 $\phi13$、1∶15 锥面、尾部 $R10$ 共 3 处					锉刀、砂纸	80
70	车	检验各部分尺寸						

5.7 延伸阅读

沈阳机床（集团）有限责任公司是于1995年通过对沈阳第一机床厂、中捷友谊厂、沈阳第三机床厂进行资产重组、专业化改造而组建的大型国有企业，至今累计为我国国民经济各领域提供各类机床超过百万台。

我国第一台卧式车床、第一台卧式镗床、第一台立式钻床、第一台数控车床均诞生在沈阳机床集团。目前，国内市场每10台机床中有1台是“沈阳机床”制造，每5台数控机床中有1台是“沈阳机床”制造。自2000年以来，沈阳机床集团经济规模连续七年实现高速增长。销售收入增长11倍，机床产量增长11倍。中高档数控机床批量进入国家重点行业的核心制造领域，为汽车、国防军工、航空航天等行业提供的数控机床已占数控机床总销量的70%以上。

公司已具备为国家重点项目提供成套技术装备的能力，为上海磁悬浮列车项目提供4条轨道梁加工生产线，标志沈阳机床集团在该领域的研发与制造能力已达到国际先进水平；为奇瑞汽车成功提供4条发动机缸体、缸盖生产线，标志国产高档数控机床首次批量打入汽车零部件核心制造领域而结束了国外制造商在这一领域的垄断局面。

第6章 普通铣削加工

6.1 概　述

铣削加工是指使用旋转的多刃刀具切削工件，是一种高效率的加工方法。工作时刀具旋转（作主运动），工件移动（作进给运动）；工件也可以固定，但此时旋转的刀具必须移动（同时完成主运动和进给运动）。

铣床是用铣刀对工件进行铣削加工的机床。铣床除能铣削平面、沟槽、轮齿、螺纹和花键轴外，还能加工比较复杂的型面，在机械制造和修理部门得到广泛应用。最早的铣床是美国人惠特尼于1818年创制的卧式铣床；为了铣削麻花钻头的螺旋槽，美国人布朗于1862年创造了第一台万能铣床，这是升降台铣床的雏形。

铣床种类很多，一般是按布局形式和适用范围加以区分，主要有升降台铣床、龙门铣床、单柱铣床和单臂铣床、仪表铣床、工具铣床等。升降台铣床有万能式、卧式和立式几种，主要用于加工中小型零件，应用最广。与其他机床相比，铣床切削速度高，又是多刃连续切削，所以生产率较高。

6.2 实训目的

（1）了解铣削加工的工艺特点及加工范围。

（2）了解常用铣床的组成、运动和用途，了解铣床常用刀具和附件的大致结构与用途。

（3）熟悉铣削加工的加工方法和测量方法。

（4）能够正确操作铣床并完成对平面、沟槽等型面的铣削加工。

6.3 铣削加工的基本知识

6.3.1 铣床的分类

根据构造特点及用途，铣床的主要类型有：卧式升降台铣床、立式升降台铣床、仪表铣床、平面铣床、龙门铣床和仿形铣床等。

卧式升降台铣床的主轴是水平的，如图 6-1 所示。立式升降台铣床与卧式升降台铣床的最大区别为主轴是垂直布置的，如图 6-2 所示。立式升降台铣床的立铣头在垂直平面内可以向右或向左在±45°范围内回转角度，以扩大工艺范围。很多实训室中都配备这两种铣床进行操作实训。

图 6-1 卧式升降台铣床

图 6-2 立式升降台铣床

6.3.2 常用的铣床附件

1. 机用平口钳（机用虎钳）

机用平口钳是铣床的常用附件之一，有非回转式和回转式两种，其结构示意如图 6-3 所示。使用中，用扳手转动丝杠，通过丝杠螺母带动活动钳口移动，形成对工件的夹紧与松开。机用平口钳常用来装夹形状简单且规则、尺寸较小的工件，如长方体工件的平面、台阶面、斜面和轴类工件上的键槽等。

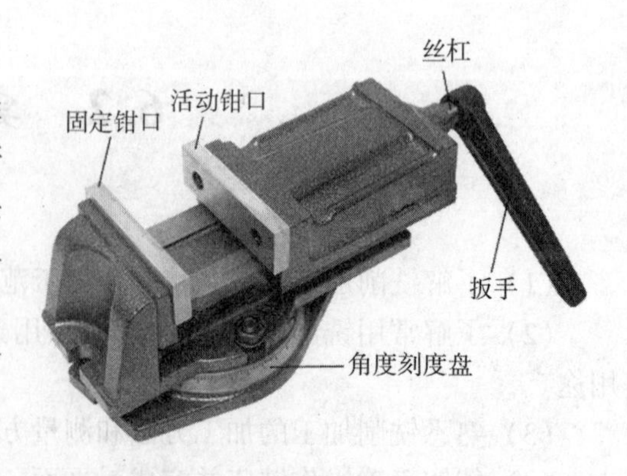

图 6-3 机用平口钳结构示意

2. 圆转台（回转工作台）

圆转台是铣床的主要附件，其结构示意如图 6-4 所示。根据回转轴线方向的不同，可将圆转台分为卧轴式和立轴式两种，又可分为机动进给圆转台和手动进给圆转台。圆转台主要用于中小型工件的圆周分度和作圆周进给铣削回转曲面。

3. 万能分度头

万能分度头是铣床的重要精密附件，其结构示意如图 6-5 所示，主要用于多边形工件、花键轴、牙嵌式离合器、齿轮等圆周分度和螺旋槽加工。万能分度头安装在铣床工作台上，被加工工件支承在万能分度头主轴顶尖与尾架顶尖之间或安装于卡盘上。

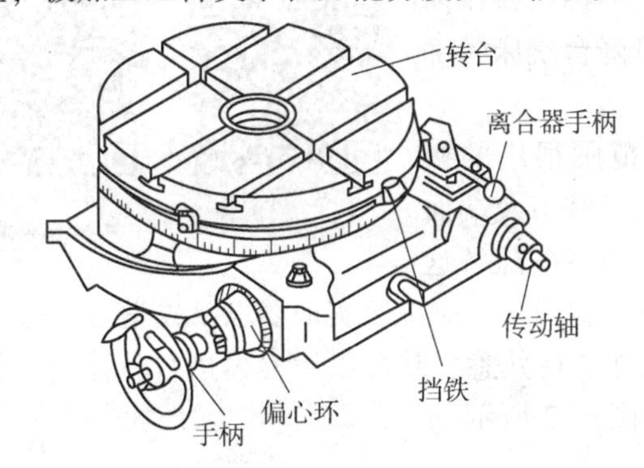

图 6-4　圆转台结构示意

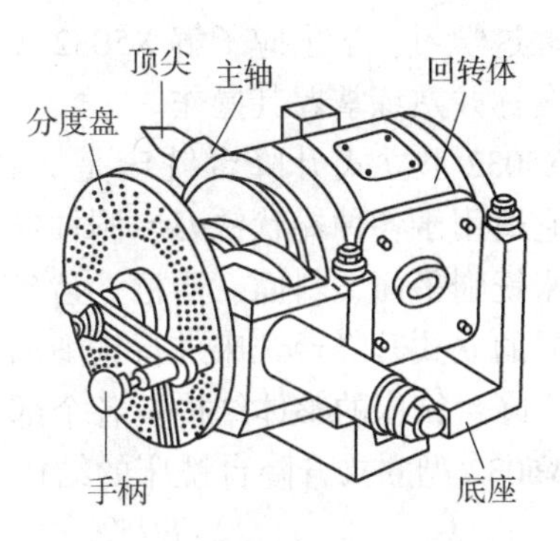

图 6-5　万能分度头结构示意

6.3.3　常用的铣刀

铣刀的种类有很多，其分类方法也很多，按其用途的不同可以分为加工平面的铣刀、加工键槽的铣刀、加工特种槽的铣刀、切断用的铣刀、加工特形面的铣刀等，如图 6-6 所示。

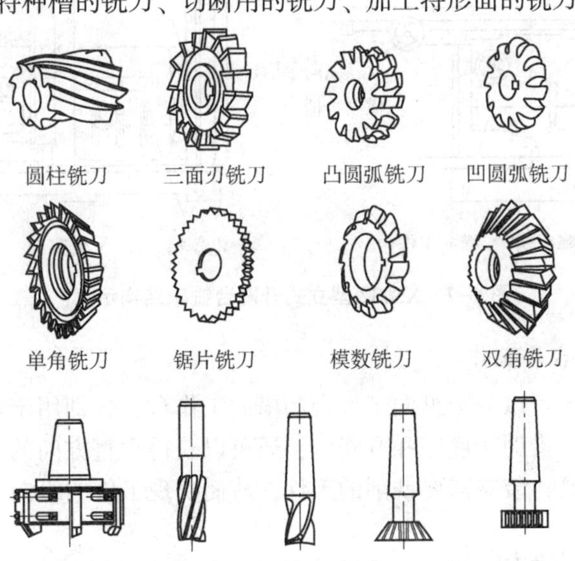

图 6-6　铣刀的种类

6.4 普通铣削实训

6.4.1 任务一：认识铣床及基本操作（以 X5032 型立式升降台铣床为例）

本任务主要学习实训常用铣床各部分的名称及操作内容。通过学习，学生应了解 X5032 型立式升降台铣床各部分的名称并熟练掌握其操作。

视频 6-1 X5032 型立铣结构

视频 6-2 X5032 型立铣基本操作

X5032 型立式升降台铣床是一种使用范围很广的机床，它适用于各种棒状铣刀、圆柱铣刀、角度铣刀及端面铣刀来铣削平面、斜面、沟槽、齿轮等。实训室多配备这种型号的立式升降台铣床进行铣削加工实训，实训学生应按照实训要求，先学习 X5032 型立式升降台铣床的整体结构及各个部分的操作，待熟悉、掌握以后，再进行具体的工件加工。X5032 型立式升降台铣床的结构示意如图 6-7 所示。

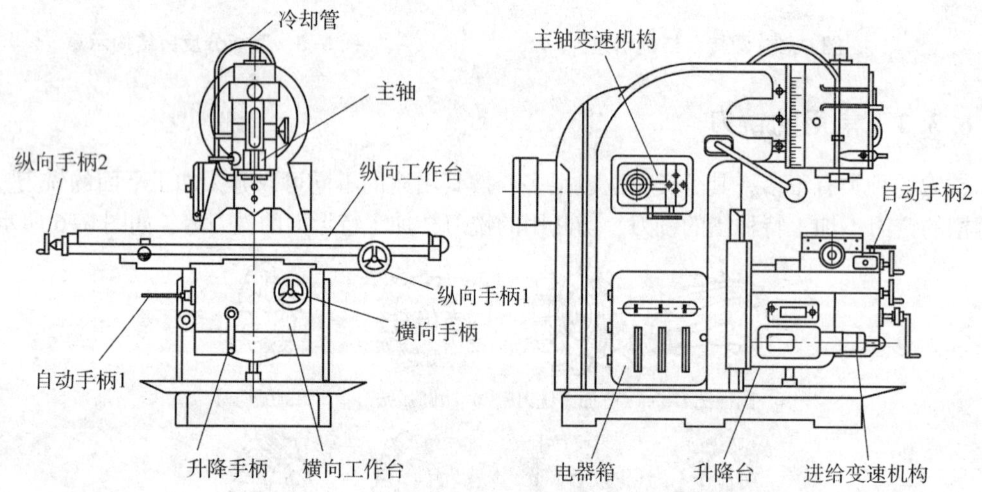

图 6-7　X5032 型立式升降台铣床结构示意

1. 工作台及升降台的操作

立式铣床的工作台可以分为纵向工作台和横向工作台，分别用于实现工作台的纵向进给和横向进给；同时，借助于底座和升降台，还可以获得垂直方向的进给。纵向工作台的台面上安装铣削用夹具，装夹需要铣削的工件，从而实现工件的纵向、横向和垂直方向的位移。

操纵纵向工作台、横向工作台及升降台的手柄位置如图 6-7 所示，其中纵向手柄有 2 个，方便操作者在不同位置观察铣削过程。摇动任一手柄，便会带动与之对应的工作台或升降台移动。

上述手柄可以统称为手动手柄，除此以外，工作台和升降台还可以实现自动运动，自动手柄的位置如图 6-7 所示。自动手柄 1 可以实现 5 个位置的变动，分别为上、下、前、后及中间。手柄向上或向下扳动，升降台便会向上或向下移动；手柄向前或向后扳动，横向工作台便会向前或向后移动；手柄扳回中间位置，升降和横向的进给运动就会停止。自动手柄 2 可以实现 3 个位置的变动，即左、右及中间。手柄向左扳动，纵向工作台便会向左移动；手柄向右扳动，纵向工作台便会向右移动；手柄扳回中间位置，纵向的进给运动就会停止。手动手柄配合机床的快速按钮，可以实现各个方向的快速进给。

工作台或升降台的手动进给和自动进给不能同时进行；同时，2 个自动手柄也不能同时扳动，否则铣床会停止运转。

2. 主轴变速机构的操作

主轴变速机构是独立的部件，它安装在床身侧面窗口上，靠近传动机构的滑动齿轮，由 1 个手柄和 1 个转盘来操作，其结构示意如图 6-8 所示。

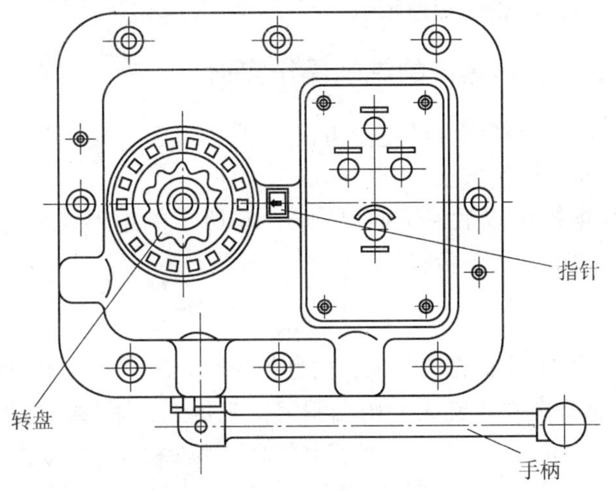

图 6-8　主轴变速机构的结构示意

变速时，手柄的榫块从槽内滑出，然后把手柄向左转动，直到榫块落到第二道槽内为止。转盘上有 18 种转速，转动转盘，把所需要的转速数字对准指针，每对准一个转数，定位器就响一声，再转时只需少许加力。选择转速时，转盘可向任意方向旋转（顺时针或逆时针方向），以便迅速选择所需要的转速。选好转速后，将手柄速度均匀地推回原来的位置，务必使榫块落进槽内。

为了使齿轮齿端不受另一齿轮齿端的碰撞，在扳动手柄时，最好使主轴停止以后再进行变速。并且，在选好转速后，须等主轴的转速充分缓慢下来，才可把手柄推回原位，这样就可以避免齿轮间的猛烈撞击。

3. 进给变速机构的操作

进给变速机构用于变换工作台的进给速度以及使工作台做快速移动，它也是独立的部件，安装在升降台的左边，由一个蘑菇形手柄和转盘组成，其结构示意如图 6-9 所示。

变换进给速度时，把蘑菇形手柄向前拉出，转动手柄，此时转盘也会跟着转动，转盘上有 18 种进给速度，把所需要的进给速度的数字对准箭头即可。但必须注意，转盘上的数字等于纵向工作台的速度，横向工作台的进给速度只相当于纵向工作台速度的 2/3，升降台的进给速度相当于纵向工作台进给速度的 1/3。选择好进给速度后，把手柄向前拉至极端位置再退回原始位置即可。

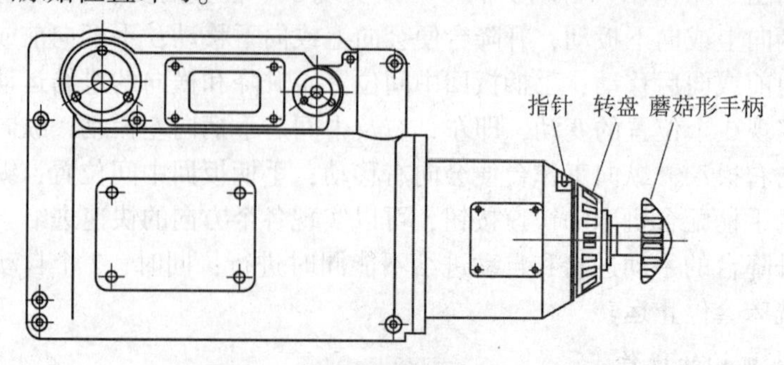

图 6-9　进给变速机构的结构示意

进给速度的变换允许在开车的情况下进行，因为进给变速箱内有使进给电动机停止的联锁装置，而且变速箱内齿轮的转速较低。

6.4.2　任务二：矩形零件的铣削操作实训

本任务是学习和训练矩形零件的铣削方法。通过学习，学生应掌握矩形零件垂直面和平行面的铣削方法及合理的加工顺序。

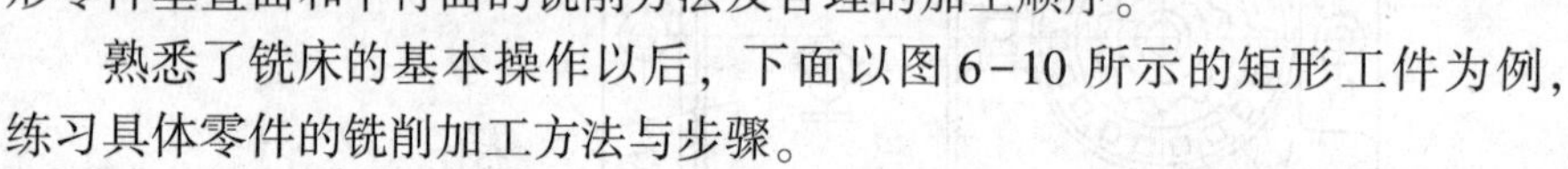

熟悉了铣床的基本操作以后，下面以图 6-10 所示的矩形工件为例，练习具体零件的铣削加工方法与步骤。

1. 分析零件图

由于所铣削的工件的 6 个面都为平面，而且各相邻的面要求互相垂直，各相对的面要求互相平行，因此可以选择在立式铣床上用端铣刀铣削加工，附件选择平口钳进行工件的装夹。用端铣刀加工平面，由于刀轴短，因此强度较高，刚性较好，振动比其他铣刀要小很多。

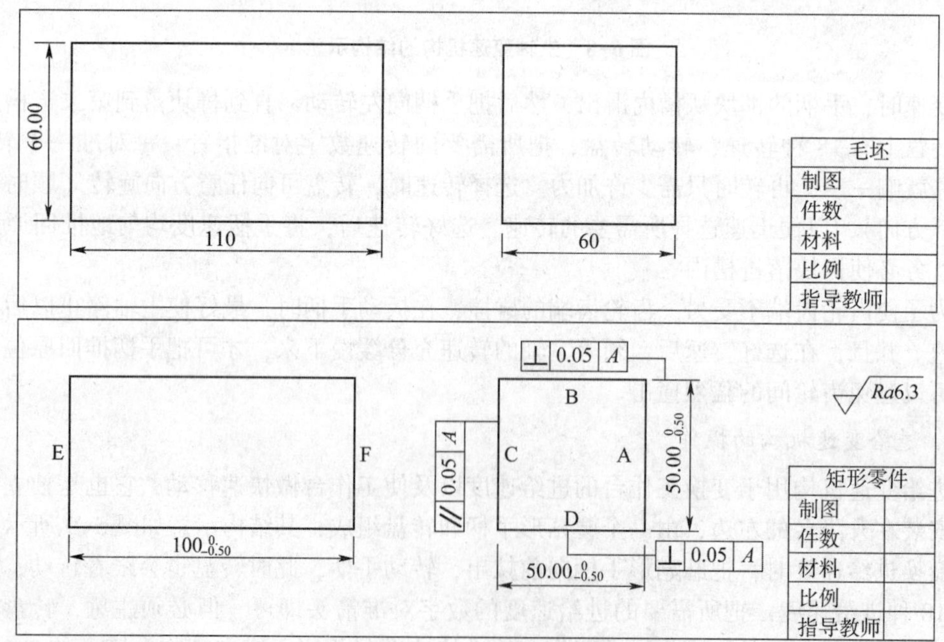

图 6-10　毛坯图与零件图

2. 确定加工次数及选择铣刀

从图纸上可以看出，零件每边的加工余量有 4 mm，不能一次铣去。为了确保工件尺寸的精准，每面分 4 次铣削，前两次每次铣 2 mm，后两次每次铣 0.4 mm。同时，为了使表面粗糙度达到要求，可选用硬质合金端铣刀进行高速铣削，因为高速铣削的表面光洁度比较高，能够达到实训要求。实训室配备的硬质合金端铣刀刀齿材料多为 YT15，直径 80 mm，齿数为 3 齿。

3. 确定铣削用量

查取相关资料可知，选用硬质合金端铣刀铣削时，每转位移量 $S_{转}$ 采用 0.3 mm/r，铣削速度 v 采用 110 m/min 比较合适。则铣床主轴的转速和工作台的进给量分别为

$$n = \frac{1\,000\,v}{\pi D} = \frac{1\,000 \times 110}{3.14 \times 80} \approx 438 \text{ r/min}$$

实际可以采用 474 r/min。

$$S = S_{转}\, n = 0.3 \times 474 = 142.4 \text{ mm/min}$$

实际可以采用 150 mm/min。

选择铣削用量是非常重要、严谨的工作，很多时候应该与实际结合，本书只是做了简单的介绍，更详细的内容可以查阅相关的资料。

4. 平口钳的校正

铣削实训所用的平口钳多数下面都装有转盘，转盘上的刻度线是用目测对准的，由于刻度线有一定的粗细和本身存在的误差，所以不能保证钳口的绝对平行，因此必须用指示表进行更加精密的校正，如图 6-11 所示。

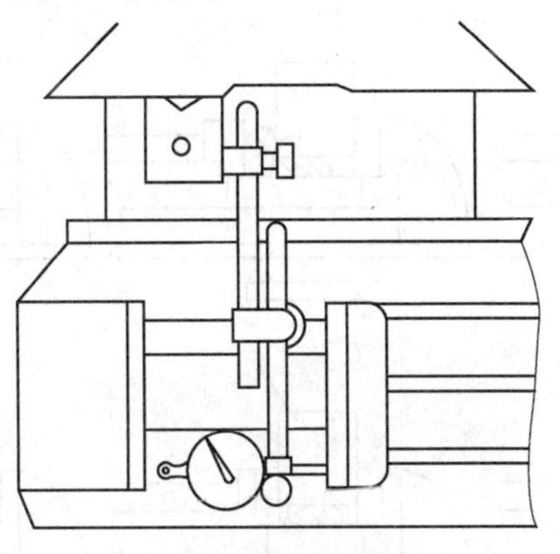

图 6-11 指示表校正钳口

校正的时候，把指示表用吸铁吸在横梁或主轴套筒上，使指示表的触头与固定钳口的一端（左侧或右侧均可）接触并给一定压力，然后将指示表表面的零线转到与长指针重合。使工作台做纵向或横向的移动，若钳口与纵向工作台平行就做纵向移动，若钳口与横向工作台平行就做横向移动，让触头从固定钳口的一端移动到另一端，观察长针摆动的范围（例如，摆动的范围是 5 格，就代表钳口两端相差 0.05 mm）。如果精度没有达到生产要求，则可用铜锤轻轻敲击平口钳尾部，每敲击一次，可以重复校验一次，直到钳口两端的偏差达到要求的范围内，再将固定螺栓拧紧，校验完毕。

5. 铣削加工

1）铣垂直面与平行面

首先，铣出平面 *A*，如图 6-12（a）所示，以平面 *A* 为基准，紧贴固定钳口，铣平面 *B*。由于这时的平面 *B* 与平面 *A* 是垂直的关系，因此在安装工件的时候，只要把基准面 *A* 与固定钳口紧贴在一起即可。在安装的时候，为了使基准面与固定钳口贴合得更紧密，往往在活动钳口与工件之间安置一根圆棒，如图 6-12（b）所示。这是因为与基准面相对的面很有可能与基准面不是绝对平行的，在夹紧后基准面与固定钳口不一定会很好地贴紧，这样铣出的平面也就不一定与基准面垂直。除了在活动钳口与工件间安装圆棒以外，还应把固定钳口与基准面擦拭干净，因为如果有杂物，也会影响精准度。

铣完平面 *B* 后，将工件调转，仍以平面 *A* 为基准面并紧贴固定钳口，使平面 *B* 与平口钳内的平行垫铁紧贴，铣平面 *D*，如图 6-12（c）所示。因为这时的平面 *D* 与平面 *B* 是平行关系，所以平面 *B* 相当于第二个基准面。在装夹的时候须注意，如果夹紧后发现垫铁两端有松动，必须用铜锤轻轻敲击松动的一端，直到垫铁两端不松动为止。如果对工件的加工精度要求较高，也可用指示表校正工件的平行度，采取在垫铁下方垫铜皮或纸片的方法调整精准度。

铣完平面 *D* 后，以平面 *B* 为基准面紧贴固定钳口，平面 *A* 紧贴平行垫铁，使铣出的平面 *C* 与平面 *A* 平行，如图 6-12（d）所示。这样，平面 *A* 也必然与平面 *B* 和平面 *D* 垂直。

2）铣端面

最后铣削两个端面 *E* 和 *F*，如图 6-12（e）和图 6-12（f）所示。铣削时都以平面 *A* 为基准面，使其与固定钳口紧贴。为了使平面 *E* 和平面 *F* 与平面 *B* 和平面 *D* 垂直，在装夹的过程中，应用角尺校正平面 *B* 和平面 *D*。

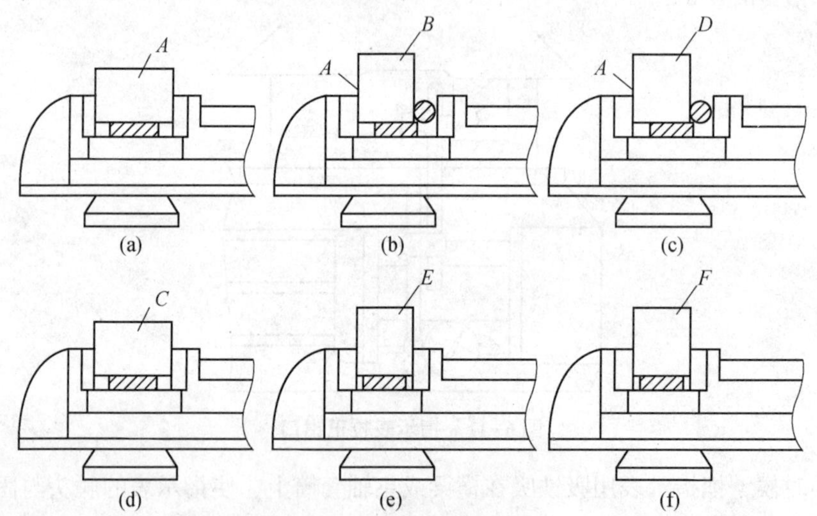

图 6-12　铣削矩形工件步骤

6. 工件检测

加工好的工件，应对表面光洁度、尺寸精度、不平行度以及不垂直度进行检验。指导教师对每组学生的机床操作及加工好的工件进行点评，分析影响因素。

6.4.3 任务三：直角沟槽的铣削操作实训

视频 6-4 X5032 立铣铣削直角沟槽

本任务是学习和训练铣削直角沟槽。通过学习，学生应掌握直角沟槽的铣削方法。铣削直角沟槽所用的材料可从任务二中直接获得。

1. 分析零件图

预制件外轮廓为 50 mm×50 mm×100 mm 的矩形工件，其中直角槽宽度为 18 mm，加工深度为 20 mm，如图 6-13 所示。

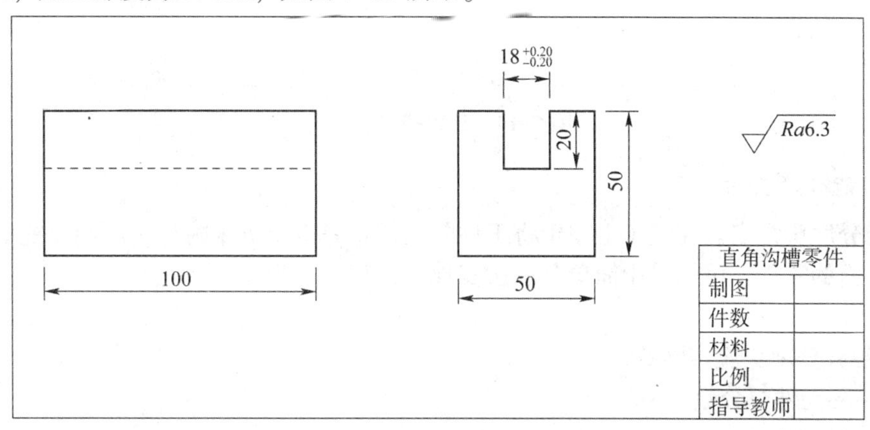

图 6-13 零件图

2. 加工步骤

铣刀选用 ϕ18 立铣刀或键槽铣刀。铣削直角槽时，主轴转速选取 250 r/min，进给速度选取 30 mm/min，由于直角槽宽度为 18 mm，所选铣刀直径尺寸也为 18 mm，因此应先在工件的加工表面上划出与直角槽的宽度相等的线距，加工之前将铣刀调整到与线距对齐，缓慢对刀，即开动机床，上升工件直至与铣刀接触为止。为防止对刀位置存在偏差，可以先在工件表面轻轻铣出划痕，观察划痕位置是否与线距对齐，如不对齐，则调整横向工作台，直到对齐。铣床具体操作参考任务一。

根据零件图可知，由于直角槽的加工深度为 20 mm，所以应分为多次进给。对刀后，将工件纵向退出至与铣刀分离，第一次将工件上升 2 mm，自动纵向进给铣削；铣削后将工件继续上升 2 mm，开启反方向自动进给，直至将剩余尺寸铣完。

3. 工件检测

加工好的工件，应对直角槽的对称度、表面质量、平行度以及不垂直度进行检验。指导教师对每组学生的机床操作及加工好的工件进行点评，分析影响因素。

6.4.4 任务四：万能分度头铣削正六棱柱操作实训

视频 6-5 X5032 立铣铣削正六棱柱

本任务是学习和训练使用万能分度头铣削正六棱柱。通过学习，学生应掌握正确使用及利用万能分度头铣削多面体的操作方法。

1. 分析零件图

预制零件是长度为 100 mm，高度为 11 mm 的正六棱柱，如图 6-14 所示。

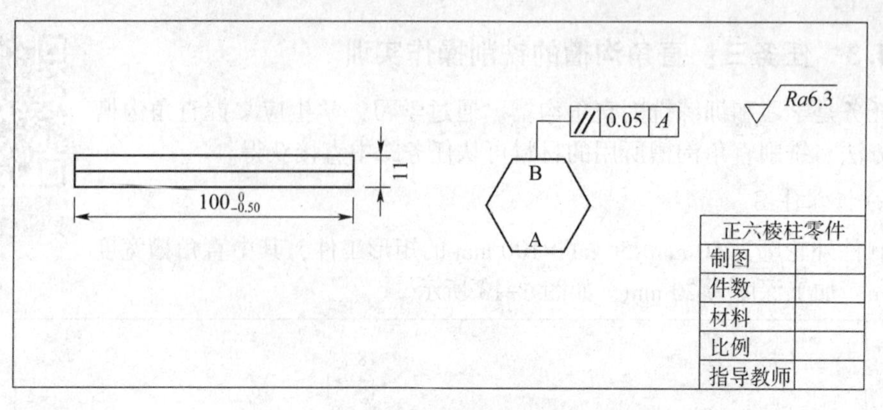

图 6-14　正六棱柱零件图

2. 万能分度头的使用

万能分度头是安装在铣床上用于将工件分成任意等份的机床附件。利用万能分度头铣削多等分面的零件，可以采用简单分度法实现。计算公式为

$$n=40/z$$

式中：n——分度头应转圈数；

z——工件等分数；

40——分度头定数。

例如，要求的 6 等分即 60°分度，定位销（分度手柄）的转数 $n=40$（分度蜗轮齿数）/6（等分数）$=6+4/6=6+16/24$，选用 24 孔数的分度盘，定位销（分度手柄）在 24 孔圈上转过 6 圈后再转过 16 孔数，即完成 6 等分即 60°分度。

3. 加工步骤

铣刀选用 $\phi18$ 立铣刀或键槽铣刀。铣削时，主轴转速选取 250 r/min，进给速度选取 30 mm/min。将工件装夹到万能分度头的主轴上，锁紧分度头的锁紧机构，将工件移动至铣刀正下方对刀并进行第一等分面的铣削。第一等分面铣削完成后，横向退出零件与铣刀脱离，利用分度头手柄转过 6 圈，在 24 的孔圈上转过 16 的孔距后，工件便转到了第二个等分面上，然后用同样的方法进行加工，直至六个等分面全部加工完毕。

4. 工件检测

对加工好的工件进行检验。指导教师对每组学生的机床操作及加工好的工件进行点评，分析影响因素。

6.5　铣工安全操作规程

（1）工作前穿好工作服，扎好袖口，长发纳入帽内，禁止戴手套，高速切削时，应加防护网，戴防护眼镜。

（2）安装刀杆、支架、垫圈、分度头、平口钳、刀孔等，接触面均应擦干净。

(3) 工件毛面不得直接压在工作台面或钳口上，必要时可加垫。

(4) 更换刀杆、刀盘、立铣头、铣刀时，均应停车；拉杆螺丝松脱后，注意避免砸手或损伤机床。

(5) 万能铣床垂直进刀时，工件装卡要与工作台保持一定的距离。

(6) 在进行顺铣时一定要清除丝杠与螺母之间的间隙，防止打坏铣刀。

(7) 刀杆垫圈不能做其他垫用，使用前要检查平行度。

(8) 开快速时，必须使手轮与转轴脱开，防止手轮转动伤人。

(9) 高速铣削时，要防止铁屑伤人，不准急刹车，防止将轴切断。

(10) 铣床的纵向、横向、垂直移动均应与操作手柄指的方向一致，否则不能工作；铣床工作时，纵向、横向、垂直的自动走刀只能选择一个方向。不能随意拆下各方向的安全挡板。

(11) 清除切屑时要用毛刷，不可用手抓、用棉纱扫或用嘴吹。

(12) 工作结束后，应擦净机床，关闭电源开关，同时将机床周围地面清扫干净，得到指导教师许可后方可离开。

6.6 延伸阅读

大国工匠：中国航天科技集团九院13所精密制造第一事业部铣工2组副组长李峰

从1990年参加工作至今，航天科技集团九院13所精密制造第一事业部铣工2组副组长李峰只干过一个工种——铣工。他加工的很多都是奇形怪状的异形零件，每次都是在攻坚克难，对此他始终做到精益求精。他说：“加也是误差，减也是误差，只有零位最好。我达不到零对零，但一定要奔着那个方向做调整。”

一个零件从毛坯到成型，需要经历车、钳、铣、研磨等17道工序。李峰的工作是精铣，零件加工的第11道工序。稍有不慎，前面10道工序就会前功尽弃。

从工作第一天起，李峰就立志要成为一名好工人，把师傅的高超技能学到手。铣床的加工精度是4 μm，但有些零件精度要求达2 μm。因此，操作者常常需要凭借多年积累的经验精心打磨刀具。李峰用的刀具，都是他在200倍显微镜下细心打磨而成的。

随着新型金属材料的应用、型号产品的精度日益提高以及零件结构的复杂性增加，产品加工难度也越发加大。为此，李峰把工余时间全部用在研究新型金属材料和复杂结构零件的加工上，研究设计出工装夹具，创新装夹方法、加工方法，自制加工刀具等，有效解决了瓶颈问题，提高了产品加工质量和生产效率。

随着荣誉越来越多，李峰的名气也越来越大，业内外多家单位向他开出了高年薪、新住房的丰厚条件。但李峰从未动摇，他常说，“我在航天企业成长成才，干好每一项工作，就是我对组织、对企业、对航天事业的回报。”

李峰说，谁都爱自己的小家，可为了心中这份事业，企业这个大家的事，必须放在第一位。

第 7 章 普通刨削加工

7.1 概　述

在刨床上使用单刃刀具相对工件做直线往复运动进行切削加工的方法称为刨削，如图 7-1 所示。刨削加工是金属切削加工中具有明显特点的加工方法，其直线单向切削的加工效率虽然不高，但在机床床身导轨、机床镶条等较长较窄零件表面的加工中具有较大的优势。

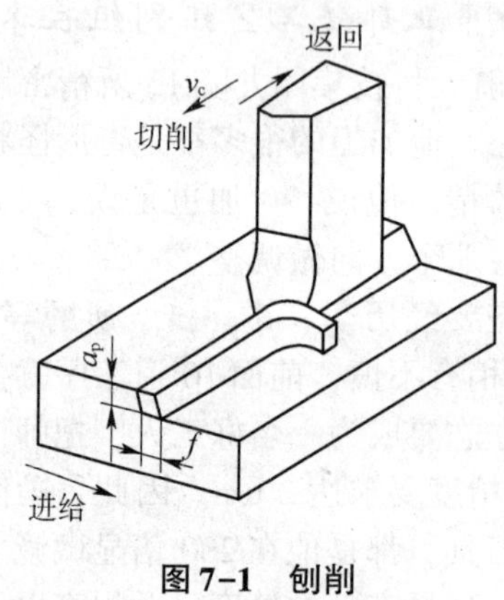

图 7-1　刨削

7.2 实训目的

（1）了解刨削加工特点与应用范围。

（2）掌握牛头刨床的运动特点与传动原理。

7.3　刨削加工的基本知识

7.3.1　刨床的种类及运动形式

常见的刨床有3种：牛头刨床、龙门刨床和插床。插床实际上是一种立式刨床，它的工作原理与牛头刨床属于同一类型，只是结构上略有区别。

牛头刨床用于加工长度不超过1 m的中小型工件，龙门刨床主要用于加工较大型的箱体、支架、床身等零件，插床多用于加工零件的内表面（键槽居多，且小尺寸键槽加工效率较高）。

牛头刨床的主运动为滑枕的直线往复运动，进给运动为工作台通过棘轮机构实现的间歇进给运动，棘轮机构如图7-2所示。龙门刨床的主运动为工作台的直线往复运动，进给运动为刀具的间歇进给运动。插床的主运动为滑枕做垂直直线往复运动，进给运动为工作台的纵向、横向、圆周方向间歇进给运动。

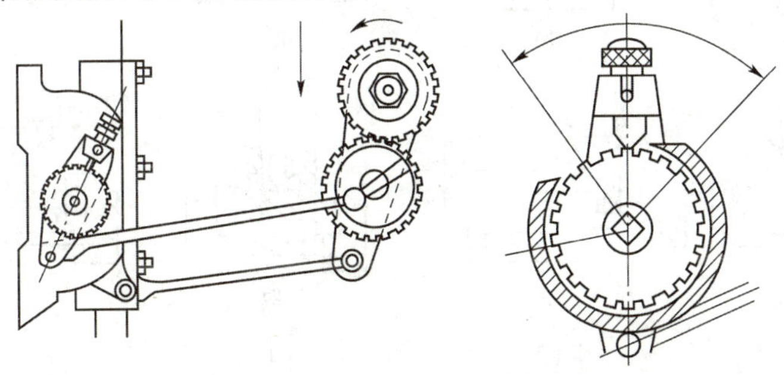

图7-2　棘轮机构

7.3.2　牛头刨床的结构

牛头刨床的结构示意如图7-3所示，各部件的作用如下。

（1）床身：支撑连接各部件。

（2）变速机构：调整切削速度（注意停车变速）。

（3）摆杆机构：将齿轮的旋转运动转换为滑枕的直线往复运动。

（4）滑枕：带动刀架做直线往复运动。

（5）进给机构（棘轮机构）：实现自动间歇进给。

（6）工作台：安装夹具和工件。

（7）横梁：带动工作台沿床身垂直导轨做升降运动。

（8）刀架：安装刀具。

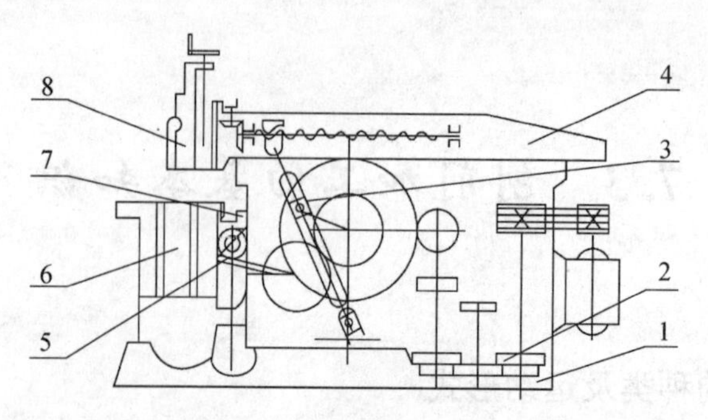

1—床身；2—变速机构；3—摆杆机构；4—滑枕；5—进给机构（棘轮机构）；6—工作台；7—横梁；8—刀架。

图 7-3　牛头刨床的结构示意

7.3.3　刨削加工范围

刨削主要用于加工平面、各种沟槽和成形面等，如图 7-4 所示。请同学们思考一下，图 7-4 中都是哪些型面的加工？用其他设备是否可以完成？

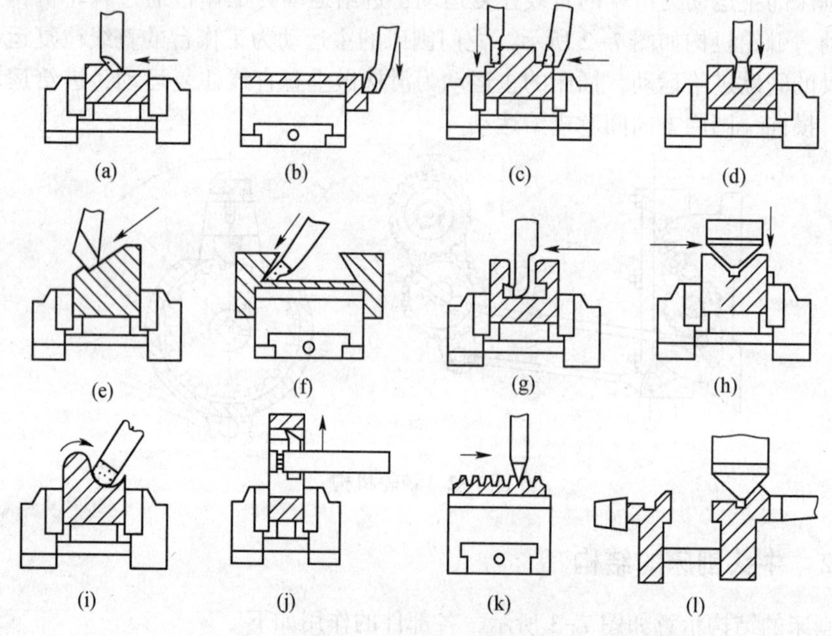

图 7-4　刨削加工范围

7.3.4　牛头刨床的基本操作

以刨削平面为例，牛头刨床的基本操作步骤如下。

（1）将工件装夹牢固，同时确定好基准面。

（2）调整好滑枕行程，行程略大于工件长度，工件应在行程范围之内。

（3）开车对刀，手动控制机床，使刀具在移动过程中缓慢接触工件（刀尖与工件相切）。

（4）移开工作台，移动方向与进给方向相反。

（5）进刀（调整工作台上升或调整刀具下降），选择适合的背吃刀量和切削速度。

（6）开动机床，移动工作台使工件靠近刀具开始切削（加工过程可使用手动或自动进给）。

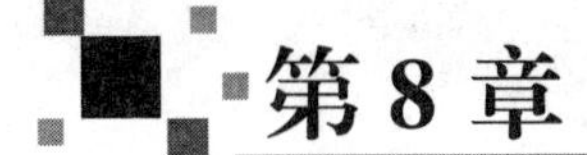

第8章 普通磨削加工

8.1 概　述

磨削加工是在磨床上用砂轮对工件进行精加工和超精加工的一种机械加工方法。经过磨削加工的工件，可以获得较高的精度和较低的表面粗糙度。

18世纪30年代，为了对钟表、自行车、缝纫机和枪械等零件淬硬后进行加工，部分欧美国家研制出使用天然磨料砂轮的磨床。这些磨床是在当时已有机床如车床、刨床的基础上加装磨头改制而成的，它们结构简单，刚度低，磨削时易产生振动，因此要求操作工人要有很高的技艺才能磨出精密的工件。1876年，在巴黎博览会展出了首款具有现代磨床基本特征的机械。1900年前后，人造磨料的发展和液压传动的应用，对磨床的发展起了很大的推动作用。随着近代工业特别是汽车工业的发展，各种不同类型的磨床相继问世。

自动测量装置于1908年开始应用到磨床上，到1920年前后，无心磨床、双端面磨床、轧辊磨床、导轨磨床、珩磨机和超精加工机床等相继制成使用；20世纪50年代又出现了可进行镜面磨削的高精度外圆磨床；20世纪60年代末又出现了砂轮线速度达60～80 m/s的高速磨床和大切深、缓进给磨削平面磨床；20世纪70年代，微型计算机的数字控制和适应控制等技术在磨床上得到了广泛的应用。

8.2 实训目的

（1）了解磨床的种类、用途、特点及磨削的加工方法。

（2）了解磨床的传动方式与安全常识。

（3）学习普通磨床常见的形面（平面、外圆等）的加工方法及工艺要求。

8.3 磨削加工的基本知识

8.3.1 常用磨床分类

磨床按用途和结构可分为仪表磨床、外圆磨床、内孔磨床、工具磨床、平面磨床、花键磨床。另外，还有螺纹磨床、齿轮磨床及其他专用磨床等。

8.3.2 磨床的组成与作用

以 M7130 型磨床为例，磨床的组成与作用如下。

(1) 床身：连接支撑磨床各部件，内有液压传动系统，为提高刚度，一般做成箱体结构。

(2) 工作台：带动工件做往复运动，由手动或液压传动系统控制，有上工作台和下工作台之分。

(3) 砂轮架：用来支撑砂轮，并做横向进给运动，由电机带动砂轮高速运转并横向进给，有手动和液压传动系统两种控制形式。

(4) 立柱：安装砂轮架，带动砂轮架垂直进给。

(5) 液压传动系统：磨床的主要传动装置。液压传动的特点是传动平稳，操作简单方便；可在较大范围内实现无级变速；自身润滑；但传动比不准。

(6) 冷却润滑系统：用于降低加工过程的摩擦力与温度、冲走切屑、清洁砂轮及冷却润滑传动系统。

8.3.3 磨削加工的特点

(1) 加工余量少，加工精度高。一般磨削可获得 IT5 ~ IT7 级精度，表面粗糙度可达 *Ra*0. 1 ~ *Ra*0. 8 μm。

(2) 磨削加工范围广，可以磨削内外圆表面、圆锥面、平面、齿面和螺旋面等型面。还可对普通塑性材料，铸件等脆材，淬硬钢、硬质合金、宝石等高硬度难切削材料进行磨削加工。

(3) 磨削速度高，耗能多，切削效率低，磨削温度高，工件表面易产生烧伤、残余应力等缺陷。

(4) 砂轮有一定的自锐性，即磨损过程中会有新的棱角出现，以保持锋利。

8.3.4 磨削加工的运动形式

1. 以 M1420 型外圆磨床为例

(1) 主运动：砂轮高速旋转运动。

(2) 圆周进给运动：工件绕自身轴线的旋转运动。

(3) 纵向进给运动：工件随工作台的往复运动。

（4）横向进给运动：砂轮切入工件轴线方向的运动。

2. 以 M7130 型平面磨床为例

（1）主运动：砂轮高速旋转运动。

（2）纵向进给运动：工件随工作台的往复运动。

（3）横向进给运动：砂轮沿其轴线方向的往复运动。

（4）垂直进给运动：砂轮和砂轮架沿立柱导轨的运动。

8.3.5　磨具的特性及其选用

1. 磨具的类型

（1）普通磨具：刚玉类、碳化硅类、碳化硼类磨料制成的磨具。

（2）超硬磨具：金刚石、立方氮化硼等高硬度磨料制成的磨具。

（3）固结磨具：砂轮、油石、砂瓦、磨头、抛磨块。

（4）涂附磨具：砂布、砂纸、砂带。

（5）研磨膏：由磨料和研磨抛光液组成的抛光剂。

2. 砂轮的特性及选用

砂轮由磨料、结合剂、空隙（三要素）组成，其特性取决于磨料、粒度、结合剂、硬度、组织及形状尺寸。砂轮的特性与适用范围如表 8-1 所示。

表 8-1　砂轮的特性与适用范围

种类	代号	磨料名称	颜色、硬度、刚性	使用范围
氧化物类	GZ	棕刚玉	棕褐色、硬度高、韧性大	碳钢、合金钢
	GB	白刚玉	白色、硬度>GZ、韧性较低	淬火钢、高速钢
碳化硅类	TH	黑色碳化硅	黑色、硬度>GB、韧性低、锋利	黄铜、非金属、铸铁等
	TL	绿色碳化硅	绿色、硬度>TH、性脆	硬质合金、陶瓷等

砂轮的标志方法，按国家标准《固结磨具　一般要求》（GB/T 2484—2018）的规定，固结磨具的标记应包括图 8-1 所示的各项内容。

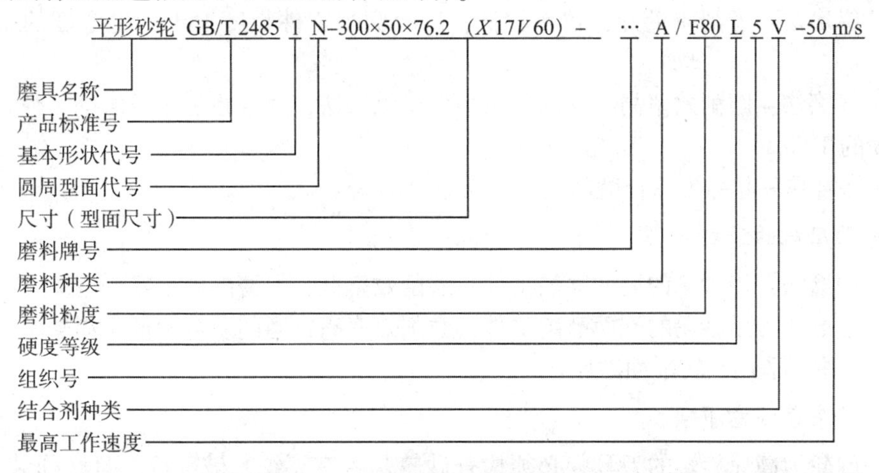

图 8-1　固结磨具标记的顺序与含义

8.3.6　冷却系统

1. 切削液的作用

磨削区域会产生高温，有时可达1 000 ℃以上，在这种情况下，工件会产生烧伤、变形、裂纹等现象，因此须合理选用切削液。切削液应具有以下几个作用。

（1）冷却工件：降低磨削区温度。

（2）清洗作用：将磨屑和磨粒带走以免划伤工件。

（3）润滑作用：减少工件表面与磨粒的摩擦。

（4）防锈作用：防止锈蚀工件和机床。

2. 切削液的种类

常用的切削液主要有：水质类、油质类、固体类。实际生产中，应根据不同零件的加工需求选用无毒、环保的切削液。

8.3.7　磨削方法

最常见的磨削方法主要有外圆磨削和平面磨削两种，如图8-2所示。

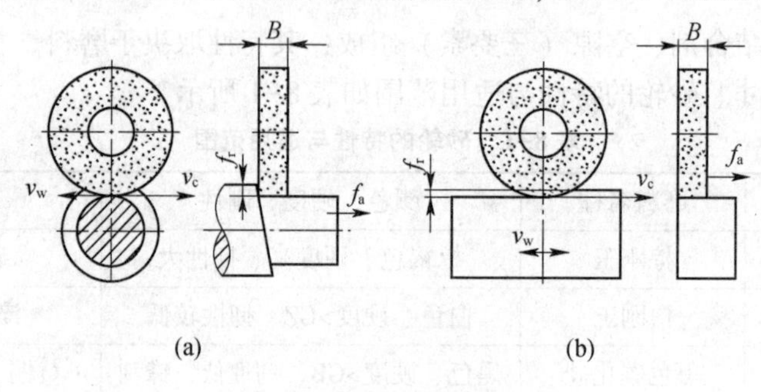

图8-2　最常见的磨削方法

（a）外圆磨削；（b）平面磨削

1. 外圆磨床的磨削方法

（1）纵磨法：磨削质量好，效率较低，适合磨削工件长度大于砂轮宽度的工件和精加工。

（2）横磨法：磨削效率高，磨削质量稍低于纵磨法，适合粗加工及磨削工件长度小于砂轮宽度的工件。

两者综合在一起称为综合磨削法。

2. 平面磨床的磨削方法

（1）周磨法：用砂轮的周面磨削工件，磨削效率低，但磨削质量好。

（2）端磨法：用砂轮的端面磨削工件，磨削效率高，磨削质量稍低于周磨法，适合大批量生产，主要适用圆转平面磨床。

3. 砂轮安装注意事项

（1）砂轮为高速旋转的刀具，必须检查砂轮是否有裂纹、破碎等，且必须装夹牢固，安装正确。

（2）对直径较大（>124 mm）的砂轮必须做动平衡实验。

（3）砂轮使用一段时间后必须对砂轮工作面用金刚石进行修整。

4. 安全提示

学生在观看指导教师现场演示时，应严格按照教师提示做好安全防护，砂轮正面禁止站人！

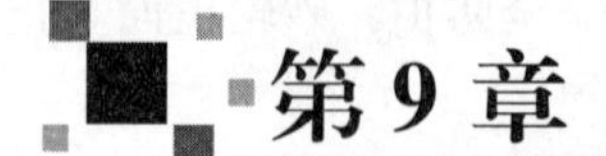

第9章 钳工技术

9.1 概　述

钳工是指以手工操作为主，使用各种工具完成制造、装配和修理等工作的工种。基本操作包括：划线、錾削、锯削、钻孔、扩孔、锪孔、铰孔、攻螺纹和套螺纹、矫正和弯曲、铆接、刮削、研磨、装配以及基本测量技能和简单的热处理等。

钳工的特点是工具简单，操作机动、灵活，可以完成机械加工不便完成或难以完成的工作。钳工大部分是手工操作，劳动强度大，对工人的技术要求较高，但在机械制造和修配中，仍是不可或缺的重要工种。

钳工的工作范围很广又被称为“万能工种”。根据岗位的不同，钳工主要分为：普通钳工、机修钳工、工具钳工、模具钳工、装配钳工。

9.2 实训目的

（1）了解钳工的概念、工作特点、主要任务等。

（2）掌握划线、锯削、锉削、钻孔、扩孔、锪孔、铰孔、攻（套）螺纹的基本操作方法。

（3）严格遵循安全文明生产规则。

9.3　钳工技术的基本知识

9.3.1　钳工常用设备和工具

1. 钳工工作台

钳工工作台也称钳台、钳桌。钳台用来安装台虎钳，放置工具和工件等。

2. 台虎钳

台虎钳是用来夹持工件的通用夹具，錾削、锯削、锉削以及许多其他钳工操作都是在台虎钳上进行的。回转式台虎钳的结构示意如图9-1所示。

3. 常用钻床

（1）台式钻床简称台钻，如图9-2所示，主要用于加工小型工件，直径小于13 mm的各种小孔。

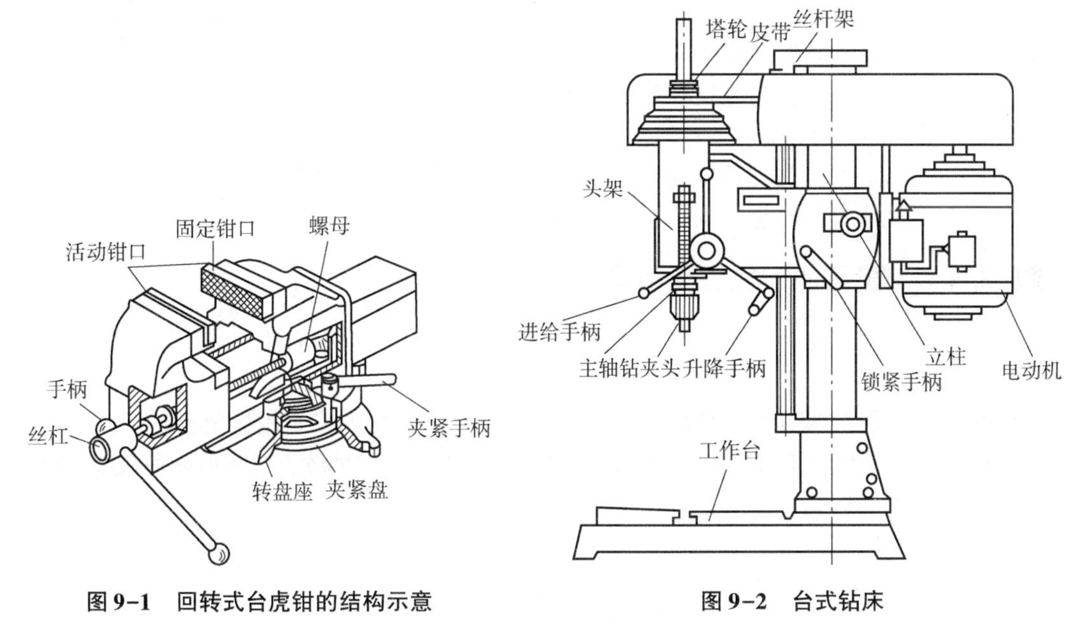

图9-1　回转式台虎钳的结构示意

图9-2　台式钻床

（2）立式钻床简称立钻，如图9-3所示，用于加工单件、小批量生产中的中小型工件，直径小于80 mm的孔。

（3）摇臂钻床如图9-4所示，用于加工大型工件、多孔工件上的大、中、小孔，且广泛应用于单件和成批生产中。

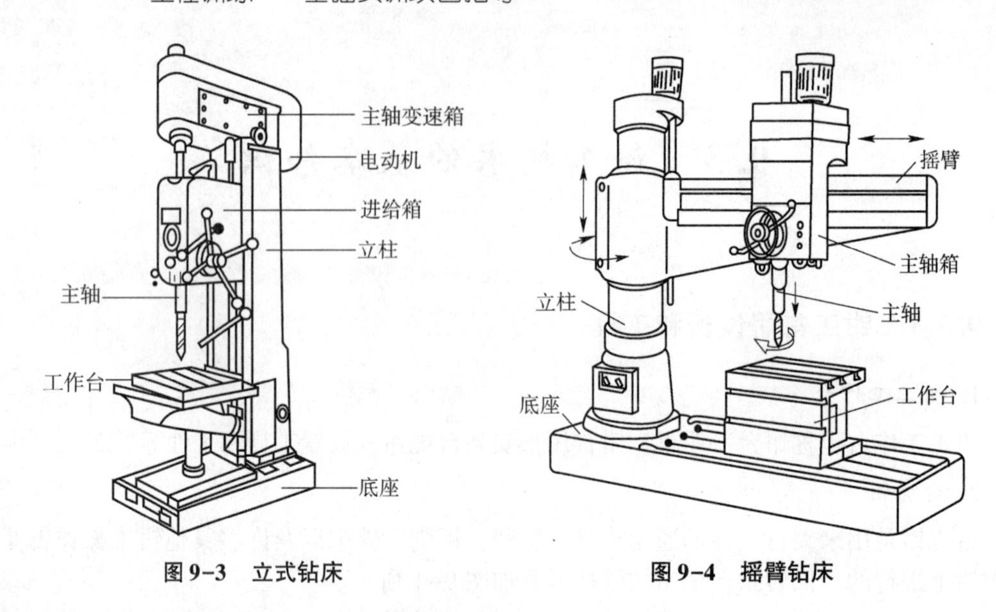

图 9-3　立式钻床　　　图 9-4　摇臂钻床

9.3.2　安全和文明生产的基本要求

(1) 使用的机床、工具要经常检查，发现损坏应及时上报，在未修复前不得使用。

(2) 使用砂轮时，要戴好防护眼镜。在钳台上进行錾削时，要有防护网。清除切屑要用刷子，不要直接用手清除或用嘴吹。

(3) 毛坯和加工零件应放置在规定位置，排列整齐平稳，要保证安全，便于取放，避免已加工表面可能的碰伤。

(4) 钻孔加工时，头发长的同学应将头发塞入安全帽内，且严禁戴手套。

(5) 使用手锤时，注意周围是否有人和障碍物，拿手锤的手不能戴手套。

9.3.3　工量具的摆放位置要求

(1) 在钳台上工作时，为取用方便，右手取用的工量具放在右边，左手取用的工量具放在左边。各自排列整齐，且不能伸到钳台边以外。

(2) 量具不能与工具或工件混放在一起，应放在量具盒内或专用板架上。

(3) 实训结束后，工具要整齐地放入工具箱内，不应任意堆放，以防损坏和取用不便。

9.4　划　　线

9.4.1　划线的作用和种类

根据图纸要求在毛坯或工件上，用划线工具划出待加工部位的轮廓线或作为基准的点、线的操作叫划线。划线分平面划线和立体划线，如图 9-5 所示。只需在工件的一平面上划线，便能明确表示出加工界线的，称为平面划线。需要在工件几个不同方向的表面上同时划线，才能明确表示出加工界线的，则称为立体划线。

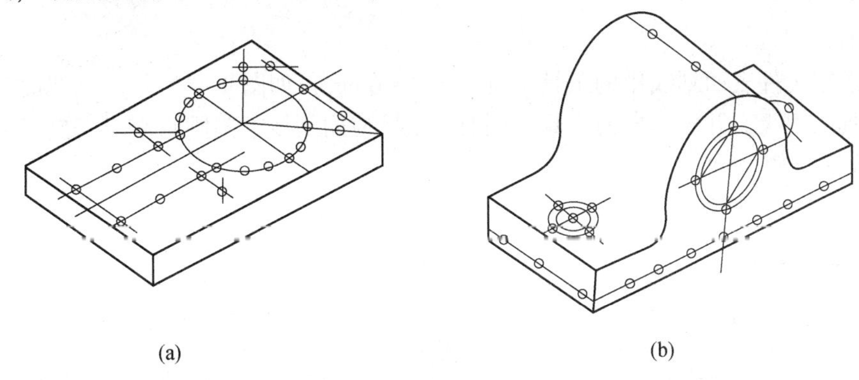

图 9-5　划线分类

（a）平面划线；（b）立体划线

划线的作用是明确尺寸界线，以确定加工余量和孔的位置；检查毛坯外形尺寸是否合乎要求；借料（当毛坯误差不太大时，通过划线适当分配加工余量，可使各加工表面都有足够的余量，从而使毛坯件的缺陷和误差在加工后得到排除，这种划线补救毛坯件缺陷的方法称为借料。），发现废品。

9.4.2　划线工具

1. 划线平板

划线平板用铸铁制成，表面经精刨或刮削加工，精度较高，划线时作为基准面，如图 9-6 所示。使用时划线平板工作表面应经常保持清洁，不能受到磕碰和锤击，使用后涂油，加保护罩。

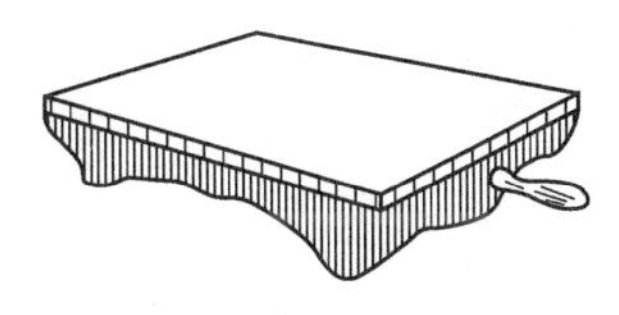

图 9-6　划线平板

2. 夹持工具

1）方箱

方箱用铸铁制造，用于夹持、支承尺寸较小而加工面较多的工件，如图 9-7 所示。

2）V 形铁

V 形铁的夹角主要有 90°和 120°，用于支承圆柱形工件，使工件轴线与平板平行，便于找出中心和划出中心线，如图 9-8 所示。

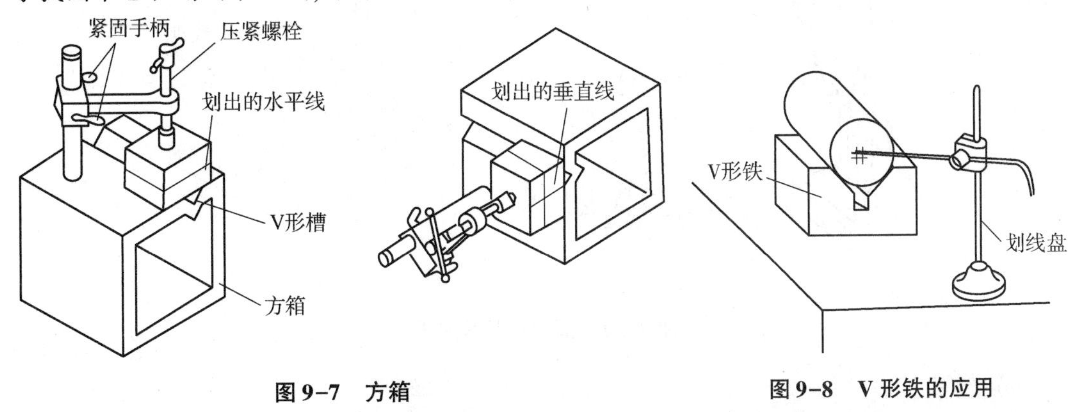

图 9-7　方箱

图 9-8　V 形铁的应用

3. 直接绘划工具

1）划针

划针是在工件表面划线用的工具，直径为 3 ~ 6 mm，如图 9-9 所示。划线时针尖要紧靠导向工具的边缘，并压紧导向工具。同时，划针应向划线方向倾斜 45° ~ 75°，划针上部应向外侧倾斜 15° ~ 20°。

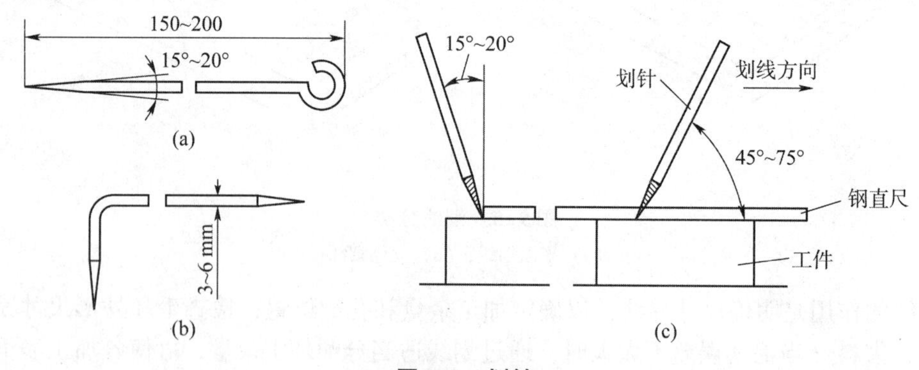

图 9-9 划针

2）划规

划规是划圆或弧线、等分线段及量取尺寸的工具，它的用法与圆规相似，如图 9-10 所示。

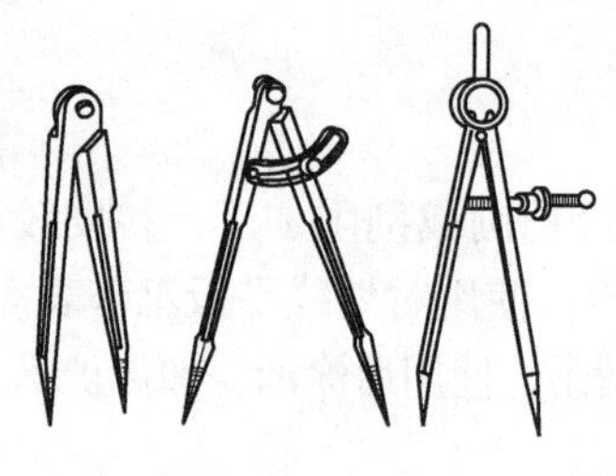

图 9-10 划规

3）划线盘

划线盘又称划针盘，用于在划线平板上对工件进行划线或找正位置，如图 9-11 所示。其中，划针的直端用于划线，弯端常用于对工件的位置找正。

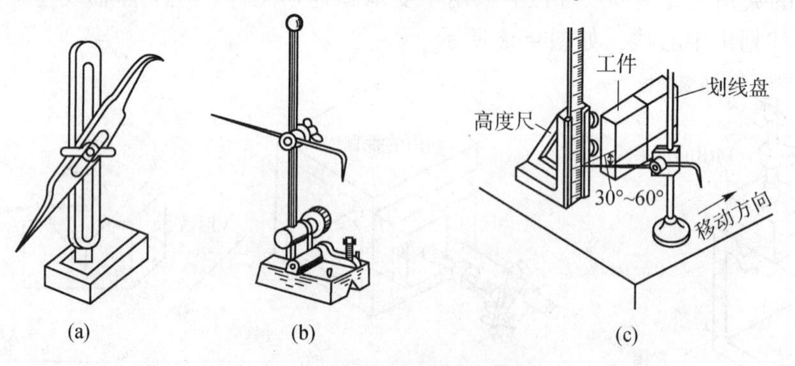

图 9-11 划线盘及其应用

4）样冲

样冲用于在工件划线点上打出样冲眼，以备划线模糊后仍能找到原划线的位置；在划圆和钻孔前都应在其中心打样冲眼，以便定心，如图 9-12（a）所示。如图 9-12（b）所示，打样冲眼时，冲尖应对准所划线条正中，样冲眼间距视线条长短曲直而定，线条长而直时，间距可大些，短而曲时则间距应小些，交叉、转折处必须打上样冲眼。同时，样冲眼的深浅应视工件表面粗糙程度而定，表面光滑或薄壁工件样冲眼应打得浅些，粗糙表面样冲眼应打得深些，精加工表面禁止打样冲眼。样冲眼的正确打法及常见的错误打法如图 9-12（c）所示。

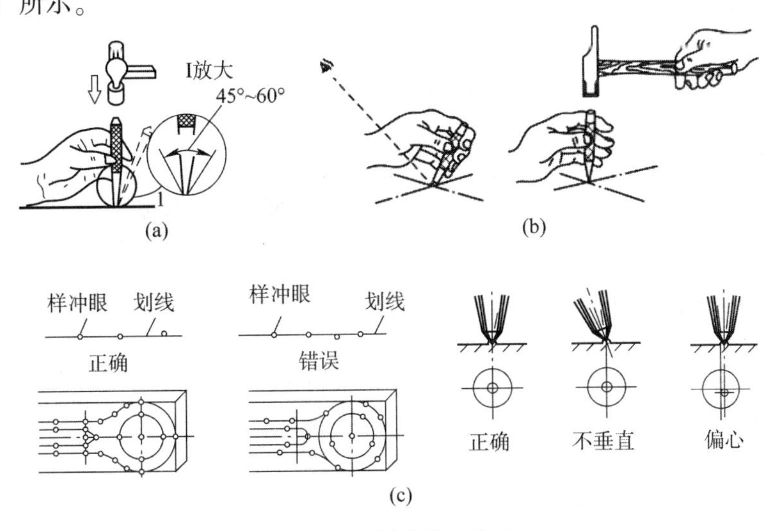

图 9-12　样冲及其使用

5）高度游标卡尺

高度游标卡尺除用来测量工件的高度外，还可用于作半成品划线，其结构示意如图 9-13 所示。它是精密工具，只能用于半成品划线，不允许用于毛坯划线，以防碰坏硬质合金划线脚。

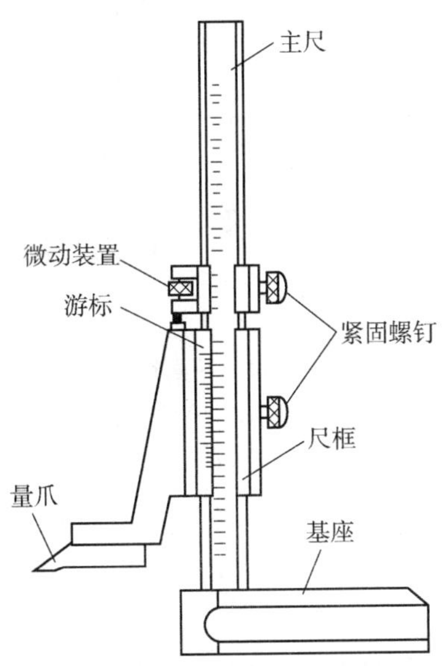

图 9-13　高度游标卡尺的结构示意

9.4.3 划线基准的选择

在工件表面划线时，必须根据某些特定的点、线、面的位置来确定工件各几何要素间的尺寸大小和位置关系，这些作为依据的点、线、面，称为划线基准。

划线基准的选择原则如下。

（1）尽量使划线基准与工件图纸的设计基准重合。

（2）工件上没有已加工表面时，以较大、较长的不加工表面作为划线基准；工件上有已加工表面时，以已加工表面作为划线基准。

（3）常选择重要孔的轴线为划线基准。

（4）尽量以对称面或对称线作为划线基准。

（5）需两个以上的划线基准时，以互相垂直的表面作为划线基准。

（6）毛坯一般选其轴线或安装平面作划线基准。

9.4.4 划线前的准备工作

在进行划线之前，要事先做好准备工作，包括工件的清理、涂色以及在孔中装中心塞块。

视频 9-1
平面划线

9.4.5 划线举例

1. 平面划线

平面划线的实质是平面几何作图，是用划线工具将图样按实物大小 1 : 1 划到工件去，如图 9-14 所示。

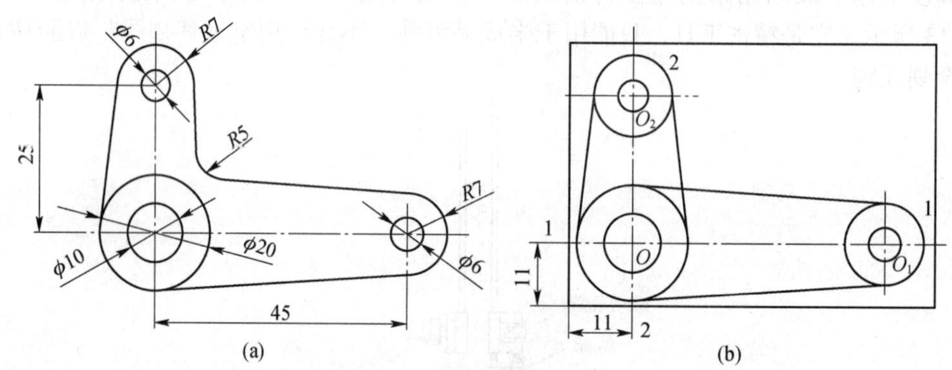

图 9-14 平面划线

（a）零件图；（b）划线效果

划线在钢板上进行，步骤如下。

（1）将钢板清理干净，涂色。

（2）自料边缘向两侧分别量取 11 mm，划出水平基准线 1—1 和垂直基准线 2—2 及圆点 O。

（3）分别量取 OO_1 = 44 mm，OO_2 = 24 mm，以 1—1 和 2—2 为基准划出中心线。

（4）以 O、O_1、O_2 为圆心，划出直径为 6、10、20 mm 的圆及 $R7$ 圆弧。

（5）分别自 O、O_1 两圆和 O、O_2 两圆划切线，再划出 $R5$ 圆弧切于两切线。

（6）由零件图，检查所划尺寸线的正确性。

（7）打样冲眼。

2. 立体划线

立体划线是平面划线的组合，划线基准一经确定，其划线步骤大致相同。不同处是一般平面划线应选择两个基准，而立体划线要选择 3 个基准，如图 9-15 所示。

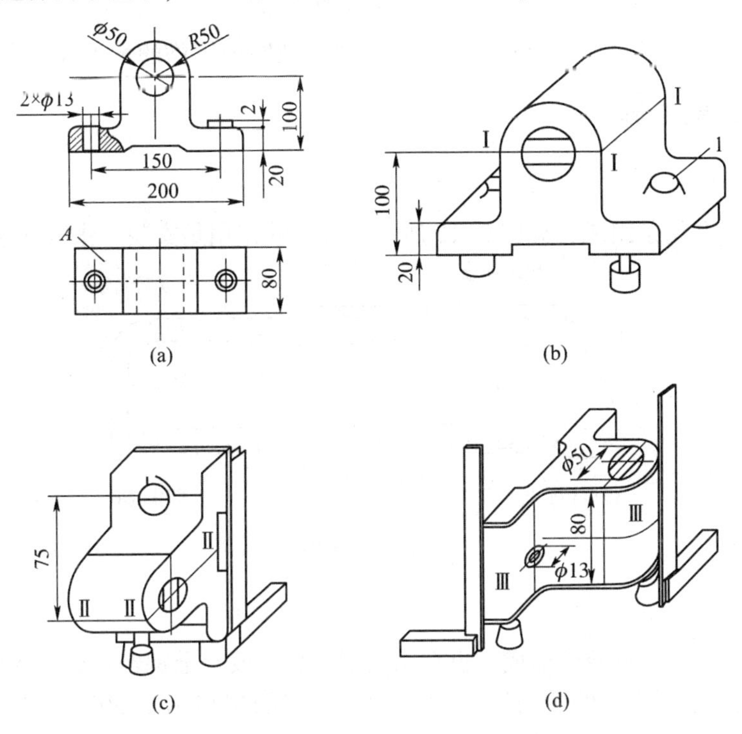

图 9-15　立体划线

用直接翻转法对毛坯件进行立体划线，它的优点是能够对零件进行全面检查，并能在任意平面上划线，其缺点是工作效率低，劳动强度大，调整找正困难。

以轴承座划线为例，步骤如下。

（1）找轴承座中心划 $\phi50$ 孔的加工线。在孔的两端装好中心塞铁，以 $R50$ 外轮廓为基准找出 $\phi50$ 圆的中心，并划 $\phi50$ 圆周线。

（2）找正 A 面划基准线Ⅰ—Ⅰ和底面四周加工线。用 3 只千斤顶支持轴承座的底平面使工件水平，如图 9-15（b）所示，用划线盘划底面加工线；在 $\phi50$ 孔处划出基准线Ⅰ—Ⅰ和底面四周加工线。

（3）划 $2\times\phi13$ 螺孔的中心线。将轴承座翻转 90°，用划线盘找正，使两端面上的中心处于同一高度，同时用角尺按底面加工线找正垂直位置，接着用划线盘在 $\phi50$ 中心位置划出基准线Ⅱ—Ⅱ，根据图纸划出两个螺钉孔的中心线。

（4）划两端加工线。将零件翻转到图 9-15（d）所示位置，用千斤顶和角尺调整找正，使基准线Ⅱ—Ⅱ与底面加工线处于垂直位置，然后以两边螺钉孔的中心为依据，划出两端面加工线。

（5）检查各尺寸，打样冲眼。

9.5 锯 削

用锯条把原材料或工件（毛坯、半成品）进行切断或锯槽的加工方法称为锯削。

9.5.1 锯削工具

1. 手锯的构造

手锯由锯弓和锯条组成，如图 9-16 所示。锯弓的作用是安装和张紧锯条。

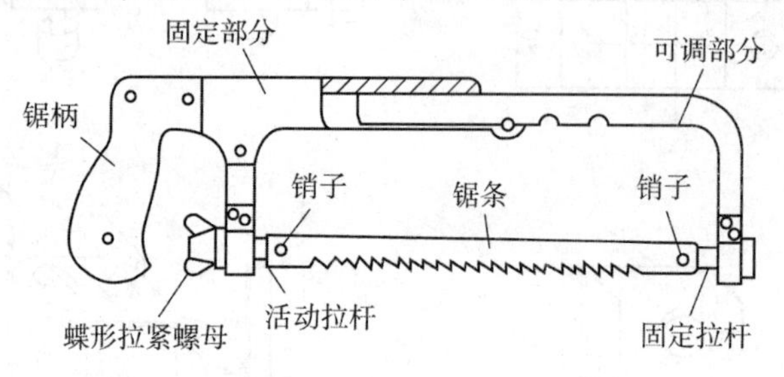

图 9-16 手锯

2. 锯条及正确选用

锯条一般用渗碳软钢冷轧而成，也有用碳素工具钢或合金钢经热处理淬硬制成的。锯条的规格是以两端安装孔的中心距来表示的，常用的规格为长 300 mm、宽 12 mm、厚 0.8 mm。

锯条上锯齿按一定规律左右错开，排列成波浪交叉形式，称为锯路。锯路使锯缝的宽度大于锯背的厚度，使锯条在锯削时不会被锯缝夹住，减少锯条与锯缝间的摩擦，便于排屑；同时减少锯条的发热与磨损，延长使用寿命，提高锯削效率。锯齿的粗细及选择如表 9-1 所示。

表 9-1 锯齿的粗细及选择

锯齿粗细	每 24 mm 长度内锯齿的数目/个	用途
粗齿	14～16	锯削铜、铝等软金属及厚度大的工件
中齿	18～24	锯削普通钢材、铸铁及中等厚度的工件
细齿	26～32	锯削硬钢、板材及薄壁管件

9.5.2 锯削操作

1. 锯条的安装

视频 9-2
锯条的安装

手锯是在向前推的时候才起切削作用的，所以应按图 9-17（a）所示的方向装锯条，不能按图 9-17（b）所示的方向安装。锯条应与锯弓在同一中心平面内，以保证锯缝正直。可以通过调节螺母来调整锯条的松紧，一般松紧程度以用两手指的力旋紧，太松或太紧锯条都易折断。

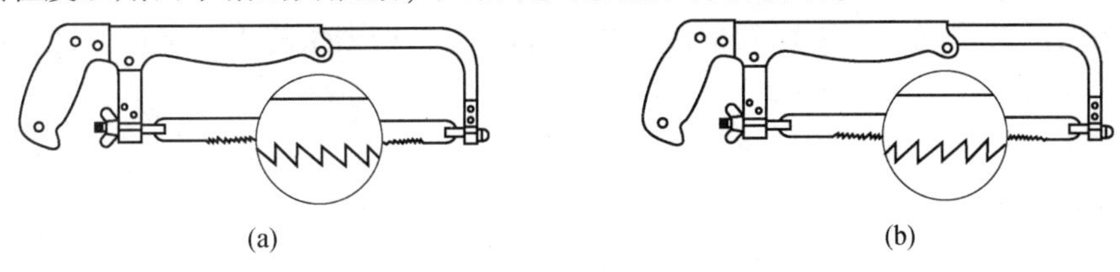

图 9-17　锯条安装方向

（a）正确的安装方向；（b）不正确的安装方向

2. 工件的夹持

工件的夹持应该稳当、牢固，不可有弹动。工件伸出部分要短，并且要尽可能夹在台虎钳的左面。

视频 9-3
锯削基本操作

3. 起锯

（1）手锯的握法：锯削时的站立位置与锉削基本相似。握锯弓的时候，要舒展自然，右手握稳手柄，左手轻扶在锯弓前端，如图 9-18 所示。运动时握手柄的右手施力，左手压力不要过大，主要是协助右手扶正锯弓。

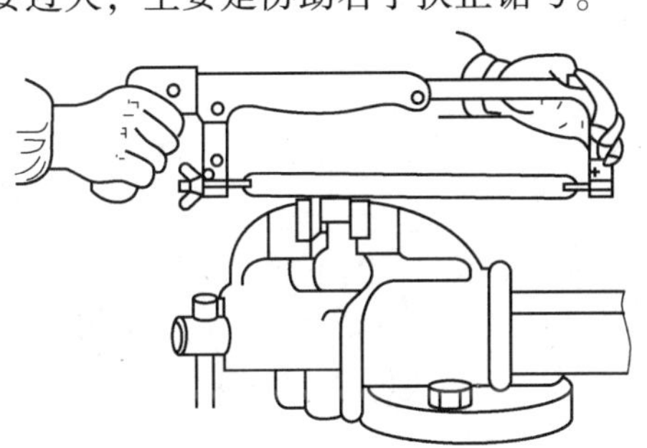

图 9-18　手锯的握法

（2）起锯方法：起锯是锯削工作的开始，起锯质量的好坏，直接决定锯削的质量。起锯时不论采取近起锯还是远起锯，起锯的角度要小（$\theta \approx 15°$）。如图 6-19（c）所示，若起锯的角度太大，则锯齿会钩住工件的棱边，容易崩裂。若平锯而没有起锯角，则锯齿不易切入，锯条容易滑到旁边去，把工件表面锯伤。

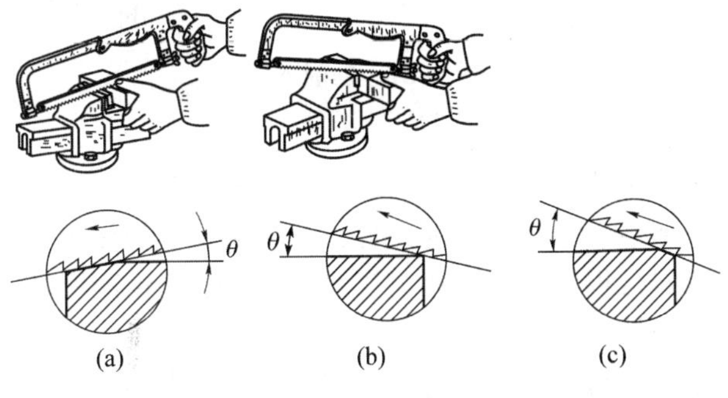

图 9-19　起锯

（a）远起锯；（b）近起锯；（c）起锯角度太大

在起锯时一般采用远起锯。这样既能清晰看见锯削线，又能防止锯齿卡住棱边而崩齿。另外，在起锯的时候，压力要轻。起锯时，一般用拇指挡住锯条，如图 9-20 所示，以保证锯在所需的位置，起锯锯到槽深为 2 ~ 3 mm 时，挡锯条的手可拿走，这时锯条不会滑出。

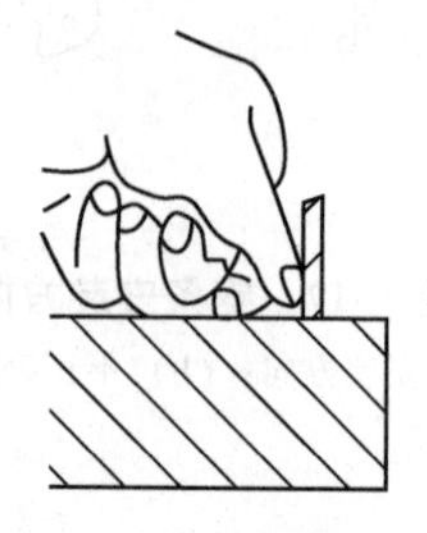

图 9-20　起锯方法

4. 锯削姿势和锯削速度

锯削时，左脚超前半步，身体略微向前倾与台虎钳中心约成 75°。两腿自然站立，人体重心稍偏于右脚。视线要落在工件的切削部位。推锯时身体上部稍向前倾，给手以适当的压力而完成锯削。锯削时的往复运动有两种姿势：一种是直线往复式，适用于锯削薄形工件及直槽，如图 9-21（a）所示；除此以外，一般都是摆动式的，如图 9-21（b）所示。

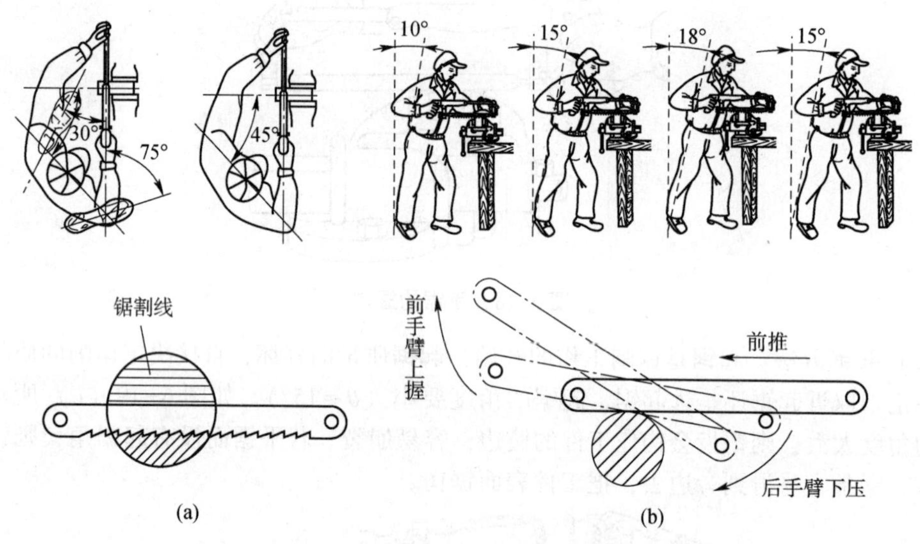

图 9-21　锯削姿势

（a）直线往复式；（b）摆动式

锯削时应尽量利用锯条的有效长度，一般往复行程不应小于锯条全长的 2/3。手锯向前推为切削行程，应施加推力和压力，返回行程不切削，不加压力作自然拉回。同时，锯削行程应保持均匀，返回行程的速度应相对快些。工件快要锯断时压力要小，避免碰伤手臂或折断锯条。锯削运动的速度一般为 40 次/min 左右，锯削硬材料慢些，锯削软材料快些，如若速度过快，则锯齿易磨损；过慢，则效率不高。为防止锯条因发热引起退火，应用切削液加以冷却。

9.5.3 常见材料的锯削

常见材料的锯削如图9-22～9-26所示。图9-24中的数字表示据削棒料时的加工顺序。

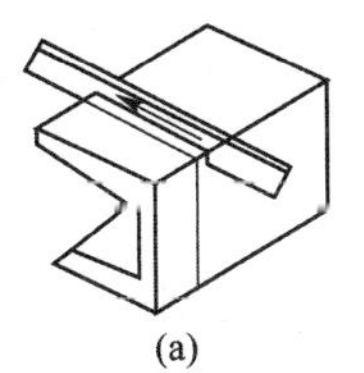
(a)
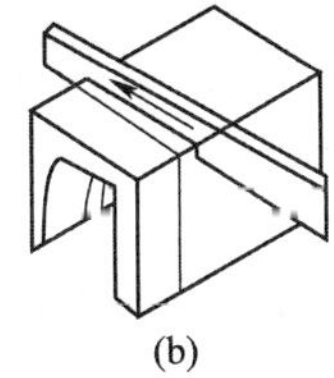
(b)
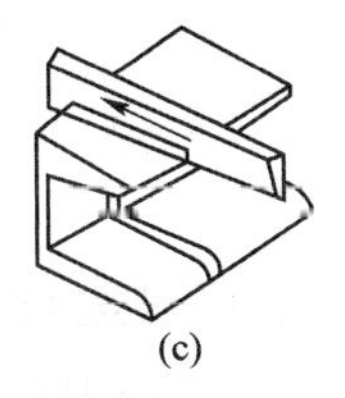
(c)
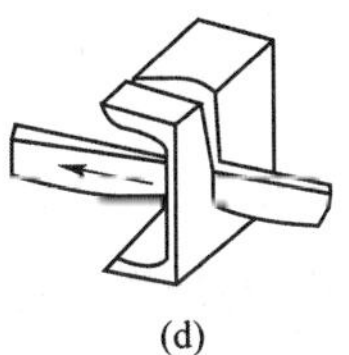
(d)

图9-22 型钢锯削方法

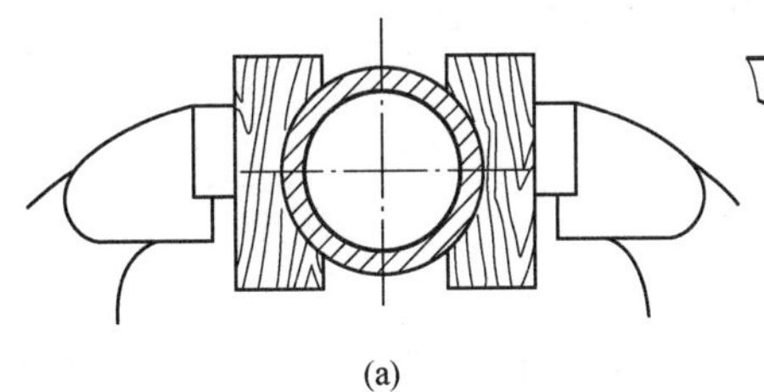
(a)
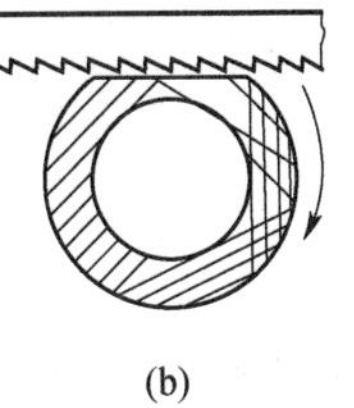
(b)
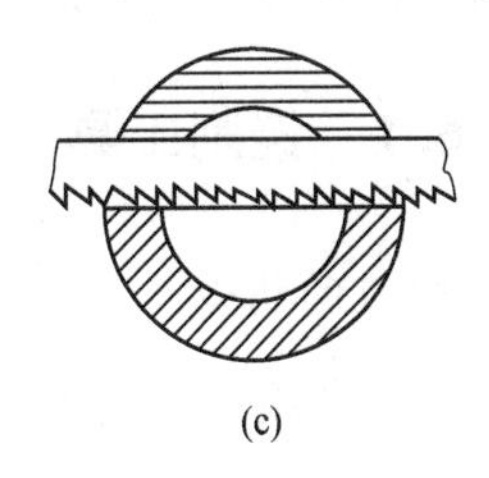
(c)

图9-23 钢管的夹持和锯削方法

（a）钢管的挟持；（b）转位锯削；（c）错误的锯削方法

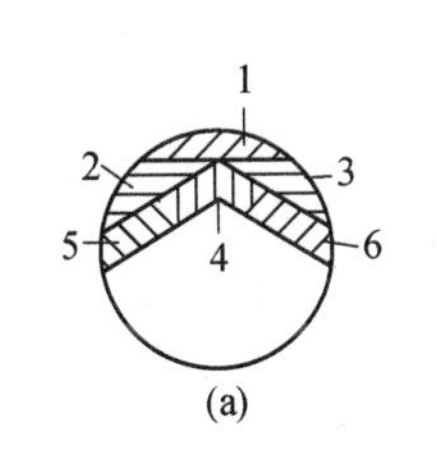

(a)
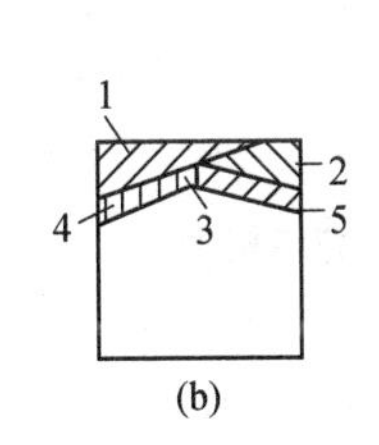

(b)
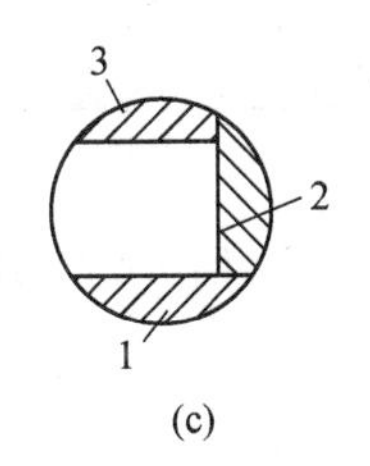

(c)
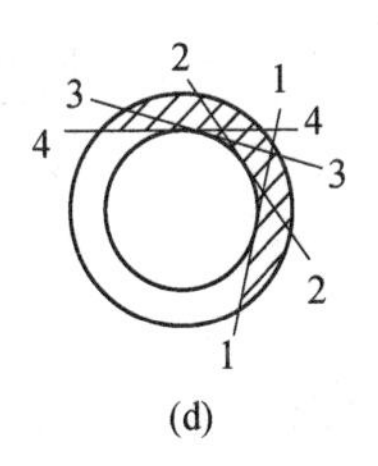

(d)

图9-24 棒料的锯削方法

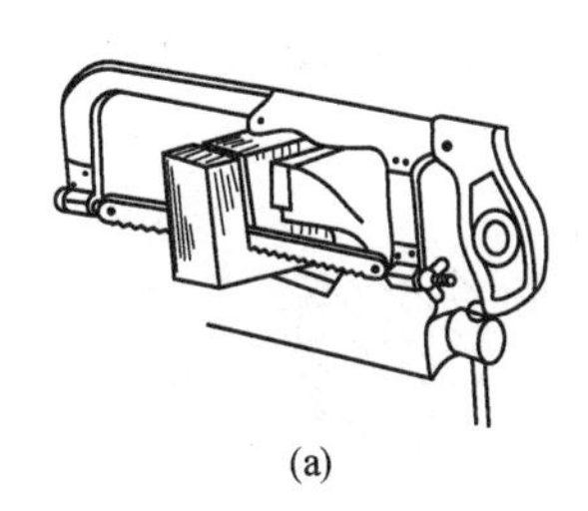
(a)
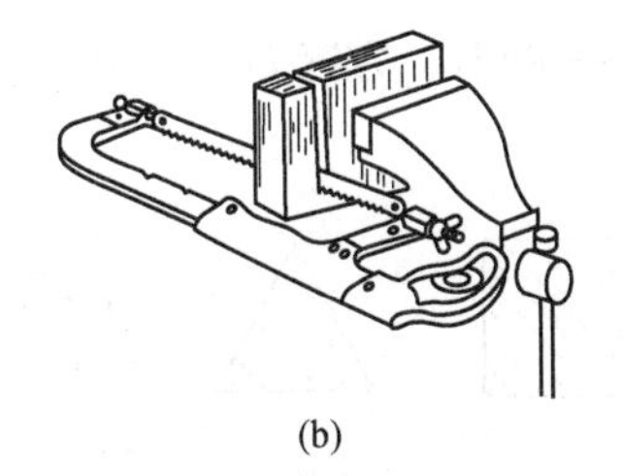
(b)
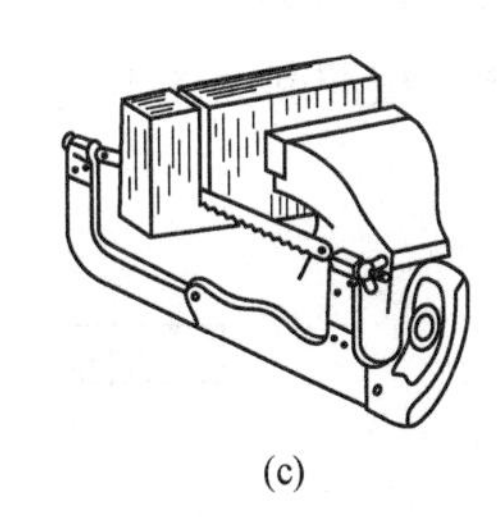
(c)

图9-25 深缝的锯削方法

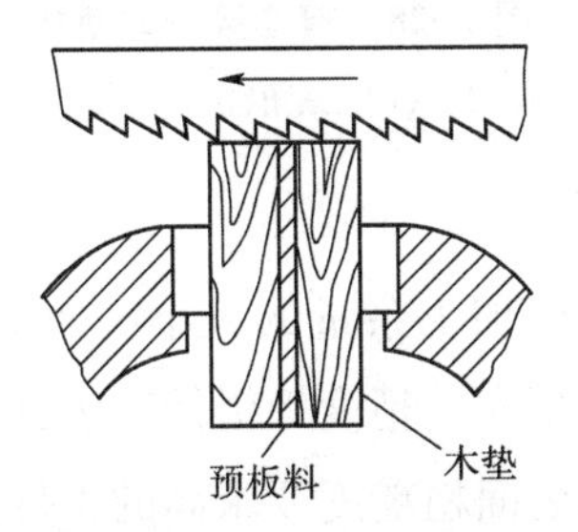

图9-26 薄板的锯削方法

9.6 锉　削

锉削是用锉刀对工件表面材料进行修整切削加工，使它达到零件图纸所要求的形状、尺寸和表面粗糙度的操作。锉削精度可达 IT7 ~ IT8，表面粗糙度最小可达 Ra 0.4 μm。锉削的特点是加工简便，应用范围广泛，但效率不高。锉削可以加工工件的平面、型孔、沟槽、倒角和各种形状复杂的表面，在钳工工作中占有重要的地位。

9.6.1 锉削工具

1. 锉刀的构造

锉刀用高碳工具钢 T13A、T12A 或 T13、T12 制成，并经热处理淬硬，其结构示意如图 9-27 所示。

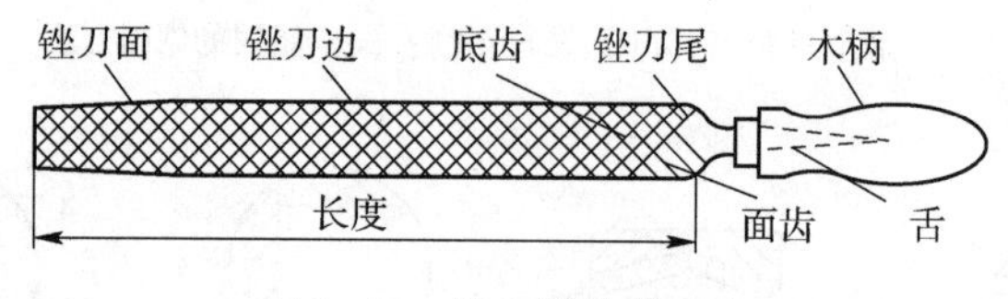

图 9-27　锉刀的结构示意

2. 锉刀的种类及选择

1）锉刀的种类

锉刀按照断面的不同可分为平锉刀、方锉刀、三角锉刀、半圆锉刀、圆锉刀，如图 9-28 所示。

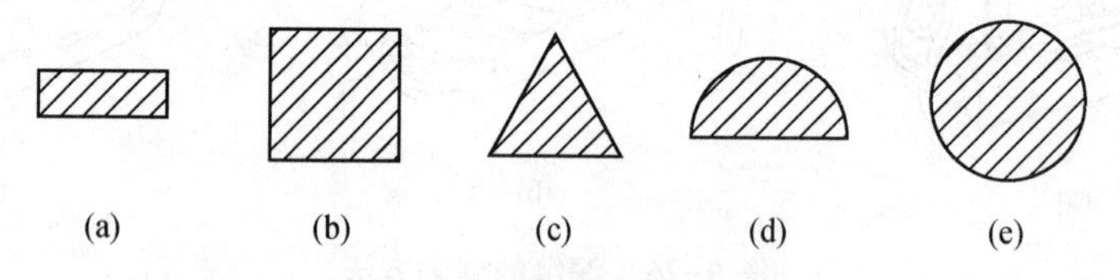

图 9-28　普通锉刀的断面

（a）平锉刀；（b）方锉刀；（c）三角锉刀；（d）半圆锉刀；（e）圆锉刀

2）锉刀的选择

锉刀粗细的选择，取决于工件加工余量的大小、加工精度的高低和工件材料的性质。一般来说，粗锉刀用于锉加工余量大、精度等级低和表面粗糙度要求低的工件；细锉刀用于锉加工余量小、精度等级高和表面粗糙度要求高的工件。

如图 9-29 所示，不同形状的工件应选用不同形状锉刀。

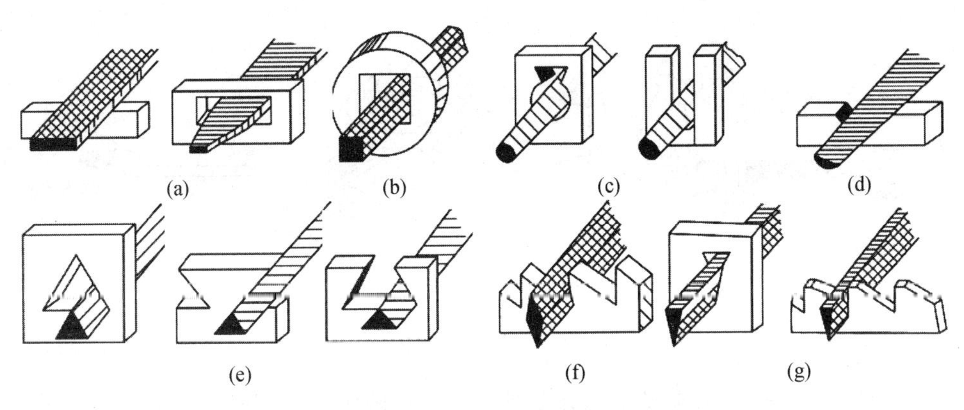

图 9-29　锉刀的用途

（a）平锉；（b）方锉；（c）圆锉；（d）半圆锉；（e）三角锉；（f）菱形锉；（g）刀口锉

9.6.2　锉削的基本操作方法

1. 锉刀的握法

因为锉刀的种类较多，所以锉刀的握法必须随着锉刀的大小及使用地方的不同而改变。较大锉刀的握法是用右手握着锉刀柄，柄端顶在拇指根部的手掌上，大拇指放在锉刀柄上，其余的手指由下而上地握着锉刀柄，如图 9-30（a）所示。左手的放法有 3 种，如图 9-30（b）所示。

（1）把左手的手掌横放在锉刀最前端的上方，拇指根部的手掌轻压在锉刀头上，其余手指应蜷曲，使食指和中指抵住锉刀前右角下方。

（2）左手掌斜放在锉刀前端，除大拇指外，各指自然蜷曲。

（3）左手掌还是斜放在锉刀前端，各指自然平放。

两手握锉姿势如图 9-30（c）所示，锉削时左手肘部要提起。

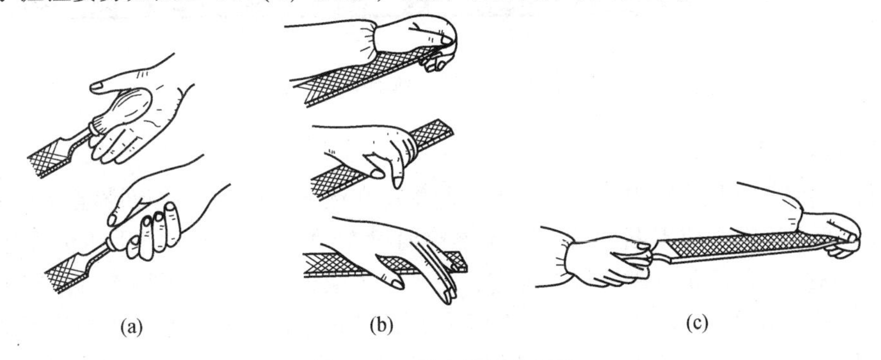

图 9-30　较大锉刀的握法

中型锉刀的握法，右手握法与握较大锉刀一样，左手只需用大拇指和食指轻轻地扶刀，如图 9-31（a）所示。较小的锉刀，为了避免锉刀弯曲，用左手的几个手指压在锉刀的中部，如图 9-31（b）所示。小型锉刀的握法，只需用一只手握住，食指放在上面，如图 9-31（c）所示。

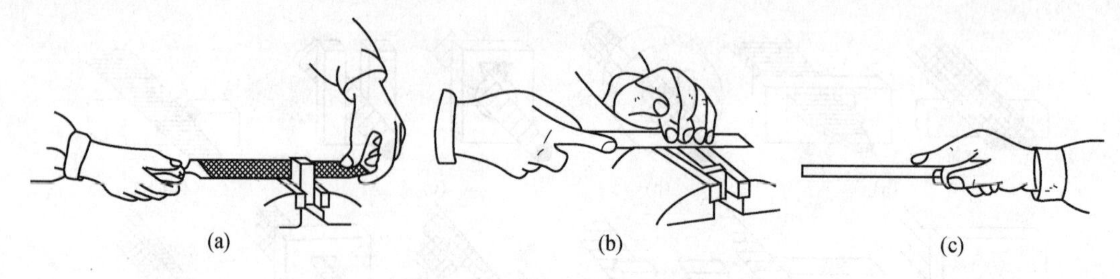

图 9-31　中、小型锉刀的握法

2. 锉削时的姿势

锉削姿势，对一个钳工来说是十分重要的。只有操作方法正确，才能有较高的工作效率。进行锉削时，身体的重量应放在左脚上，右膝要伸直，脚始终站稳不移动，靠左膝的屈伸而作往复运动，如图 9-32 所示，锉削时要使锉刀的全长充分利用。锉的动作是由身体和手臂运动合成的。开始锉时身体要向前倾斜 10°左右，右肘尽可能收缩到后方，如图 9-32（a）所示。最初 1/3 行程时，身体前倾到 15°左右，使左膝稍弯曲，如图 9-32（b）所示。其次 1/3 行程，右肘向前推进，同时身体亦渐倾斜到 18°左右，如图 9-32（c）所示。最后 1/3 行程，用右手腕将锉刀推进，身体随着锉刀的反作用力退回到 15°位置，如图 9-32（d）所示。锉削行程结束后，把锉刀略微提起，手和身体都退回到最初位置，如图 9-32（a）所示。

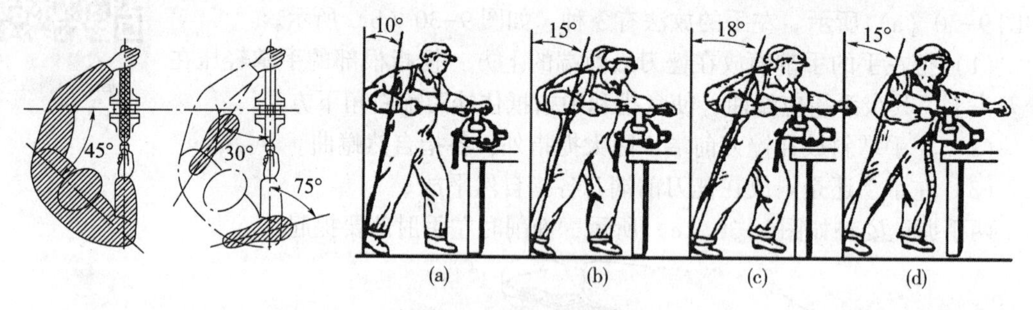

图 9-32　锉削时的姿势

3. 锉削力的运用

锉削力有水平力和垂直力两种。锉削时两手用在锉刀上的力，应保证锉刀平衡。在推锉过程中，两手用的力应不断变化：开始推锉时，左手压力要大，右手压力要小而推力大，如图 9-33（a）所示；随着锉刀推进，左手压力减少，右手压力增大。当锉刀推到中间时，两手压力相同，如图 9-33（b）所示；再继续推进锉刀时，左手压力逐渐减小，右手压力逐渐增大，左手起引导作用，推到最前端位置时两手用力，如图 9-33（c）所示；锉刀回程时不加压力，如图 9-33（d）所示，以减少锉齿的磨损。

图 9-33　锉削力的平衡

如果两手对锉刀的压力保持不变，那么在锉削行程开始时，锉刀柄就会朝下偏，而在锉削行程终了时，锉刀前端就会向下偏，从而锉成凸鼓形表面。因此，若要锉得平，在维持对锉刀的总压力不变的条件下，两手的分压力必须随着锉刀前进的过程加以适当的调节。锉削时眼睛要注视锉刀的往复运动，观察手部用力是否适当，锉刀有没有摇摆。锉几次后，要拿开锉刀，看是否锉在需要锉的地方，是否锉得平整。发现问题后及时纠正。

锉削速度控制在40次/min以内，锉刀推出时动作稍慢，回程时稍快，动作要协调自如。锉削速度过快，操作者易疲劳，锉刀磨损也快，而且动作也易发生变形，最终导致效率低下或工件报废。

4. 基本锉削法

（1）顺向锉：如图9-34（a）所示，是顺着同一个方向对工件进行锉削的方法，能得到正直的刀痕，比较整齐美观。平面最后锉光和锉平都用顺向锉。

（2）交叉锉：如图9-34（b）所示，锉刀与工件接触面大，锉刀容易掌握平稳，且能从交叉的锉痕上判断出锉面的凹凸情况，适用于粗锉较大的平面。

（3）推锉：如图9-34（c）所示，推锉时的运动方向不是锉齿的切削方向，故切削效率不高，只适合于修光，特别是锉削狭长平面或采用顺向锉受阻时采用。

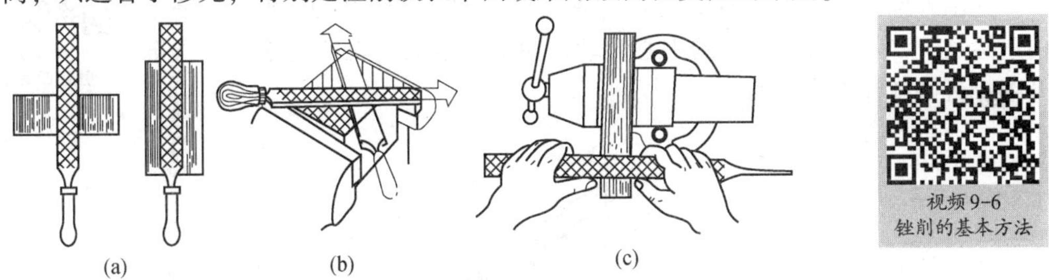

视频9-6
锉削的基本方法

图9-34　基本锉削法

（a）顺向锉；（b）交叉锉；（c）推锉

在锉平面时，不管是顺向锉还是交叉锉，为了使整个加工面能够均匀地锉削，在抽回锉刀时，每次向旁边移动一些，如图9-35所示。

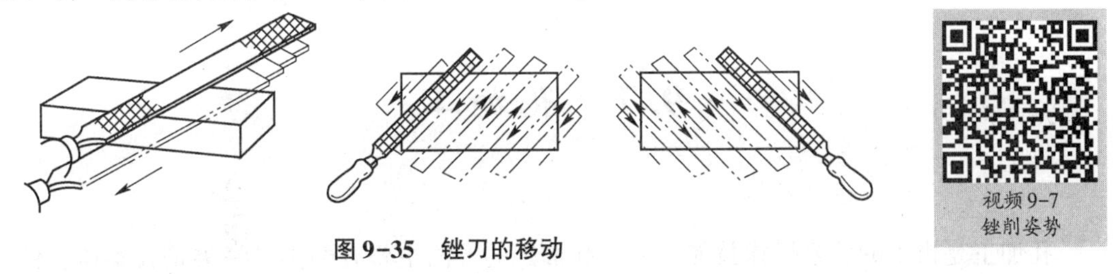

视频9-7
锉削姿势

图9-35　锉刀的移动

5. 锉削平面质量的检验

工件上透光检查的部位平面锉好了，常用钢板尺或刀口直尺以透光法来检查其平整度。用刀口直尺检查工件平整度的方法，如图9-36所示。检查时，刀口直尺只用大拇指、食指、中指拿着，如图9-36（a）所示。如果直尺与平面间透过来的光线微弱而均匀，说明该面是平直的；如果透过来的光线强弱不一，说明该面高低不平，光线最强的部位是最凹的地方，如图9-36（b）所示。

检查应在平面的纵向、横向和对角线方向多处进行，如图9-36（c）所示。移动刀口直尺时，应该把它提起，并且小心地把它放到新的位置上，如把刀口直尺在被检平面上来回拖动则很容易造成刀口磨损。若没有刀口直尺则可用钢板尺按上述同样方法检查。锉面的表面粗糙度用眼睛观察，表面不应留下深的擦痕或锉痕。

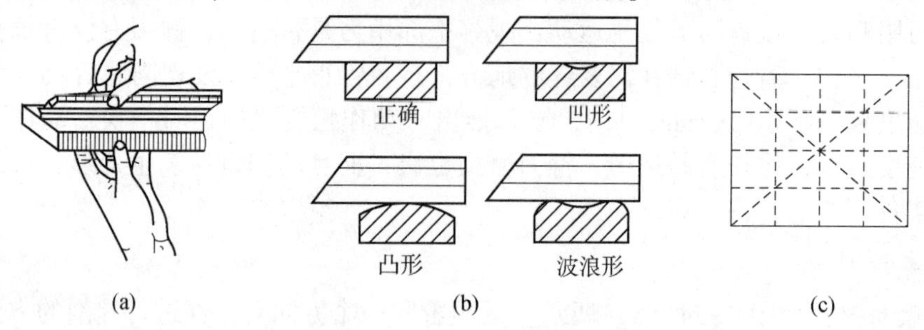

图 9-36　用刀口直尺检查工件平整度的方法

9.6.3　锉曲面的方法

曲面分凸面和凹面。锉凸面用平锉；锉凹面用圆锉、半圆锉或椭圆锉。

锉削外圆弧面，平锉刀要同时完成两种运动，如图 9-37 所示，一是前进运动，二是锉刀绕工件的中心转动，而两手运动的轨迹应该是两条渐开线，否则就锉不成圆弧。

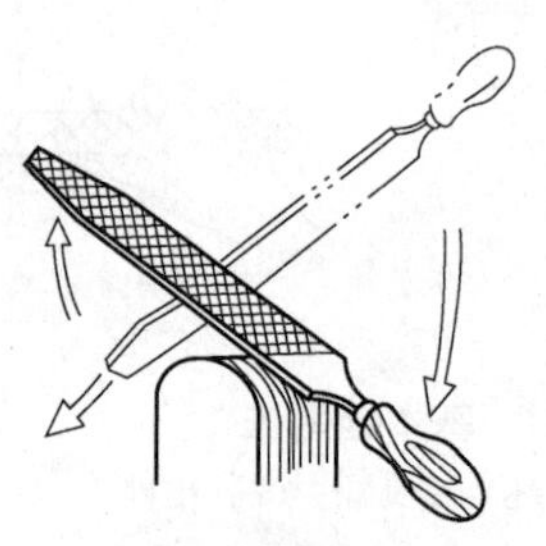

图 9-37　锉削外圆弧面时锉刀的运动

9.7　孔加工

孔加工是钳工的重要操作技能之一。孔加工的方法主要有两类：一类是在实体工件上加工出孔，即用麻花钻、中心钻等进行钻孔；另一类是对已有孔进行再加工，即用扩孔钻、锪孔钻和铰刀进行扩孔、锪孔和铰孔等。

9.7.1　钻孔

1. 钻孔加工的特点

（1）钻削运动：钻孔时，工件固定，钻头安装在钻床主轴上做旋转运动，为主运动；同时，钻头沿轴线方向移动，为进给运动。

（2）钻削特点：转速高，切削量大，排屑、散热困难，钻头易磨损，且易产生“冷作硬化”现象，钻头易振动，加工精度低。

2. 钻削工具

钻削工具主要是钻头，有麻花钻、中心钻、扁钻、深孔钻等，其中麻花钻应用最广。

麻花钻的构成：麻花钻一般用高速钢（W18Cr4V 或 W9Cr4V2）制成，淬硬后硬度为 62～68 HRC，适合 $\phi30$ 以下孔的粗加工，也可用于扩孔，其结构由柄部、颈部及工作部分组成，如图 9-38 所示。

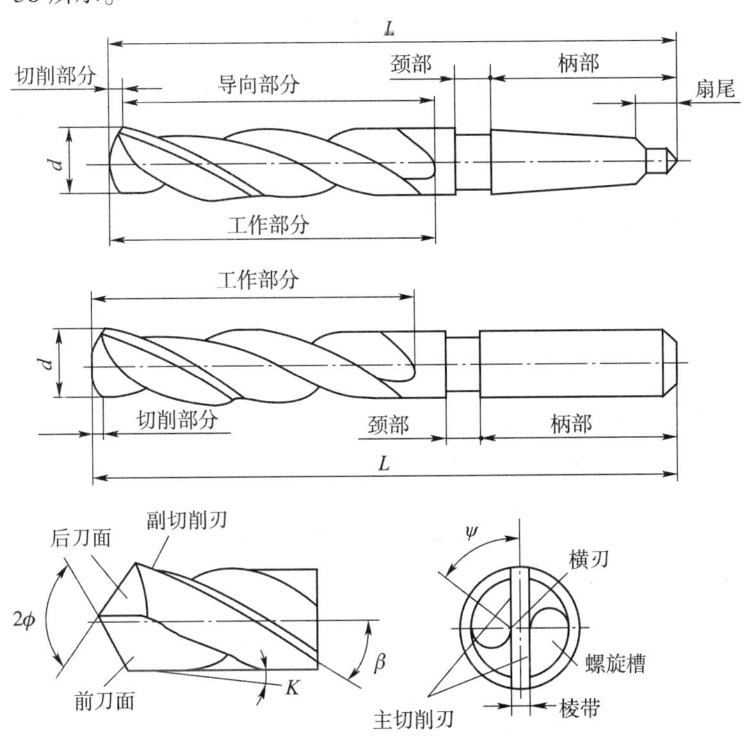

图 9-38　麻花钻的结构

3. 工件的装夹

工件的装夹方法如图 9-39 所示。常设计专用夹具来完成工件的定位和钻头的定位导向工作。

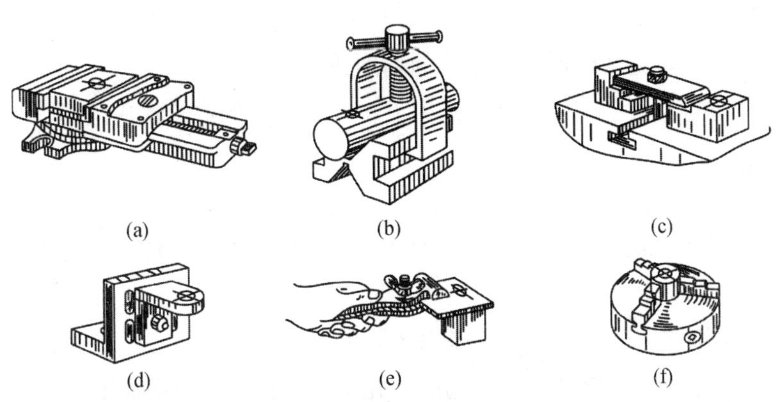

图 9-39　工件的装夹方法

4. 钻孔方法

按钻孔的位置尺寸要求，划出孔位的十字中心线，并打上样冲眼。起钻前先把钻尖对准中心孔，然后启动主轴先试钻一浅坑，看所钻的锥坑是否歪斜，如果不同心，则要校正之后再钻。

手动进给时，进给用力不应使钻头产生弯曲现象，以免钻孔轴线歪斜；钻小直径孔或深孔时，进给力要小，并要经常退钻排屑，以免切屑阻塞而扭断钻头；一般来说，在钻孔深度达直径的 3 倍时，一定要退钻排屑；钻孔将穿时（通孔），进给力必须减小，以防进给量突然过大，增大切削抗力，造成钻头折断，或使工件随着钻头转动造成事故。

5. 钻削用量的选择

钻孔时选择钻削用量的基本原则是：在允许范围内，尽量先选较大的进给量，当进给量受孔表面粗糙度和钻头刚度的限制时，再考虑较大的切削速度。

选择时，要首先确定钻头的允许切削速度。用高速钢钻头钻铸铁件时，$v=14\sim22$ m/min；钻钢件时 $v=16\sim24$ m/min；钻青铜或黄铜件时，$v=30\sim60$ m/min。

6. 钻孔时的冷却和润滑

钻钢件时，为降低表面粗糙度多使用机油作切削液，为提高生产效率则多使用乳化液；钻铝件时，多用乳化液、煤油；钻铸铁件时，则用煤油。

9.7.2 扩孔

视频 9-9
钻孔与扩孔

扩孔是用扩孔钻或麻花钻对工件上已有的孔进行扩大加工。扩孔常作为孔的半精加工，它可以在一定程度上校正孔轴线的偏斜，也用作铰孔前的预加工，扩孔的质量比钻孔高，一般可达 IT10 ~ IT9，表面粗糙度 $Ra3.2$ μm。

加工注意事项如下：

（1）扩孔时为了保证扩大的孔与先钻的小孔同轴，应当保证在小孔加工完工件不发生位移的情况下进行扩孔；

（2）扩孔时的切削速度要低于钻小孔的切削速度；

（3）扩孔时切削阻力小，容易扎刀，因而扩孔开始时的进给量应缓慢。

9.7.3 锪孔

用锪钻（或改制的钻头）在孔口表面加工出一定形状的孔，称为锪孔。

锪孔就是在孔端面锪圆柱埋头孔、锪圆锥埋头孔、锪孔口凸台平面的加工过程。锪孔与钻孔的原理和操作方法大致相同，只是在刃具上有所不同。锪孔钻按钻削部分的形状可分为 3 种：柱形锪孔钻、锥形锪孔钻、端面锪孔钻。锪孔钻的应用如图 9-40 所示。

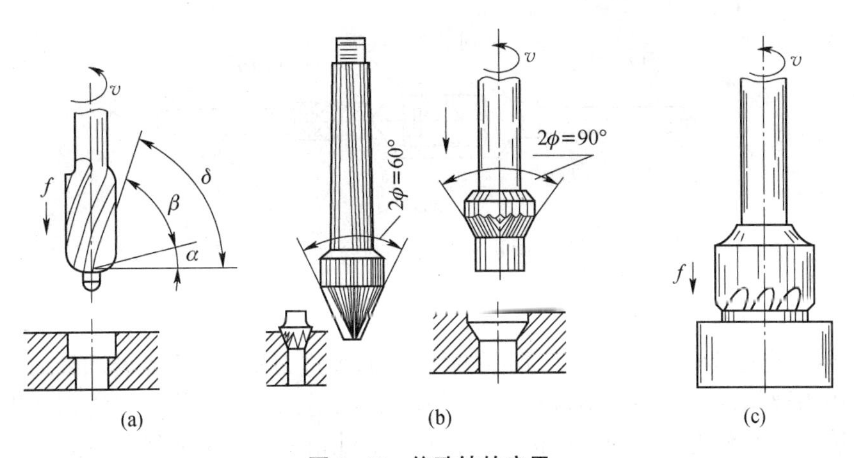

图 9-40 锪孔钻的应用

(a) 锪圆柱埋头孔；(b) 锪圆锥埋头孔；(c) 锪孔口凸台平面

9.7.4 铰孔

铰孔是对工件上的已有孔进行精加工的一种加工方法，如图 9-41 所示。铰孔的余量小，其尺寸公差等级一般可达到 IT7 ~ IT8，表面粗糙度达 $Ra3.2 \sim Ra0.8$ μm。

1. 铰刀

视频 9-10
铰孔

铰孔用的刀具称为铰刀，铰刀切削刃有 6 ~ 12 个，容屑槽较浅，横截面大，因此铰刀刚性和导向性好。铰刀有手用和机用两种。手用铰刀柄部是直柄带方榫，机用铰刀是锥柄带扁尾，如图 9-41 所示。手动铰孔时，将铰刀的方榫夹在铰杠的方孔内，转动铰杠带动铰刀旋转进行铰孔。

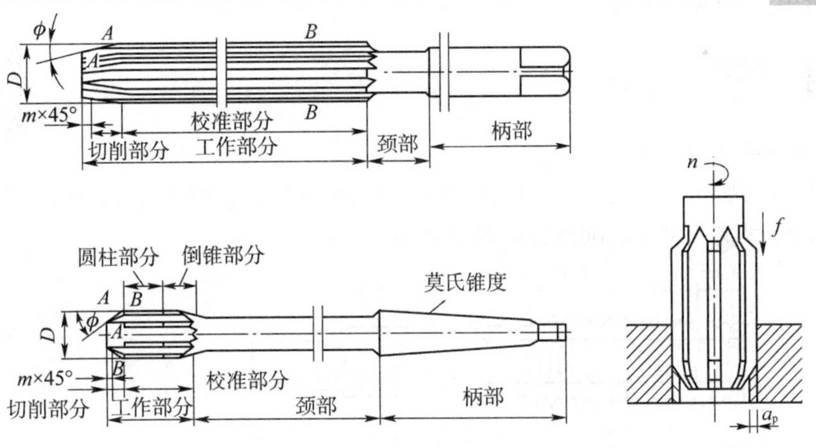

图 9-41 铰孔及其切削运动

2. 铰杠

铰杠是手动铰孔（手铰）的工具，常用的有可调式铰杠，如图 9-42 所示。将铰刀柄尾部方榫夹在铰杠的方孔内扳动铰杠即可使铰刀旋转。这种铰杠的方孔是可以调节的，即通过活动手柄的转动带动滑块前后移动，使方孔扩大或缩小，以夹持不同尺寸的铰刀方榫。

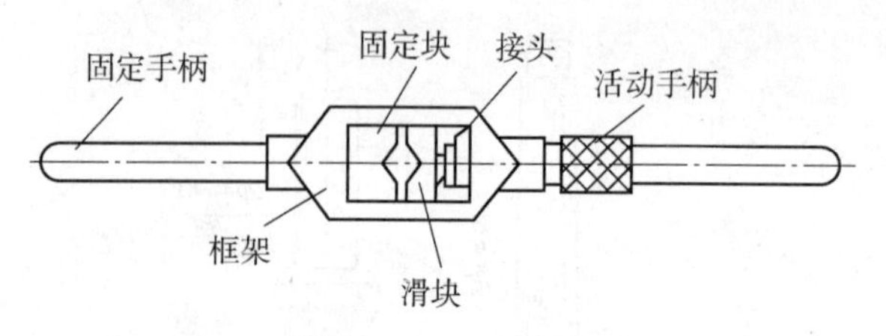

图 9-42　可调式铰杠

3. 铰削操作方法

（1）在手铰起铰时，可用右手通过铰孔轴线施加进刀压力，左手转动铰刀。正常铰削时，两手用力要均匀、平稳，不得有侧向压力，同时适当加压，使铰刀均匀地进给，以保证铰刀正确引进和获得较小的表面粗糙度，并避免孔口成喇叭形或将孔径扩大。

（2）铰刀铰孔或退出铰刀时，铰刀均不能反转，以防止刃口磨钝以及切屑嵌入刀具后面与孔壁间，将孔壁划伤。

（3）机铰时，应使工件一次装夹进行钻、铰工作，以保证铰刀中心线与钻孔中心线一致。铰毕后，要铰刀退出后再停车，以防孔壁拉出痕迹。

9.8　螺纹加工

钳工加工的螺纹多为三角螺纹，其加工方法有攻螺纹（攻螺纹）和套螺纹（套丝）：一般作为连接使用。攻螺纹是用丝锥在圆柱孔内加工出内螺纹的操作；套螺纹是用板牙在圆杆上加工出外螺纹的操作。

9.8.1　攻螺纹

视频 9-11
攻螺纹

1. 攻螺纹工具及选用

丝锥的结构如图 9-43 所示，常用 9CrSi、GCr9 钢制造，其工作部分是一段开槽的外螺纹，包括切削部分和校准部分。

切削部分　校准部分　M12　工作部分　槽　柄　方头

图 9-43　丝锥的结构

2. 攻螺纹前底孔直径和深度的确定

1）攻螺纹前底孔直径的确定

底孔直径大小，要根据工件材料性质、螺纹直径的大小来确定，用经验公式计算得出。

（1）加工钢和塑性较大的材料条件下

$$D_{底}=D-P$$

（2）加工铸铁和塑性较小的材料条件下

$$D_{底}=D-(1.05\sim1.1)P$$

式中：$D_{底}$——攻螺纹钻底孔用钻头直径，mm；

D——螺纹大径，mm；

P——螺距，mm。

2）攻螺纹底孔深度的确定

攻不通孔螺纹时，由于丝锥切削部分有锥角，端部不能切出完整的螺纹牙形，所以钻孔深度要大于螺纹的有效深度。一般取

$$H_{深}=h_{有效}+0.7D$$

式中：$H_{深}$——底孔深度，mm；

$h_{有效}$——螺纹有效深度，mm；

D——螺纹大径，mm。

3. 攻螺纹方法

（1）攻螺纹时，两手握住铰杠中部，均匀用力，使铰杠保持水平转动，并在转动过程中对丝锥施加垂直压力，使丝锥切入孔内1～2圈，如图9-44所示。

（2）用直角尺检查丝锥与工件表面是否垂直。

（3）深入攻螺纹时，两手紧握铰杠两端，正转1～2圈后反转1/4圈。在攻螺纹过程中，要经常用毛刷对丝锥加注机油，还要经常退出丝锥，清除切屑。当攻比较硬的材料时，可将头锥、二锥交替使用。

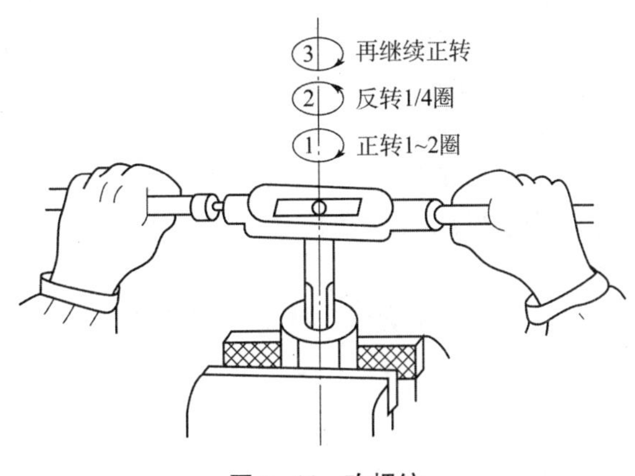

图9-44　攻螺纹

9.8.2　套螺纹

1. 套螺纹工具

套螺纹工具是板牙和板牙架。板牙有固定式和开缝式（可调式），如图9-45（a）所示；板牙架如图9-45（b）所示，圆板牙的构造，由切削部分、校准部分和排屑孔组成，其外形像一个圆螺母，在它上面钻有几个排屑孔形成刀刃。

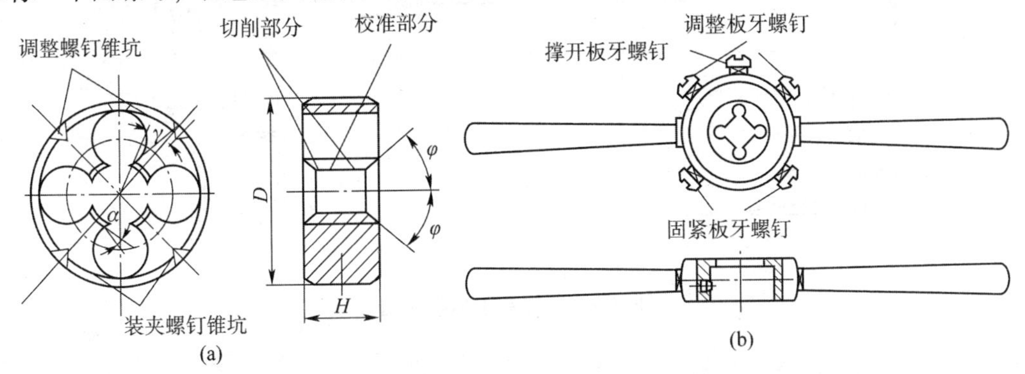

图9-45　套螺纹工具

视频 9-12
套螺纹

2. 套螺纹前螺杆直径的确定

螺杆直径可根据螺纹直径和材料的性质，用经验公式计算，即

$$d_{杆}=d-0.13P$$

式中：$d_{杆}$——套丝前圆杆直径，mm；

d——螺纹大径，mm；

P——螺距，mm。

3. 套螺纹方法

（1）圆杆端部要倒角 15°～20°。

（2）一般用 V 形夹块或厚铜衬作衬垫，夹持牢固。与攻螺纹起攻方法一样，一手用手掌按住板牙架中部，沿圆杆轴向施加压力，另一手配合作顺向切进，转动要慢，压力要大，待板牙切入圆杆 2～3 牙时，应及时检查其垂直度并作校正，如图 9-46 所示。

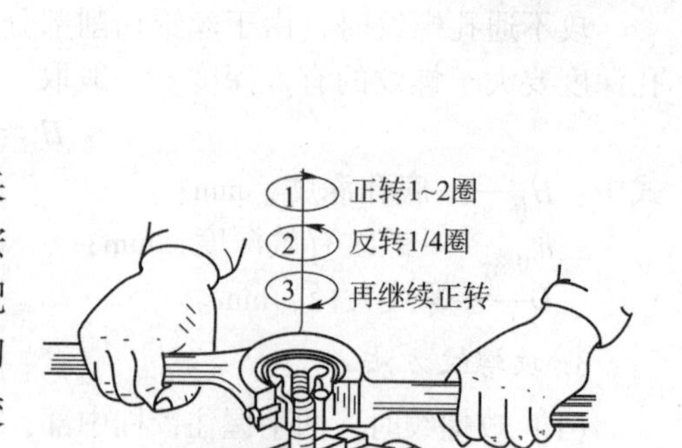

图 9-46　套螺纹

（3）正常套螺纹时，不要加压，让板牙自然引进，以免损坏螺纹和板牙，也要经常反转以断屑。

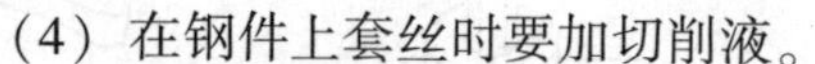

（4）在钢件上套丝时要加切削液。

9.9　钳工实训

锤头手柄零件图如图 9-47 所示，其钳工训练加工工艺过程卡片如表 9-2 所示。

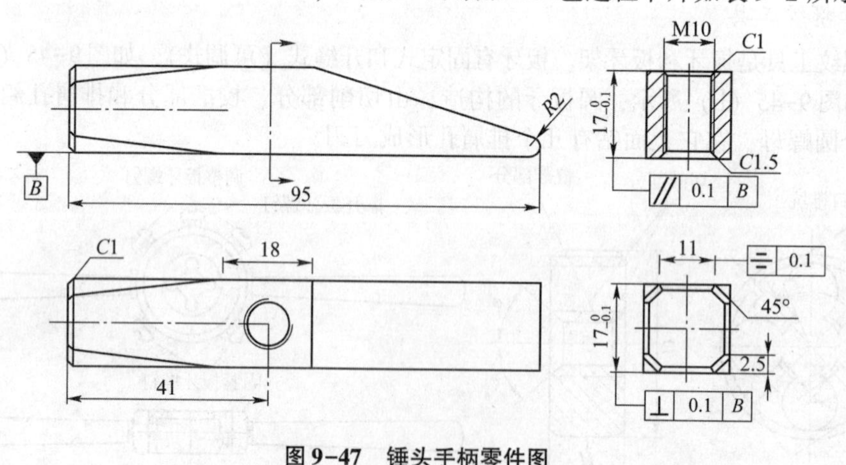

图 9-47　锤头手柄零件图

表 9-2　钳工训练加工工艺过程卡片

mm

沈航工程训练中心	钳工训练加工工艺过程卡片	总 2 页	第 1 页	训练类别：2 d	
		产品名称	钉锤	生产纲领	单件小批
		零件名称	钉锤	生产批量	单件

材料	45	毛坯种类	方料	毛坯外形尺寸	100×18×18	每毛坯可制作件数	1	每台件数	1	设备	

序号	工序名称	工序内容	工序简图	设备、工量具	工时/min
10	准备	安全教育、清点工量具、领取毛坯			15
20	锉削	1. 检查毛坯尺寸：长度>95，宽度>18 2. 去毛刺 3. 以基准面 *B*，*C* 和它相邻的面为测量基准，修锉基准面 *A*，保证垂直	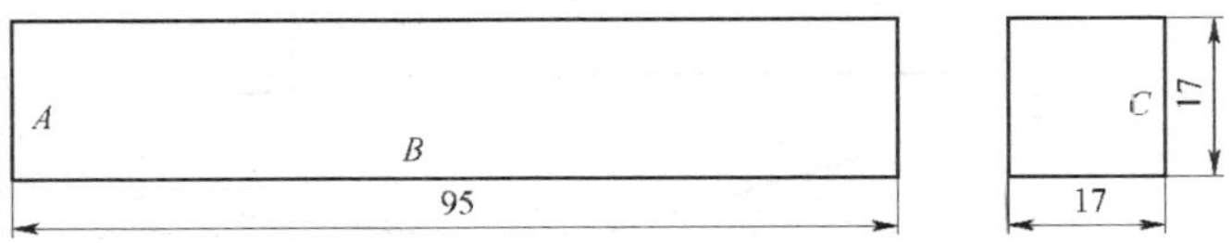	台虎钳、锉刀、游标卡尺	120
30	划线	1. 以基准面 *A* 为基准划 50、95 2. 以基准面 *B* 为基准划 4、17 3. 在 50 和 17 的交点与 95 和 4 的交点用钢板尺连线，按主视图外轮廓线间隔 5 打样冲眼，交点处必须打样冲眼	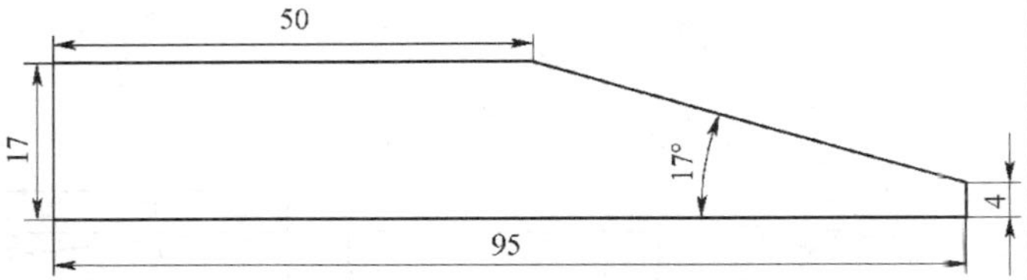	台虎钳、样冲、划线平板、高度游标卡尺	20
40	锯斜面	1. 将工件倾斜装夹，锯削线与台虎钳上面垂直，与钳口侧面平行，夹持在钳口左侧，伸出钳口不应过长 2. 起锯时，距离线留 0.5～1 余量	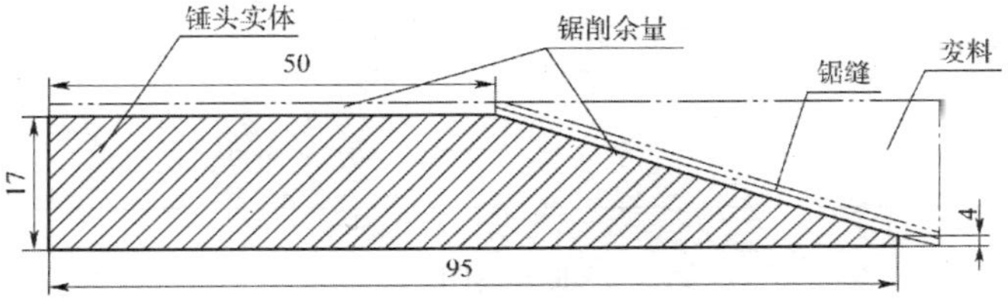	台虎钳、手锯、游标卡尺	30
50	锉削	1. 锉锯削面，达到图纸要求，按照工件长度方向顺向锉 2. 锉斜面时，要求斜面与钳口上面平行装夹，保证斜面与 *B* 面的角度为 17°		台虎钳、锉刀、游标卡尺、铜钳口	240

续表

序号	工序名称	工序内容	工序简图	设备、工量具	工时/min
60	划线	1. 以基准面 *A* 为基准，在 4 个侧面上划 1 尺寸线 以基准面 *B*、*C* 为基准，在基准面 *A* 上划 1 尺寸线 2. 以基准面 *A* 为基准，在 4 条棱边划 32 的线 3. 以基准面 *B*、*C* 为基准，在基准面 *A* 与 4 个侧面的底边上划 2.5 的线 4. 划斜线，将第 2 与 3 步产生的交点用斜线连接 5. 以基准面 *A* 为基准，划 41 尺寸线，以基准面 *C* 为基准，在基准面 *B* 上划中心线 6. 在基准面 *B* 两线交点处打样冲眼，为钻孔定心 7. 划 *R*2 圆弧线	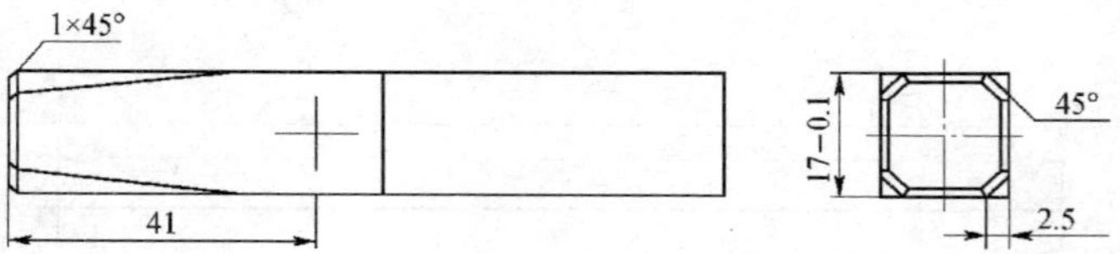 1×45° 41 17−0.1 45° 2.5	高度游标卡尺、划线平板、方箱、划规、划针	30
70	锉倒角	1. 锉基准面 *A* 的 *C*1 倒角，推锉修光 2. 锉小斜面，保证长度 32，推锉修光	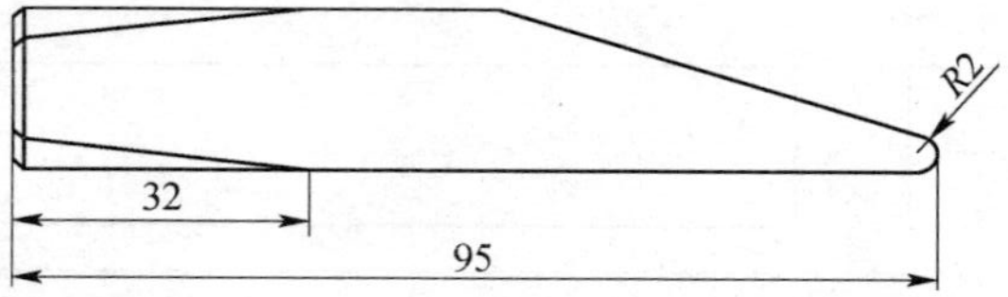 R2 32 95	台虎钳、锉刀、铜钳口、半径样板 *R*2	30
80	锉圆弧面	锉 *R*2 圆弧面，保证长度 95±0. 5			30
90	钻孔	1. 钻 M10 螺纹底孔 ϕ8. 5 2. 锪孔，上面为 1×45°、下面为 1. 5×45°	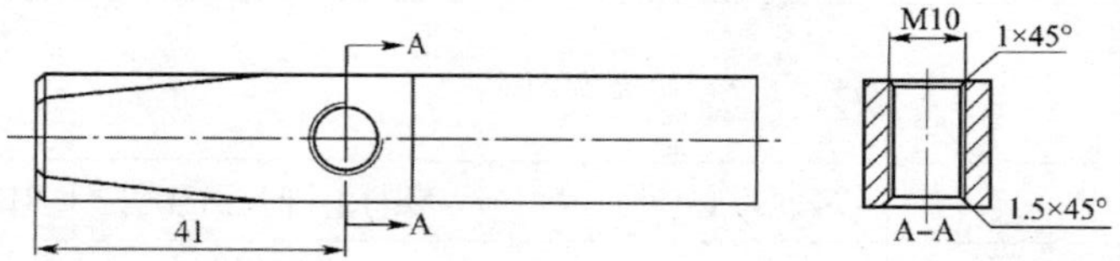 A A 41 M10 1×45° 1.5×45° A–A	ϕ8. 5 钻头、平口钳、钻床、M10 丝锥、铰杠	20
100	攻螺纹	攻 M10 螺纹，保证垂直度			
110	光整	1. 按工件长度方向顺向锉，抛光达到图纸要求 2. 精度复检，修整、锐边倒钝、清除飞边 3. 打标记，交验		油光锉、砂布、台虎钳、铜钳口	65

9.10 延伸阅读

方文墨与“文墨精度”

方文墨，男，汉族，1984年9月生，中共党员，沈阳航空航天大学机械设计制造及其自动化专业毕业，本科学历，高级技师。现任中航工业沈阳飞机工业（集团）有限公司14厂钳工，中航工业首席技能专家。曾获全国五一劳动奖章、中国青年五四奖章、全国技术能手、辽宁省和沈阳市特等劳动模范等20多项殊荣。2019年4月，荣获“最美职工”。中国共产主义青年团第十七次全国代表大会代表，共青团十七届中央委员会候补委员。

方文墨的工作是为歼-15舰载战机加工高精度零件，加工精度为世界级水平。在工业化时代，尽管大多数零件都可以自动化生产了，但是有的战机零件因为数量少、加工精度高、难度大，还是需要手工打磨。所以，精湛的锉削手艺还是钳工的必备功夫。教科书上，手工锉削精度极限是0.01 mm。而方文墨加工的精度达到了0.003 mm，相当于头发丝的1/25，这是数控机床都很难达到的精度。中航工业将这一精度命名为——“文墨精度”。

方文墨整个工作历程都是在不间断、不懈怠的自我超越中走过的。在参加工作不到13年的时间里，方文墨改进工艺方法60多项，自制新型工具100多件，整理了20多万字的钳工技术资料。这是方文墨自身技术进步的最佳实证，是人生境界的扎实跨进。

今天，歼-15舰载战机上，有近70%的标准件是方文墨所在的工厂生产的，那些担当大任的小零件，是方文墨和工友们的智慧与汗水的结晶。他们助力中国战机一飞冲天，惊艳世界。

第10章 CAD/CAM软件实训

10.1 概　述

UG NX 10.0 是由 Siemens PLM Software 发布的 CAD/CAM/CAE 一体化解决方案软件。该软件采用同步建模技术，支持基于特征的无参数建模，可以大幅提高设计速度，并用集成了级进模向导、钣金模块、注塑模向导等专业应用模块，广泛应用于模具设计领域。

10.2 实训目的

（1）学习 UG NX 10.0 的功能模块、工作环境和常用工具。
（2）通过具体案例了解 UG NX 10.0 建模的一般步骤。

10.3 了解 UG NX 10.0

UG NX 10.0 是 Siemens 公司推出的一套 CAD/CAM/CAE 一体化软件系统。它是当前工业领域先进的计算机辅助设计、分析和制造软件之一，它的功能覆盖了从概念设计到产品生产的整个过程，并且广泛地运用在汽车、航天、模具加工及设计和医疗器械等行业，提供了强大的实体建模技术和高效的曲面建构能力，能够完成复杂的造型设计。与装配功能、2D 出图功能、模具加工功能及 PDM 之间的紧密结合，使 UG NX 10.0 在工业界成为一套出色的高级CAD/CAM软件系统。

10.3.1 UG NX 10.0的主要技术特点

1. 建模的灵活性

UG NX 10.0采用基于特征的建模方法作为实体造型的基础，形象直观，类似于工程师传统的设计方法，并能采用参数控制。另外，UG NX 10.0的混合建模技术，将实体建模、曲面建模、线框建模、显示几何建模与参数化建模等建模技术融于一体，具有很强的灵活性。

2. 强大的二维图形设计功能

UG NX 10.0的二维图形设计功能强大，可以方便地从三维实体模型直接生成二维工程图，可以按照ISO标准生成各种剖视图，以及标注尺寸、几何公差和汉字说明等。

3. 强大的注塑模具设计功能

UG NX 10.0具有强大的注塑模具设计功能，应用UG NX 10.0专业的注塑模具向导模块（Mold Wizard），可方便地进行模具设计，Mold Wizard配有常用的模具库与标准件库，方便用户在模具设计过程中选用，大大地提高了模具设计速度和模具标准化程度。

10.3.2 UG NX 10.0的功能模块

UG NX 10.0由许多功能模块组成，每一个模块都有自己独立的功能，用户可以根据需要调用其中的一个或几个模块进行设计。用户还可以调用系统的附加模块，或者使用软件进行二次开发。下面简要介绍UG NX 10.0集成环境中的主要应用模块。

1. 基础环境

在基础环境下可以打开已经存在的部件文件，创建新的部件文件，改变显示部件，分析部件，还可以启动在线帮助、输出图纸、执行外部程序等。

2. 建模模块

建模模块用于创建三维模型，是UG NX 10.0中的核心模块。UG NX 10.0软件所擅长的曲线功能和曲面功能在该模块中得到了充分体现，可以自由地表达设计思想和进行创造性的改进设计，从而获得良好的造型效果和造型速度。

10.3.3 UG NX 10.0操作界面

用户可通过新建文件的方法进入软件的操作环境，或者通过打开文件的方式进入操作环境。

选择“标准”工具栏中的“开始”→“所有程序”→SIMENS NX 10.0→NX 10.0命令，即可进入UG NX 10.0操作界面，如图10-1所示，此时还不能进行实际操作。

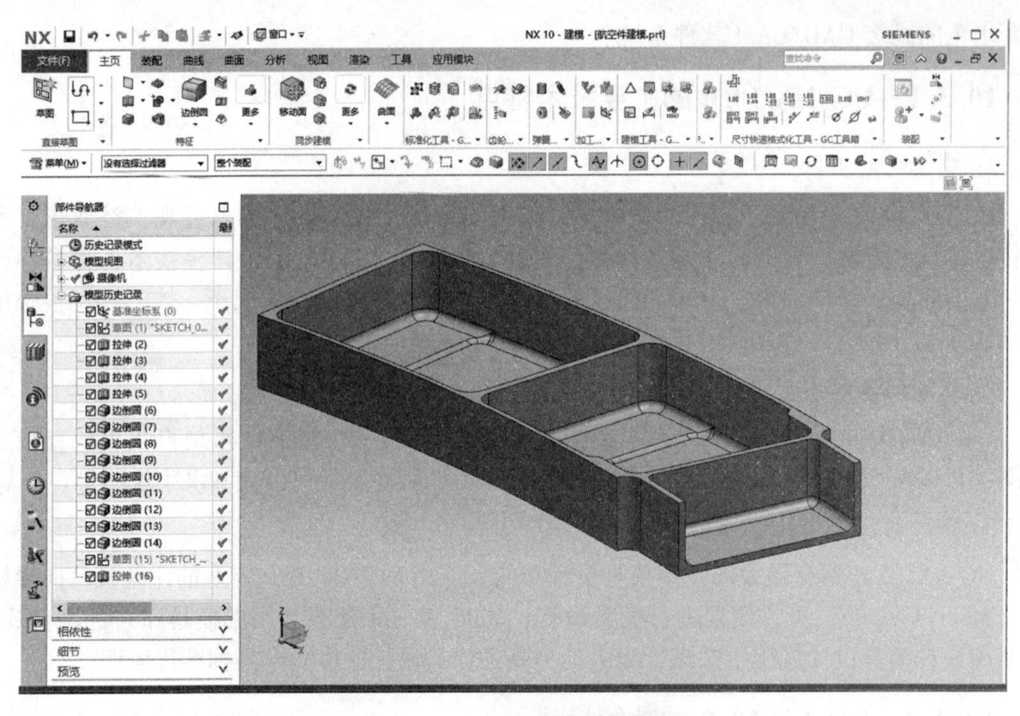

图 10-1　UG NX 10.0 操作界面

下面通过建模模块的工作界面具体介绍 UG NX 10.0 操作界面的组成，如图 10-2 所示。该操作界面主要包括快速访问工具栏、标题栏、菜单栏、工具按钮组、菜单按钮、选择栏、资源工具条、提示栏/状态栏和绘图区。

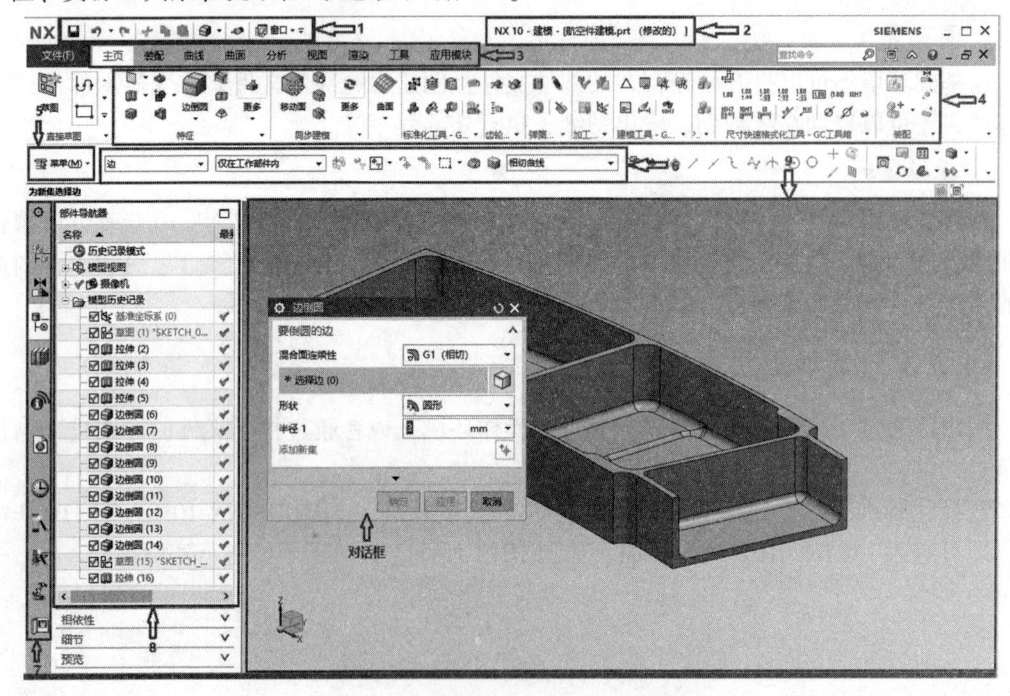

图 10-2　UG NX 10.0 主工作界面组成

1. 快速访问工具栏

快速访问工具栏主要有“保存”“撤销”“复制”“粘贴”“窗口”等按钮，供用户在建模过程中快速选择。

2. 标题栏

标题栏显示了软件名称和版本号，以及当前正在操作的部件文件名。如果对部件已经进行了修改，但还没有进行保存，其后还显示有“（修改的）”。

3. 菜单栏

菜单栏包含了该软件的主要功能，系统所有的命令和设置选项都归属到不同的菜单下。单击其中任何一个菜单选项卡时，都会展开多个面板（分组），每个面板中包含了多个同类命令。

4. 工具按钮组

工具按钮组提供了菜单栏中不同选项卡下面的不同分组命令。工具按钮以“组”的形式给出。

5. 菜单按钮

UG NX 10.0 的菜单按钮默认状态下位于资源工具条上部，在“菜单”下拉列表中提供了常用的菜单命令。

6. 选择栏

选择栏中主要包括过滤器及建模过程中的捕捉设置。

7. 资源工具条

资源工具条用于浏览、编辑创建的草图、基准平面、特征和历史记录等。在默认情况下，资源工具条位于窗口的左侧。通过选择资源工具条上的图标可以调用装配导航器、部件导航器、操作导航器、Internet、帮助和历史记录等。

8. 提示栏/状态栏

提示栏/状态栏默认状态下位于界面最下部，主要用来显示系统或图元的状态，在执行各种功能操作时，应注意提示栏和状态栏的相关信息。根据这些信息可以清楚下一步要做的工作以及相关操作的结果，以便及时做出调整。

9. 绘图区

绘图区就是绘图工作的主区域。在绘图模式中，绘图区会显示选择球和辅助工具栏，用以进行建模工作。

10.3.4 UG NX 10.0 基本操作

1. 打开、保存文件

1）打开文件

在菜单栏中选择“文件”→“打开”命令或者按〈Ctrl+O〉键。

2）保存文件

在菜单栏中选择“文件”→“保存”命令，或选择“文件”→“另存为”命令。

2. 鼠标的使用

鼠标在设计过程中起着非常重要的作用，可以实现平移、缩放、旋转以及快捷菜单等操作。建议使用应用最广的三键滚轮鼠标，作用如表 10-1 所示。

表 10-1　三键滚轮鼠标的作用和操作说明

鼠标按键	作用	操作说明
左键（MB1）	用于选择菜单命令、快捷菜单命令或工具按钮以及实体对象	直接单击 MB1
中键（MB2）	放大或缩小	按住〈Ctrl〉键的同时按下 MB2 或者同时按下 MB1、MB2 并移动光标，可放大或缩小视图
	平移	按住〈Shift〉键的同时按下 MB2 或者同时按下 MB2、MB3 并移动光标，可将模型按鼠标移动的方向平移
	旋转	按住 MB2 不放并移动光标，即可旋转模型
右键（MB3）	弹出快捷菜单	在绘图区空白处直接单击 MB3
	弹出推断式菜单	选择任意一个特征后按住 MB3 不放
	弹出悬浮式菜单	在绘图区空白处按住 MB3 不放

3. 模型的显示和隐藏

在创建复杂模型时，常需要将当前不需要操作的对象进行隐藏，UG NX 10.0 提供了多种隐藏对象的方法。

（1）在菜单栏中选择“编辑”→“显示和隐藏”命令，弹出“显示和隐藏”对话框。单击对象右边的“+”或“-”将显示或隐藏该对象。

（2）在绘图区中可选择部件或对象，然后右击，在弹出的快捷菜单中选择相关命令将对象隐藏。

（3）按〈Ctrl+B〉键，选择对象隐藏，效果如图 10-3 所示。

（4）如需要将隐藏的对象显示出来，可在菜单栏中选择“编辑”→“显示和隐藏”→“全部显示”命令，或按〈Ctrl+Shift+U〉键。

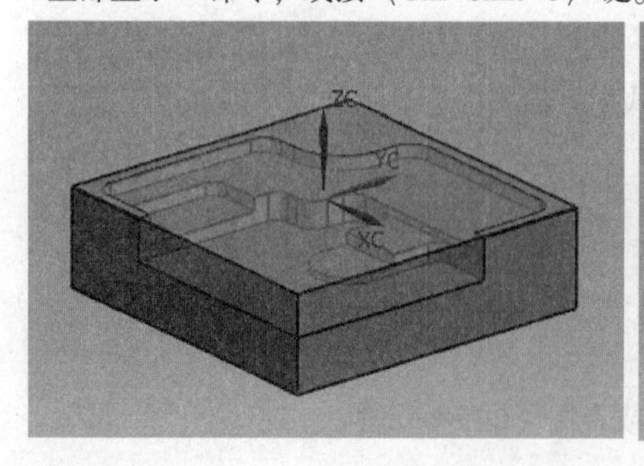

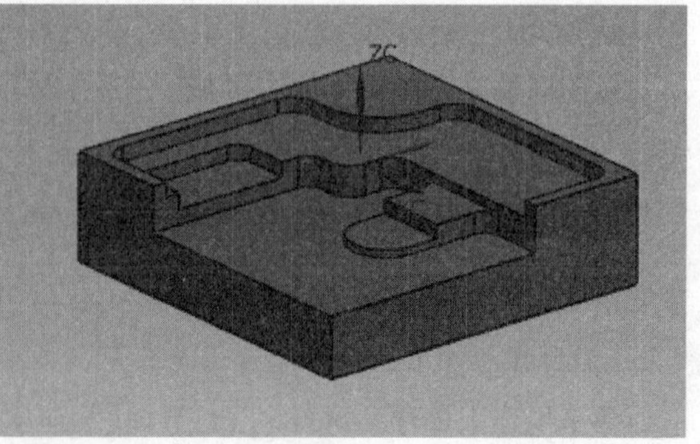

图 10-3　对象隐藏

10.3.5 草图绘制

1. 草图定义

“草图”任务环境可用于在部件内部创建二维几何对象。每个草图都是驻留于指定平面的2D曲线和点的命名集合。

草图中提出了“约束”的概念，可以通过几何约束与尺寸约束控制草图中的图形，实现与特征建模模块同样的尺寸驱动，并可以方便地实现参数化建模。

2. 设置草图工作平面

1）“在平面上”选项

“在平面上”选项用于指定一平面作为草图的工作平面。该工作平面可以是坐标平面、基准平面、实体表面或片体表面。“创建草图”对话框如图10-4所示。

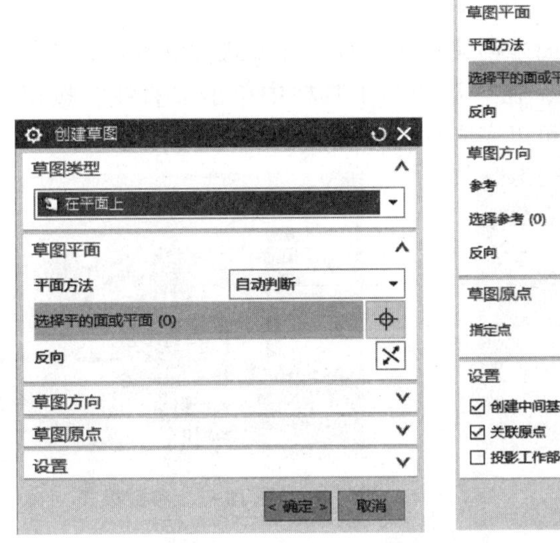

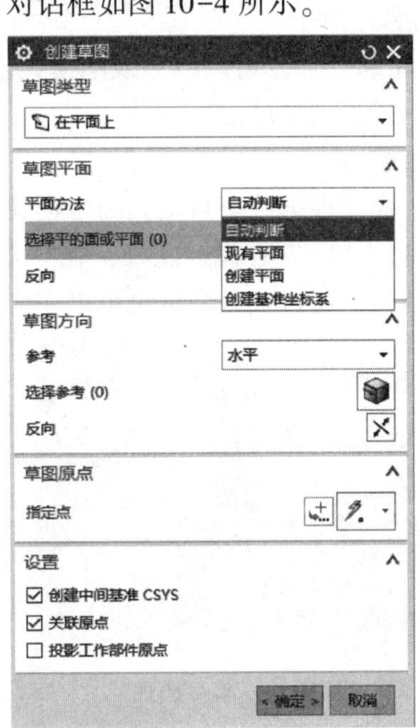

图10-4 “创建草图”对话框

2）“平面方法”下拉列表

“平面方法”下拉列表用来指定或创建草图的工作平面。其中，包含了“现有平面”“创建平面”“创建基准坐标系”和“自动判断”四个选项。

“创建基准坐标系”选项通过基准CSYS创建一个坐标系，并用其*XC-YC*平面来作为草图工作平面。

3）“草图方向”栏

“草图方向”栏用来指定草图中坐标系的方位，其方位可以通过“草图方向”栏中的“参考”来调节。

4）“草图原点”栏

“草图原点”栏用来在绘制草图时，指定草图坐标系的原点位置，以便于草图绘制，尺寸标注和几何约束的添加。

3. 草图工具应用

建立草图工作平面后，可在草图工作平面上建立草图对象。建立草图对象的方法有多种，既可以在草图中直接绘制草图曲线或点，也可以通过一些功能添加绘图工作区存在的曲线或点到草图中，还可以从实体或片体上抽取对象到草图中。“草图”工具栏如图 10-5 所示。

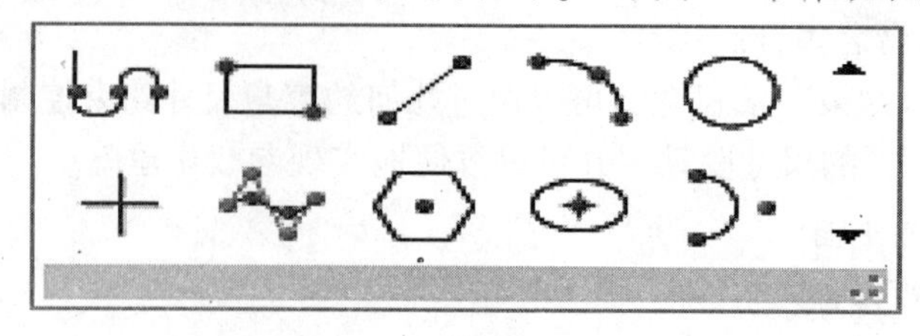

图 10-5　“草图”工具栏

1）“轮廓”命令

使用“轮廓”命令可以以一线串模式创建一系列相连的直线和圆弧，即上一条曲线的终点变成下一条曲线的起点。

2）“直线”命令

“直线”命令根据约束自动判断来创建直线，有坐标模式和参数模式两种方法，分别如图 10-6 和图 10-7 所示。此外，在“草图”工具栏中单击“直线”按钮，系统弹出“直线”对话框，通过该对话框也可以完成直线的创建。

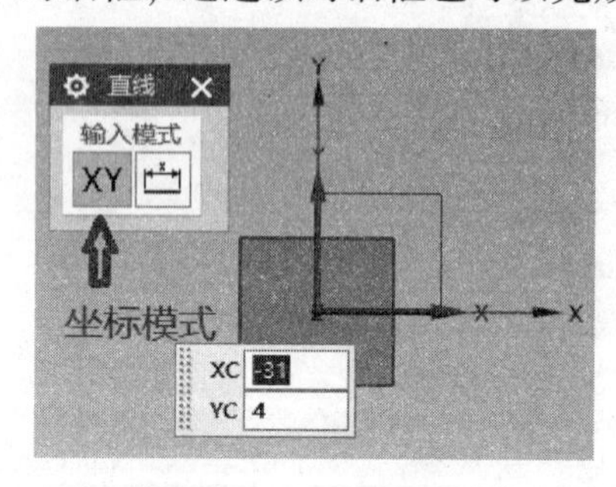

图 10-6　坐标模式

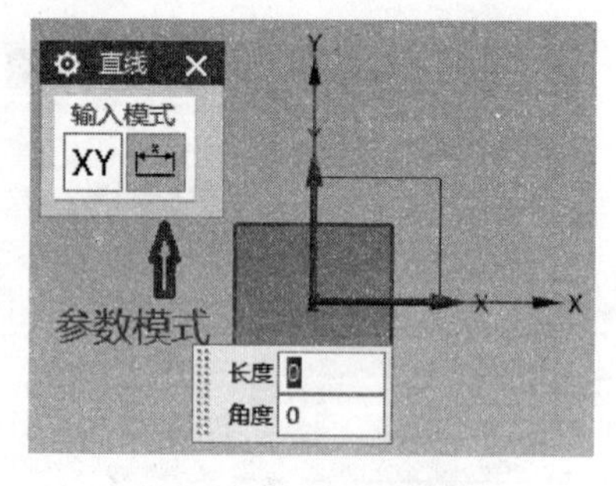

图 10-7　参数模式

3）“圆弧”命令

“圆弧”命令用于圆弧的创建，使用此命令可通过以下两种方法创建圆弧。

（1）指定圆弧起点、终点和半径，如图 10-8 所示。

（2）指定圆弧中心、起点和终点，如图 10-9 所示。

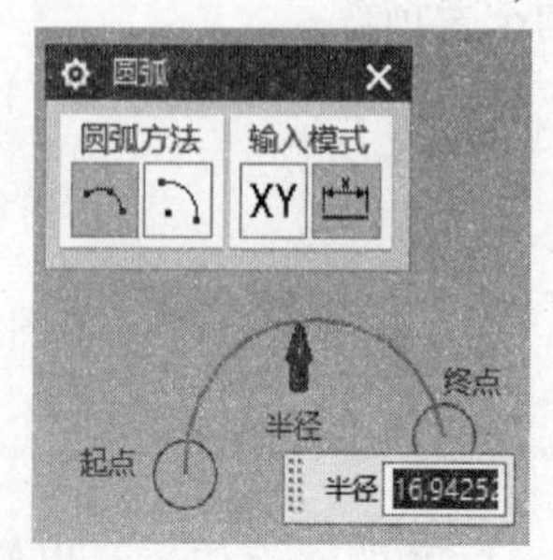

图 10-8　指定圆弧起点、终点和半径

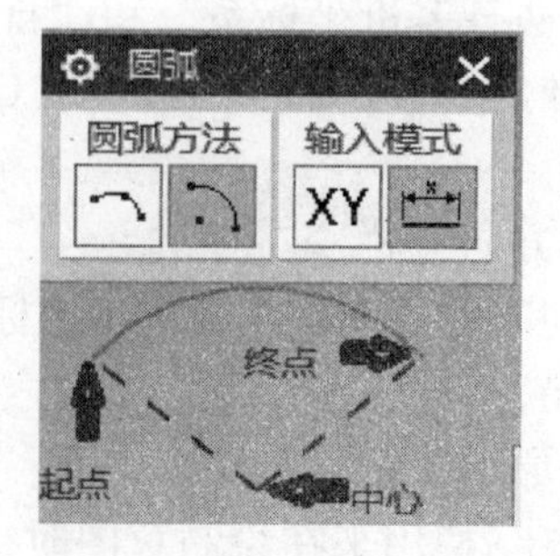

图 10-9　指定圆弧中心、起点和终点

4）“圆”命令

“圆”命令用于创建圆，创建方式有如下两种。

（1）中心点和直径，如图 10-10 所示。

（2）圆上两点和直径，如图 10-11 所示。

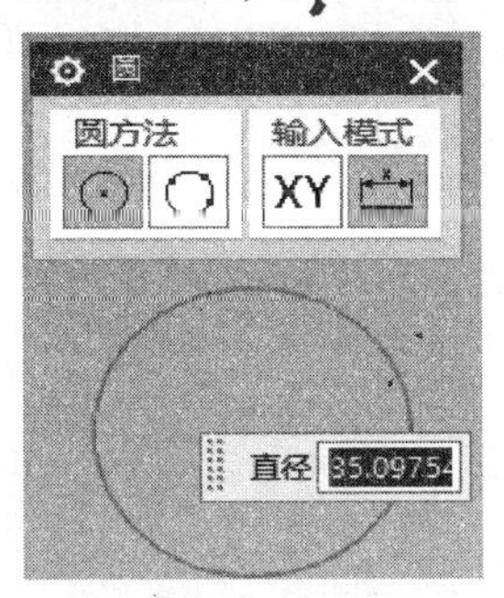

图 10-10　中心点和直径

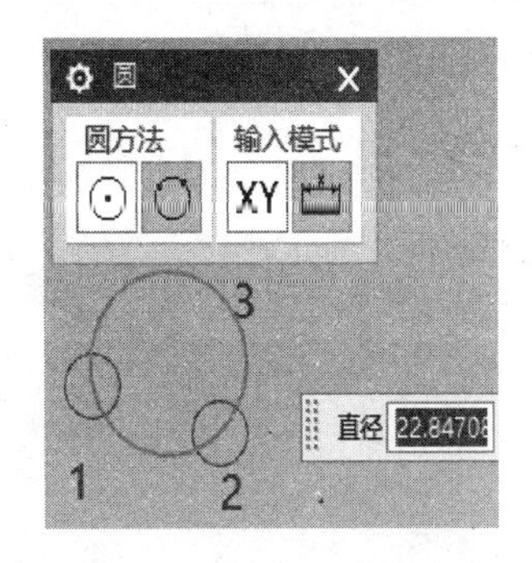

图 10-11　圆上两点和直径

5）“矩形”命令

“矩形”命令用于矩形的创建，可使用以下 3 种方法创建矩形。

（1）按两点：根据对角上的两点创建矩形，矩形与 *XC* 和 *YC* 轴平行，如图 10-12 所示。

（2）按三点：从起点和决定宽度、高度和角度的两点来创建矩形，如图 10-13 所示。

（3）从中心：从中心点、决定角度和宽度的第二点以及决定高度的第三点来创建矩形，矩形的角度可以是 *XC* 和 *YC* 轴夹角，如图 10-14 所示。

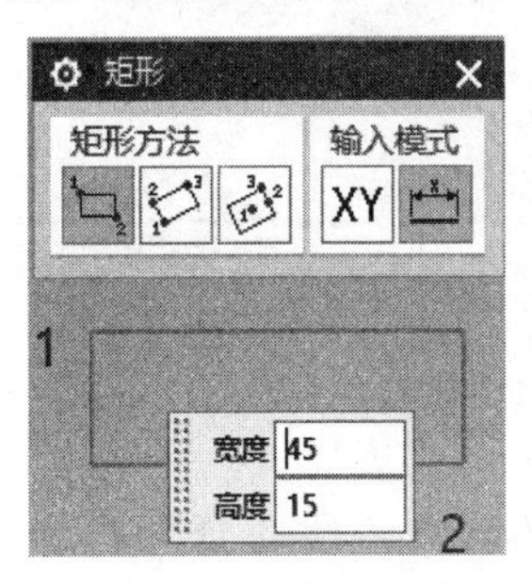

图 10-12　按两点

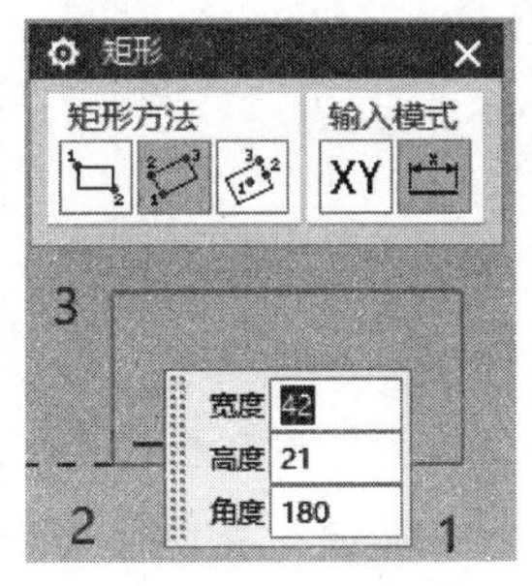

图 10-13　按三点

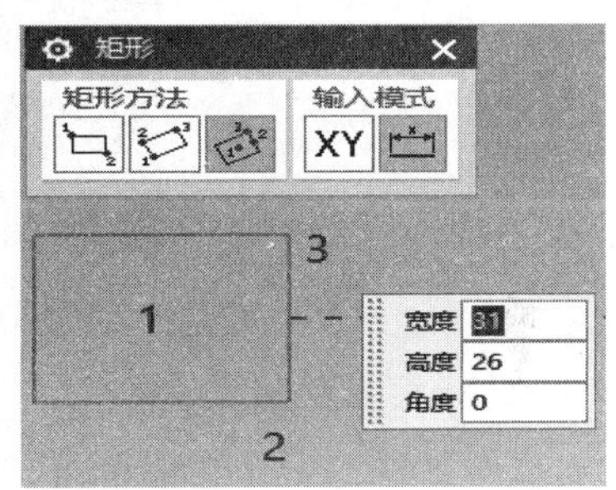

图 10-14　从中心

6）“圆角”命令

“圆角”命令用于在 2 条或 3 条曲线之间创建一圆角，修剪所有的输入曲线，如图 10-15 所示，或者使它们保持取消修剪的状态，如图 10-16 所示。

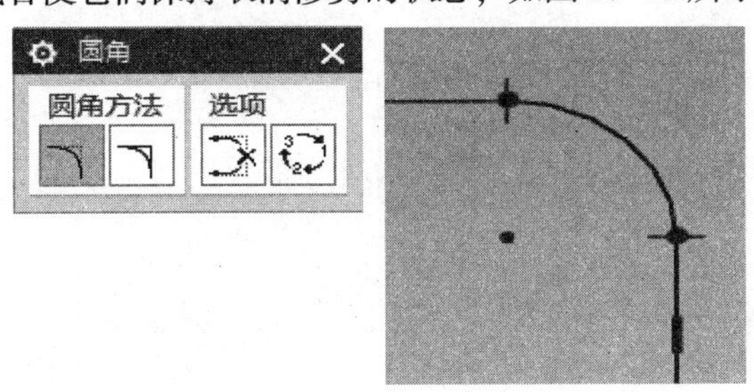

图 10-15　修剪

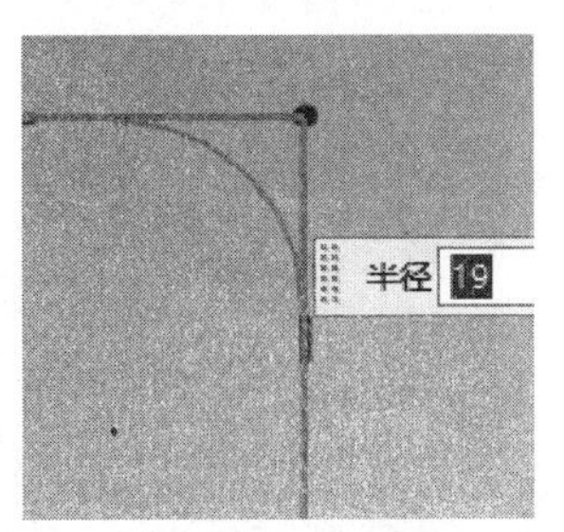

图 10-16　取消修剪

7）快速修剪、延伸

（1）“快速修剪”命令。

“快速修剪”命令可以在任一方向将曲线修剪到最近的交点或边界，在“草图”工具栏中单击“快速修剪”按钮，即可弹出“快速修剪”对话框。边界曲线是可选项，若不选边界，则所有可选择的曲线都被当作边界。不选择边界如图 10-17 所示，选择边界如图 10-18 所示。

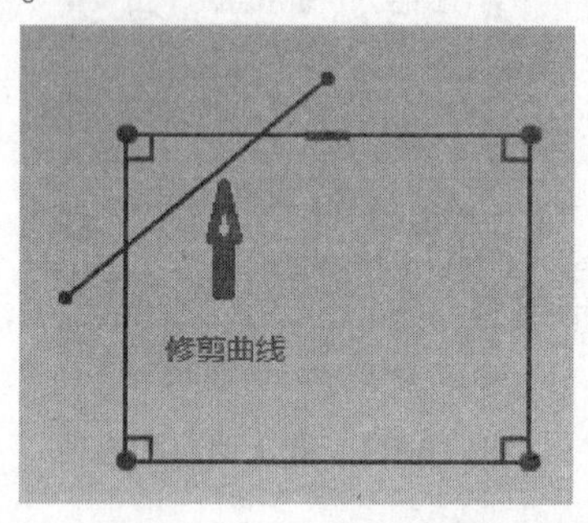

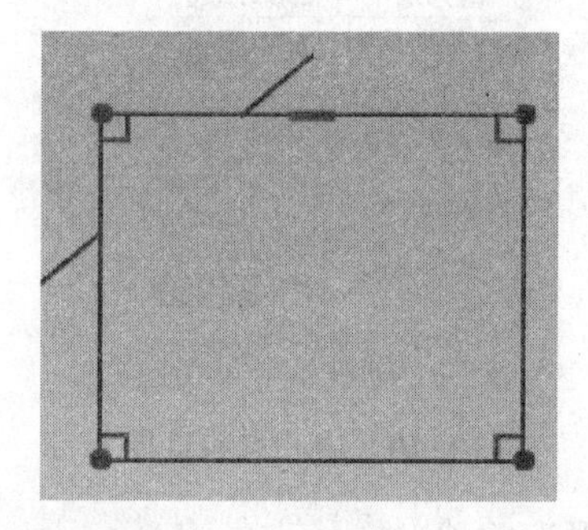

图 10-17　不选择边界

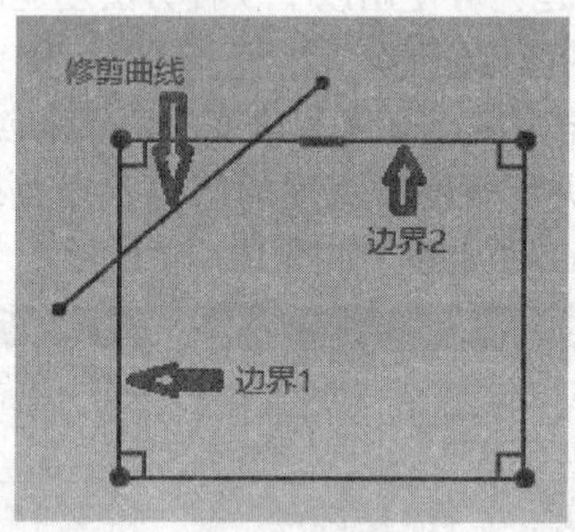

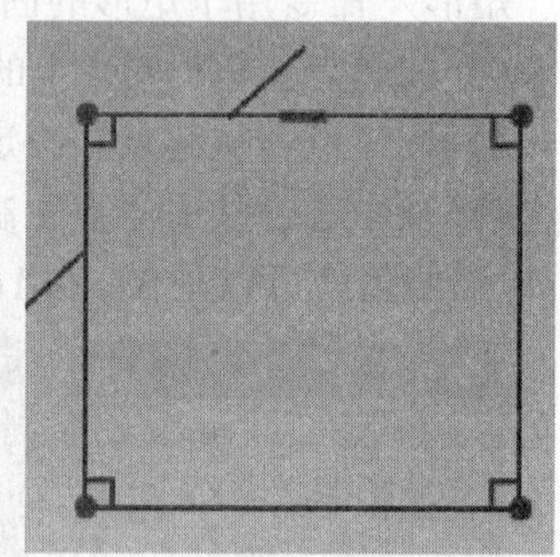

图 10-18　选择边界

（2）“快速延伸”命令。

在“草图工具”工具栏中单击“快速延伸”按钮，即可弹出“快速延伸”对话框。边界曲线是可选项，若不选边界曲线，则以任一方向将曲线延伸到的最近可选择的曲线都被当作边界。在不选择边界曲线时，系统自动寻找延伸曲线与最近可选择曲线的交点，并将延伸曲线延伸到交点，如图 10-19 所示；选择边界曲线时，则将延伸曲线延伸至边界曲线并相交，如图 10-20 所示。

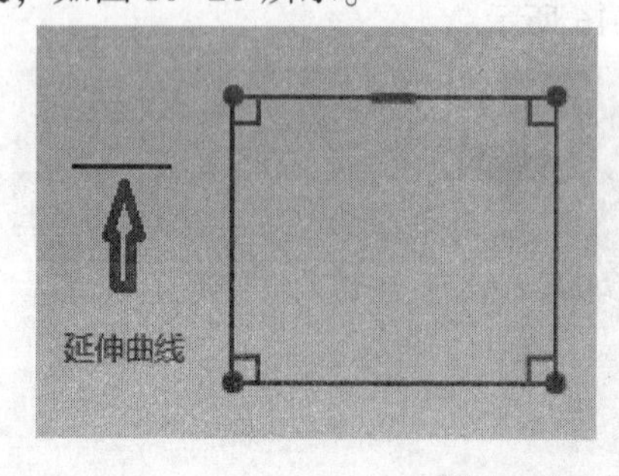

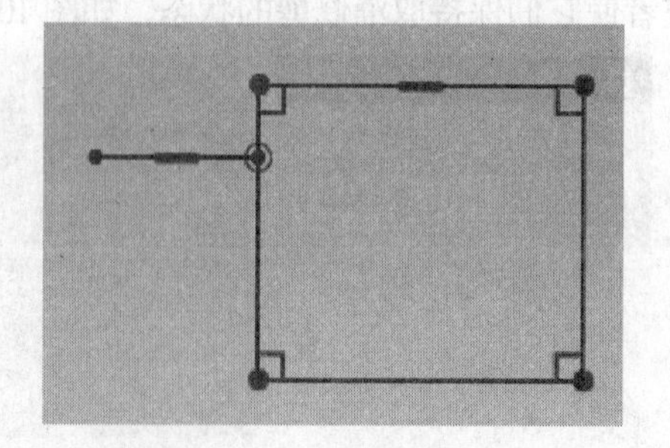

图 10-19　不选择边界曲线

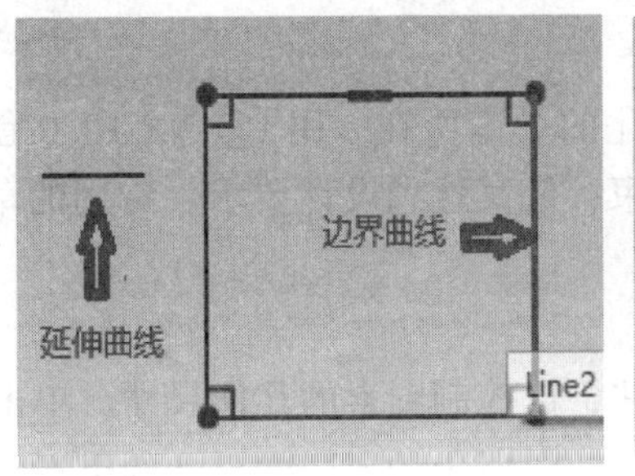

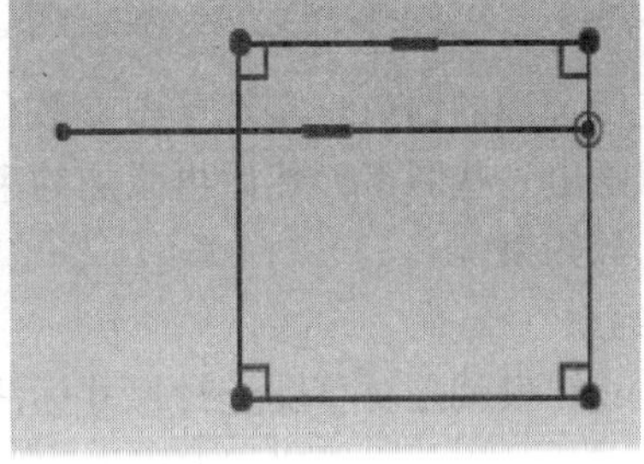

图 10-20　选择边界曲线

8）“镜像曲线”命令

“镜像曲线”命令用于将父本曲线以某一曲线做镜像曲线。在“草图”工具栏里单击“镜像曲线”按钮，即可弹出“镜像曲线”对话框。

在“要镜像的曲线”栏中单击“选择曲线”，并在模型中选择需要镜像的曲线，然后在“中心线”栏中单击“选择中心线”，并在模型中选择镜像中心线，单击“确定”即可创建镜像曲线，如图 10-21 所示。

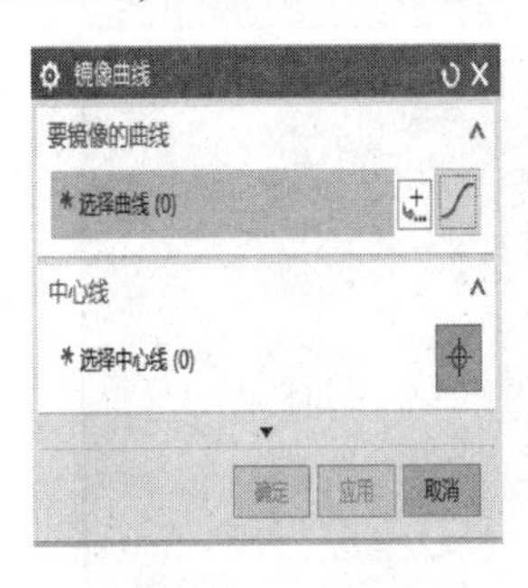

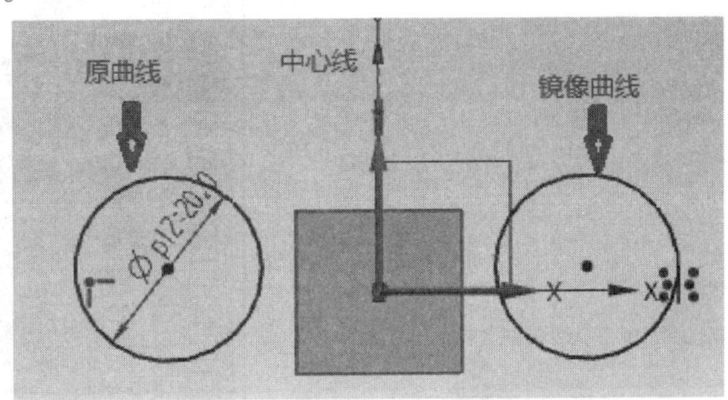

图 10-21　创建镜像曲线

9）“偏置曲线”命令

“偏置曲线”命令用于将指定曲线在指定方向上按指定的规律偏置指定的距离。在“草图”工具栏中单击“偏置曲线”按钮，在“要偏置的曲线”栏中单击“选择曲线”，并在模型中选择需要偏置的曲线，然后在“偏置”栏中将“距离”设置为需要偏置的数值，最后调整方向，单击“确定”即可创建偏置曲线，如图 10-22 所示。

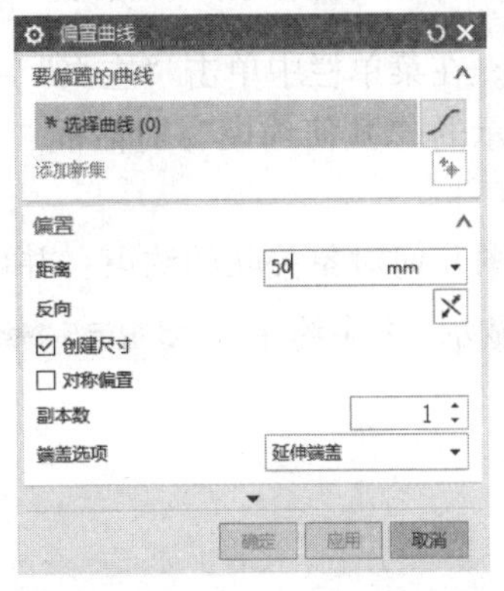

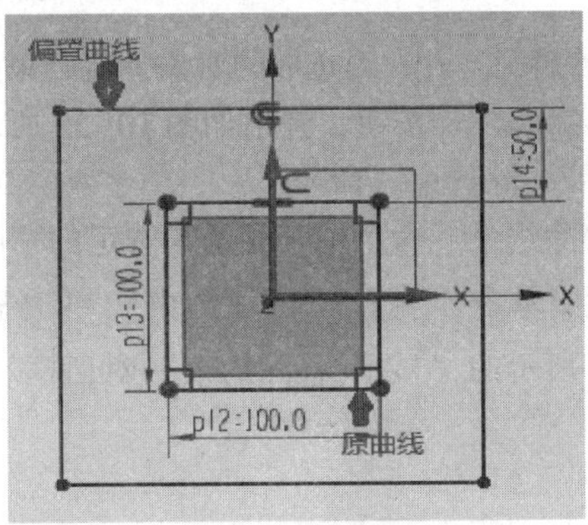

图 10-22　偏置曲线

4. 草图约束

对草图进行合理的约束是实现草图参数化的关键所在。用 UG NX 10.0 创建草图，其本质就是随意画出一些图素，然后再添加约束，使其达到设计要求。常用的草图约束包括尺寸约束和几何约束。

1）尺寸约束

草图的尺寸约束就是对草图进行尺寸标注，以控制图素的几何尺寸。单击“草图”工具栏中的“快速尺寸”按钮，弹出如图 10-23 所示的不同的尺寸约束类型。

2）几何约束

在菜单栏中单击“主页”→“约束”→“自动约束”按钮，弹出如图 10-24 所示的“自动约束”对话框。设定需要的约束类型后，单击“应用”按钮，将分析草图对象之间的几何关系，自动建立各对象间的几何约束。

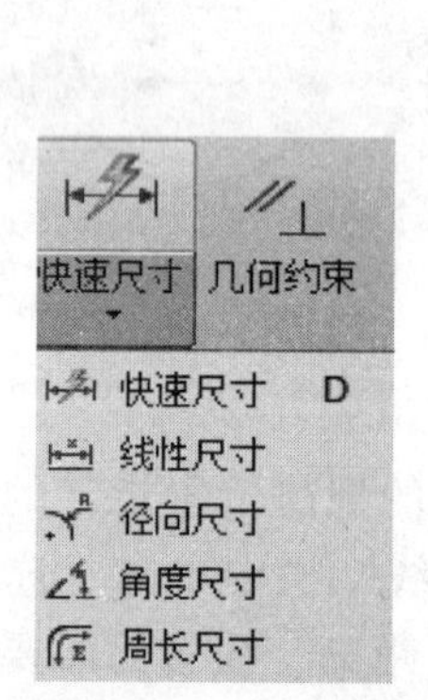

图 10-23　几何约束

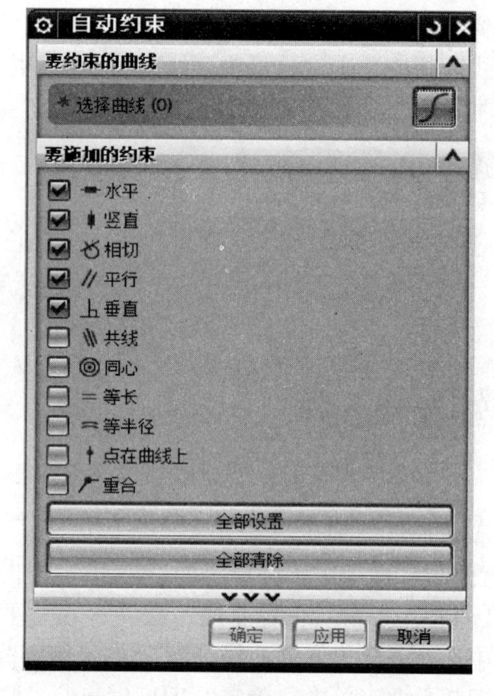

图 10-24　“自动约束”对话框

手工创建约束用于用户对选取的对象指定约束。在菜单栏中单击“主页”→“约束”→“几何约束”几何约束按钮，弹出如图 10-25 所示的“几何约束”对话框。

3）“显示/移除约束”命令

“显示/移除约束”命令用于显示与选定的草图几何对象关联的约束，并可移除这些约束。在菜单栏中单击“主页”→“约束”→“显示/移除约束”显示/移除约束按钮，弹出如图 10-26 所示的“显示/移除约束”对话框。

图 10-25 “几何约束”对话框

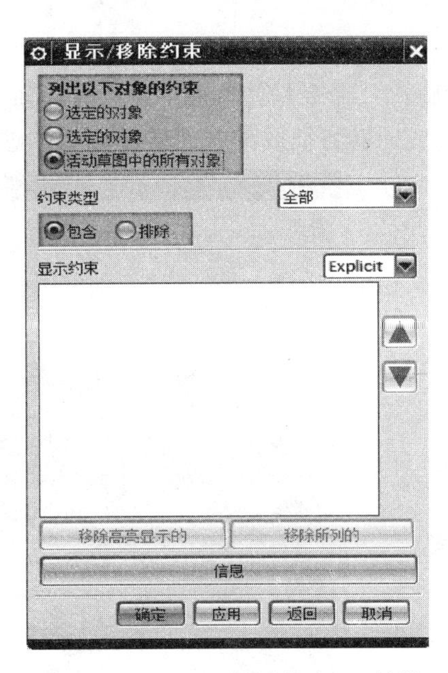

图 10-26 “显示/移除约束”对话框

5. 扫描特征

扫描特征包括拉伸、回转等特征，其特点是创建的特征与截面曲线或引导线是相互关联的，当其用到的曲线或引导线发生变化时，其扫描特征也将随之变化。

1）“拉伸”命令

“拉伸”命令用于将实体表面、实体边缘、曲线或者片体通过拉伸生成实体或者片体。在菜单栏中单击“主页”→“特征”→“拉伸”按钮，弹出“拉伸”对话框，设置好参数后即可进行拉伸操作，如图 10-27 所示。选择“布尔运算”可以实现拉伸时以增材料或减材料方式创建实体。

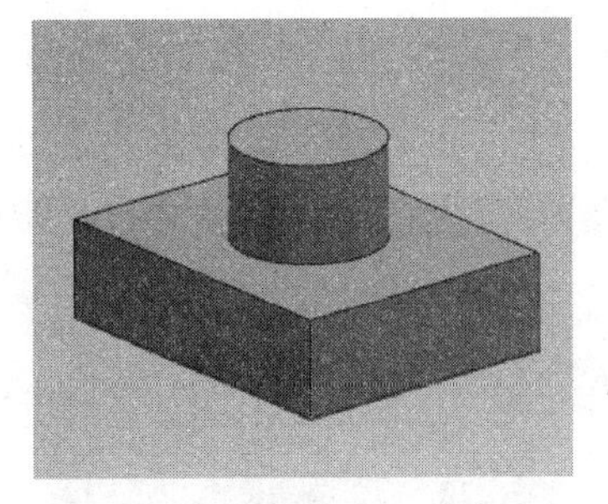

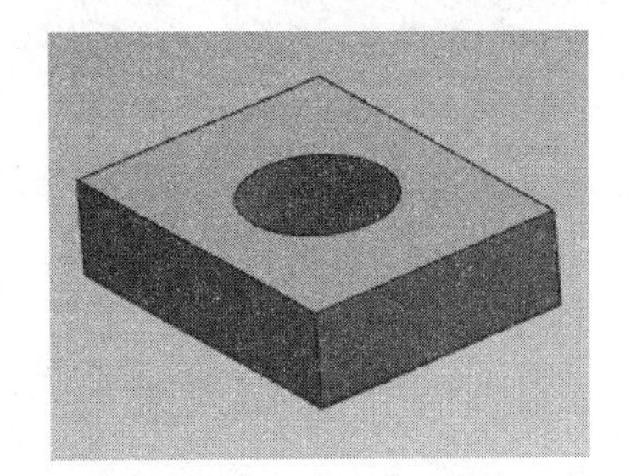

图 10-27 “拉伸”命令

2）“旋转”命令

“旋转”命令是使截面曲线绕指定轴回转一个非零角度。可以从一个基本横截面开始，然后生成回转特征或部分回转特征，如图 10-28 所示。

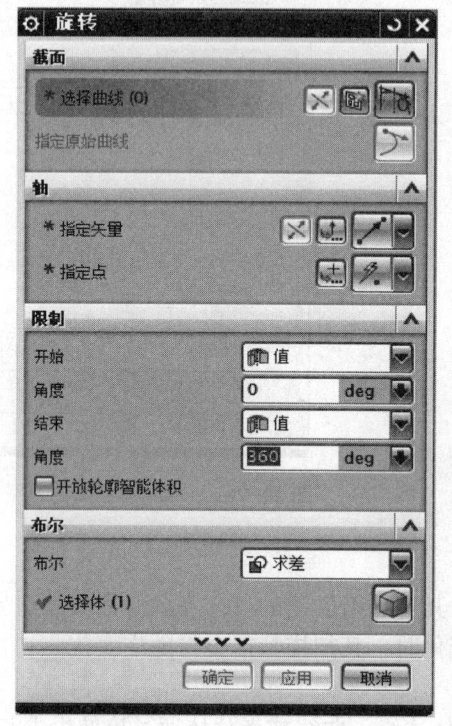

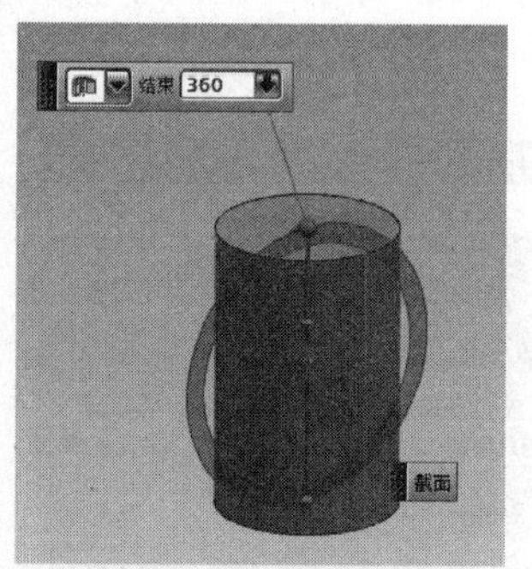

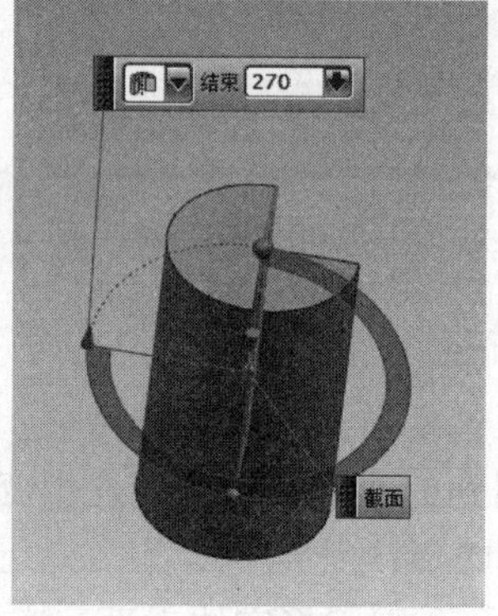

图 10-28 “旋转”命令

3）“边倒圆”命令

单击“插入”→“细节特征”→“边倒圆”命令，或单击“特征操作”工具栏中的“边倒圆”按钮，弹出“边倒圆”对话框，选取实体边线后，设置圆角半径，单击“确定”按钮，即可生成简单的边倒圆特征，如图 10-29 所示。

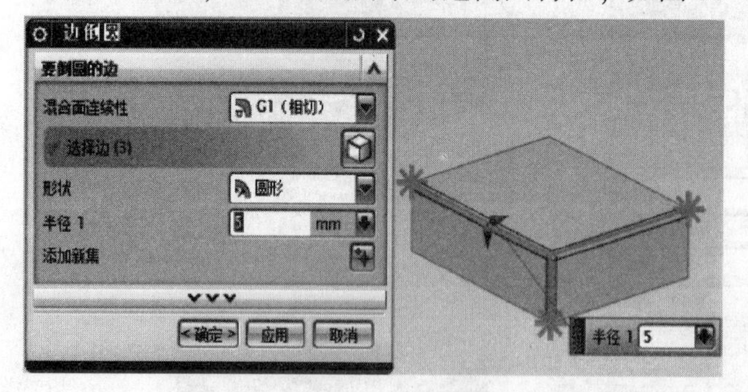

图 10-29 “边倒圆”命令

10.4 航空件绘制过程

(1) 双击电脑桌面 UG NX 10.0 快捷方式，启动 UG NX 10.0。

(2) 新建文件。在 UG NX 10.0 操作界面中选择“新建”命令，弹出“新建”对话框，如图 10-30 所示。设置文件名和保存路径后，单击“确定”按钮，进入建模环境。

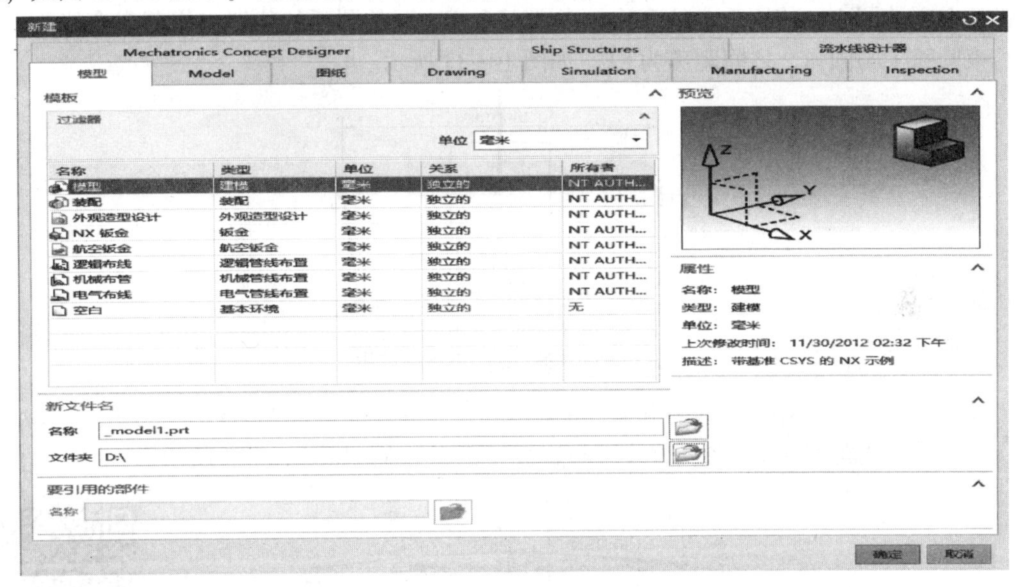

图 10-30 “新建”对话框

(3) 进入草图。单击“草图”命令，在弹出的对话框中，平面方法选择“自动判断”选项，单击“确定”按钮。选择“圆弧”命令，随意绘制一条圆弧 1，几何约束圆弧弧长为 237，尺寸约束半径为 780，约束圆弧两端点与 X 轴共线，约束圆弧圆心与 Y 轴重合，如图 10-31 所示。

视频 10-1
第(1)~第(3)步

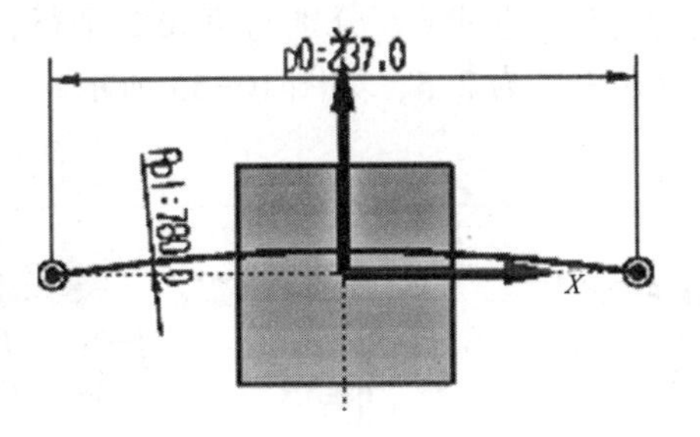

图 10-31 第 (3) 步绘制结果

(4) 绘制直线。以圆弧的两端点作为直线的起点，并分别与圆弧 1 垂直，长度随意，绘制出直线 1 和直线 2，如图 10-32 所示。

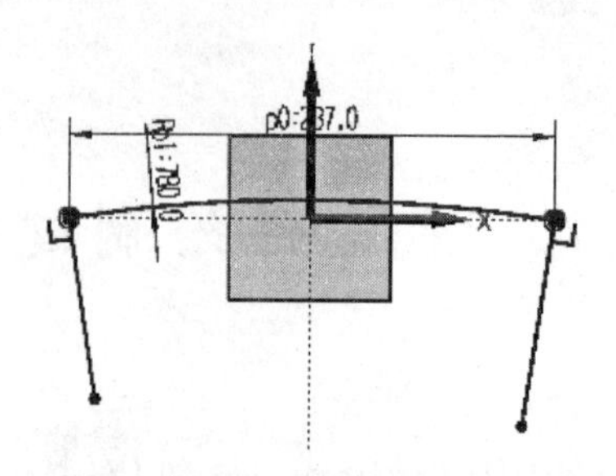

图 10-32　第（4）步绘制结果

（5）绘制圆弧。以直线的两端点为圆弧的起点和终点，半径长度随意，绘制圆弧 2。选择两个圆的圆心，使用重合约束让 2 个圆心重合，调整圆弧的位置，修剪多余线头。尺寸约束圆弧 1 与圆弧 2 之间距离为 81，如图 10-33 所示。

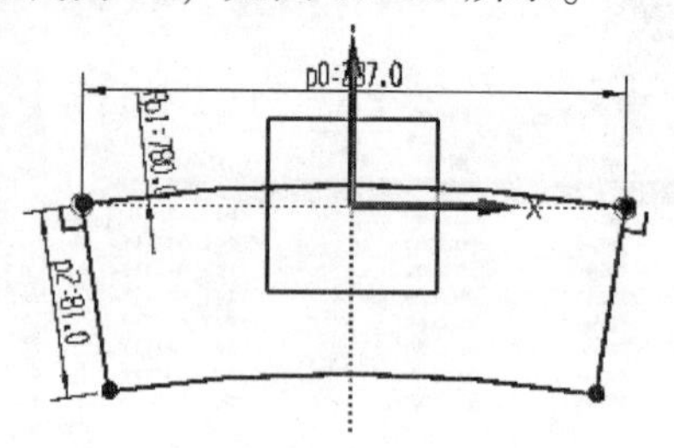

图 10-33　第（5）步绘制结果

（6）绘制直线。绘制直线 3 和 4，并与圆弧 1 垂直，直线 3 与直线 4 平行。尺寸结束直线 1 与直线 3 距离为 109.5，直线 3 与直线 4 距离为 3，如图 10-34 所示。

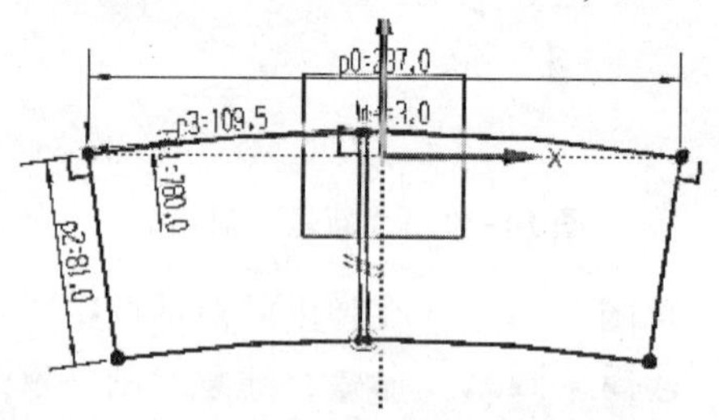

图 10-34　第（6）步绘制结果

视频 10-2
第(4)～第(6)步

（7）绘制直线。绘制直线 5 与直线 6，分别与直线 2 平行，尺寸约束直线 5 与直线 2 距离为 25.4，直线 5 与直线 6 距离为 2.5，如图 10-35 所示。

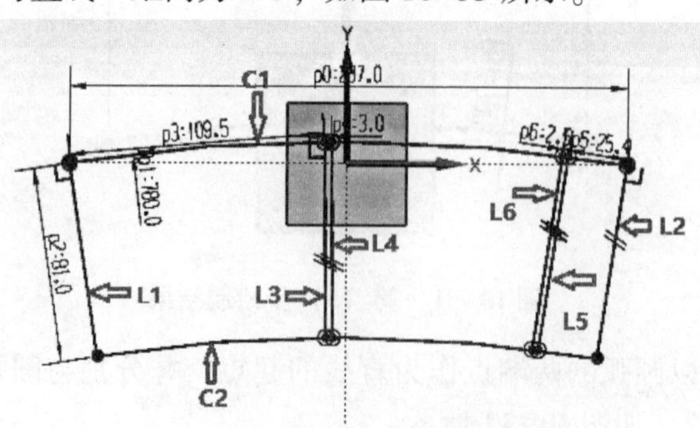

图 10-35　第（7）步绘制结果

（8）偏置曲线。将圆弧1与圆弧2偏置，得到圆弧3与圆弧4，距离为5.8；绘制直线7，与直线2平行，约束距离与直线2为29.2，圆弧3与直线7过渡半径5.5，圆弧4与直线7，过渡半径5.5，修剪如图10-36所示。

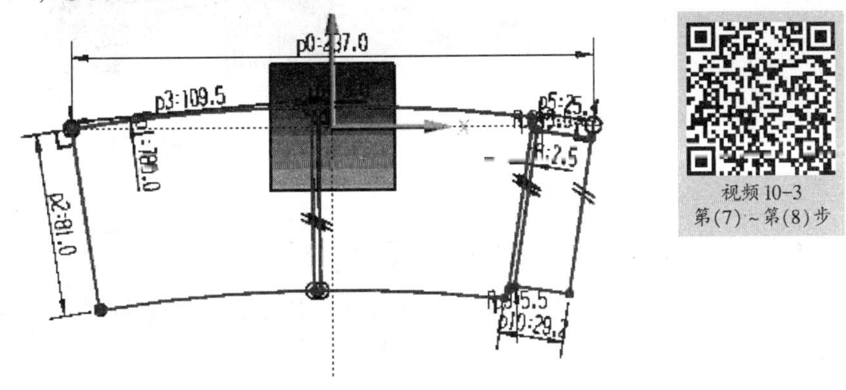

图10-36　第（8）步绘制结果

（9）偏置曲线。将圆弧3与圆弧4偏置，距离为2.5，得到圆弧5与圆弧6，并延伸至直线5，得到右侧半开放轮廓，如图10-37所示。

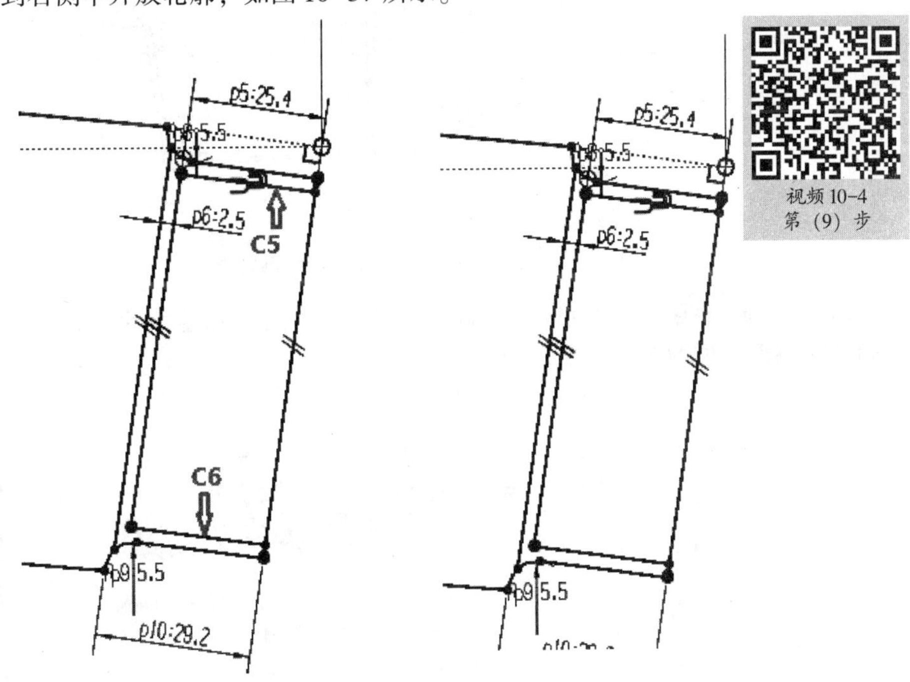

图10-37　第（9）步绘制结果

（10）偏置曲线。偏置圆弧1与圆弧2，距离为5.1，得到圆弧7与圆弧8，圆弧7与直线6，过渡半径6.4，如图10-38所示。

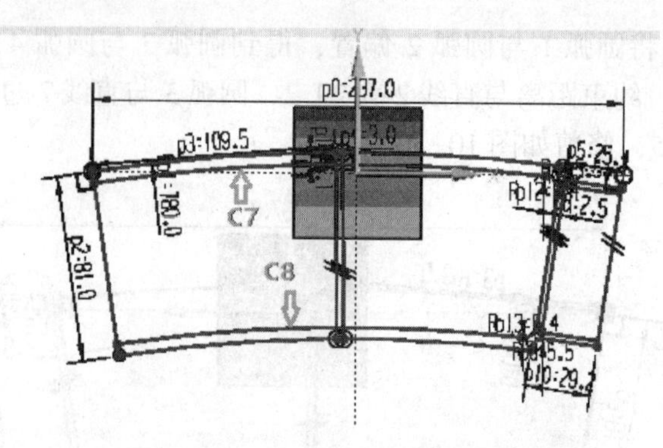

图 10-38 第（10）步绘制结果

（11）偏置曲线。偏置圆弧 1 与圆弧 2，距离为 2，得到圆弧 9 与圆弧 10，如图 10-39 所示。

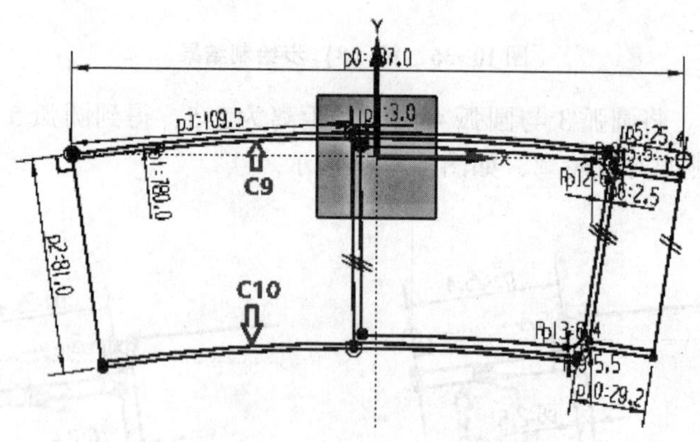

图 10-39 第（11）步绘制结果

（12）绘制直线。绘制直线 8 与直线 2 平行，尺寸约束直线 8 与直线 2 距离为 48.3，修剪成阶梯形，如图 10-40 所示。

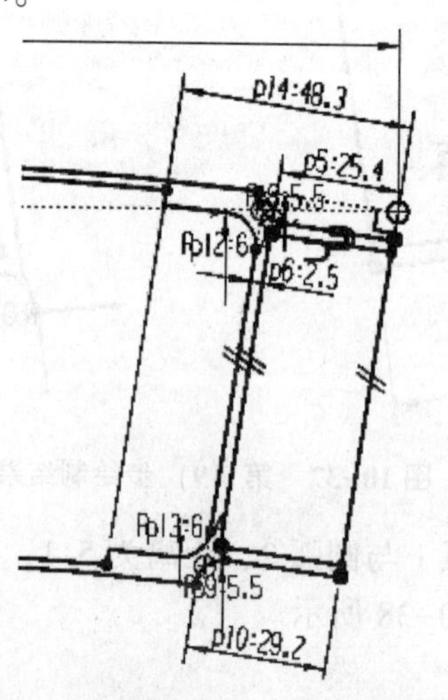

图 10-40 第（12）步绘制结果

（13）偏置直线。偏置直线 1，得到直线 9，距离为 3，修剪多余线段，得到左边中间封闭轮廓，如图 10-41 所示。

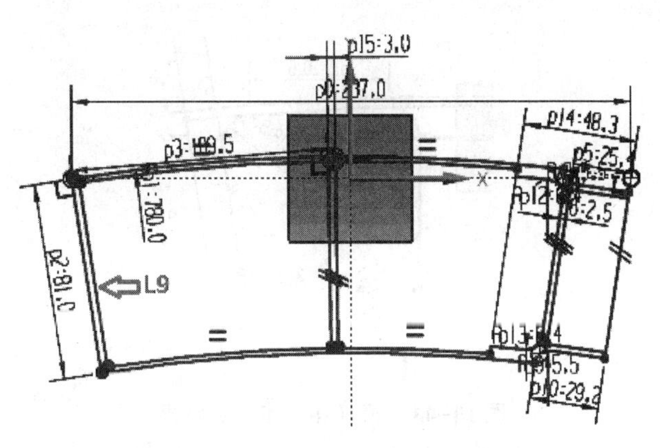

图 10-41　第（13）步绘制结果

（14）绘制直线。绘制直线 10 与直线 2 平行，直线 11 与直线 3 平行，尺寸约束直线 10 与直线 2 距离为 55.2，如图 10-42 所示。

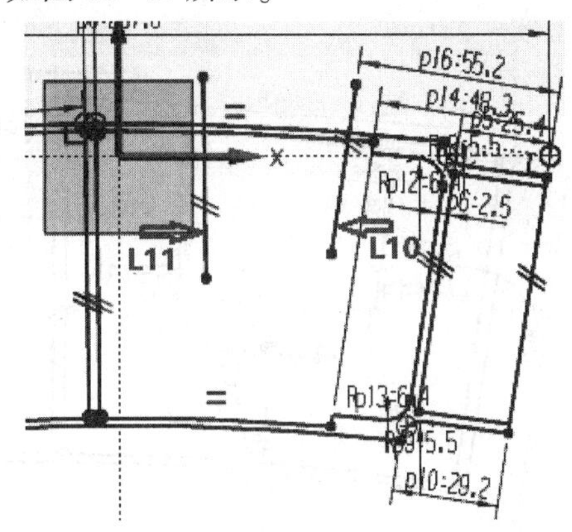

图 10-42　第（14）步绘制结果

（15）绘制过渡圆弧。直线 10 与圆弧 9 进行圆弧过渡，过渡半径为 6.4，直线 11 与圆弧 6 进行圆弧过渡，过渡半径为 6.4，尺寸约束两个圆弧端点的距离为 30.5，如图 10-43 所示。

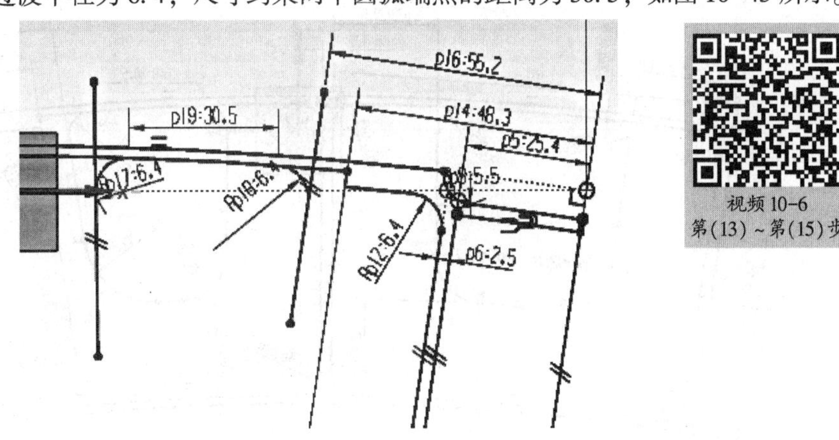

视频 10-6
第(13)~第(15)步

图 10-43　第（15）步绘制结果

（16）偏置圆弧。偏置圆弧 2，距离为 27.9，得到圆弧 10，圆弧过渡，直线 10 与圆弧 10，半径为 19.1，直线 11 与圆弧 10，半径为 12.7，如图 10-44 所示。

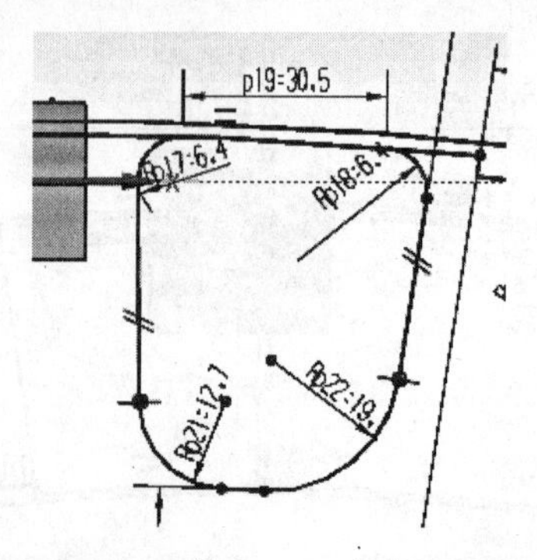

图 10-44 第（16）步绘制结果

（17）绘制直线。绘制直线 12 与直线 1 平行，直线 13 与直线 3 平行；偏置圆弧 2，距离为 27.9，得到圆弧 13；尺寸约束直线 12 与直线 1 距离为 28.3，直线 13 与直线 3 距离为 27.9；圆弧过渡，直线 12 与圆弧 11 半径为 12.7，直线 13 与圆弧 11 半径为 12.7，修剪多余线段，如图 10-45 所示。

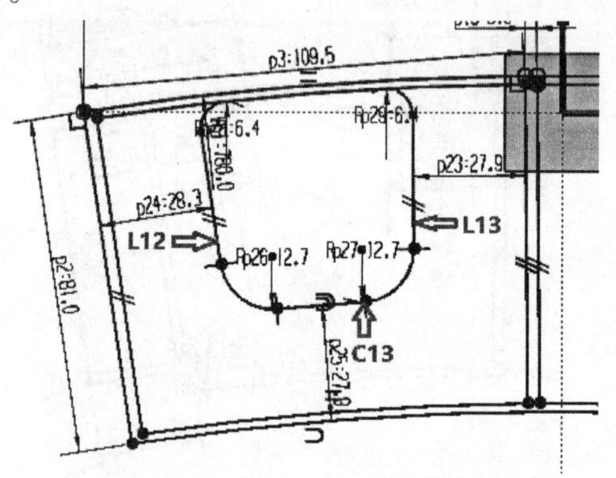

视频 10-7
第(16)~第(17)步

图 10-45 第（17）步绘制结果

（18）倒圆角。倒圆角半径为 6.4，完成草图绘制，如图 10-46 所示。

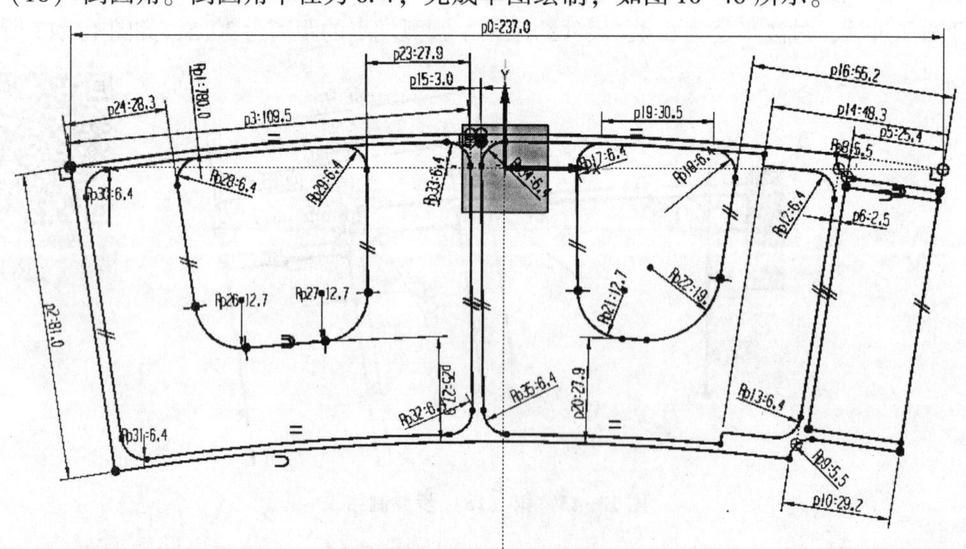

图 10-46 第（18）步绘制结果

（19）拉伸。选择“拉伸”命令，“截面”栏中选择曲线，曲线规则处选择相连曲线，选择草图最外围的曲线，“方向”中指定矢量，调整箭头方向，指向 Z 轴负方向，“限制”中，开始距离为“0”，结束距离为“25.4”，绘制结果如图 10-47 所示。

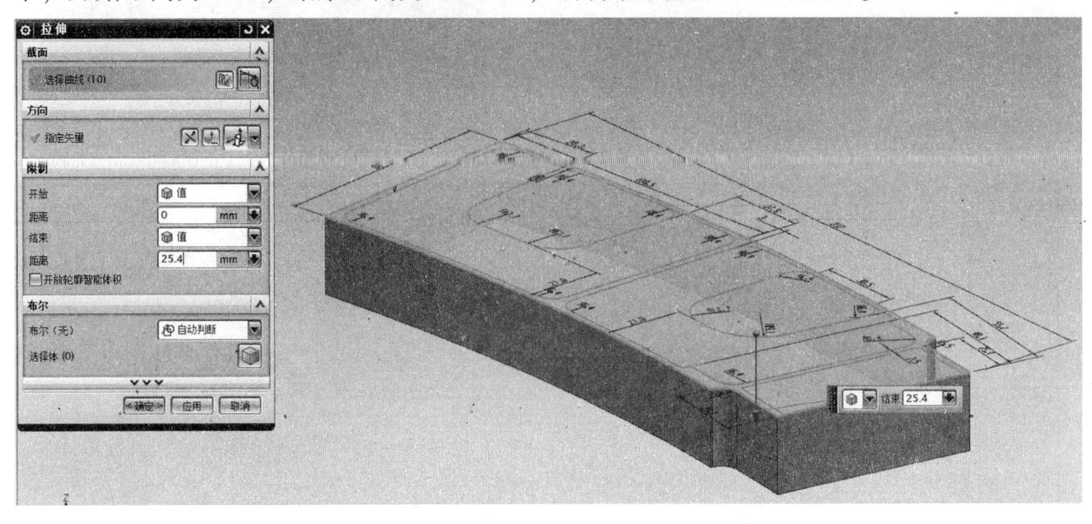

图 10-47　第（19）步绘制结果

（20）拉伸。选择“拉伸”命令，在“拉伸”对话框中“截面”栏选择曲线，曲线规则处选择相连曲线，选择草图中左边和中间的封闭曲线轮廓，“方向”栏中指定矢量，调整箭头方向，指向 Z 轴负方向，“限制”栏中，开始距离为“0”，结束距离为“25.4-2.54”，“布尔”栏中选择“求差”，绘制结果如图 10-48 所示。

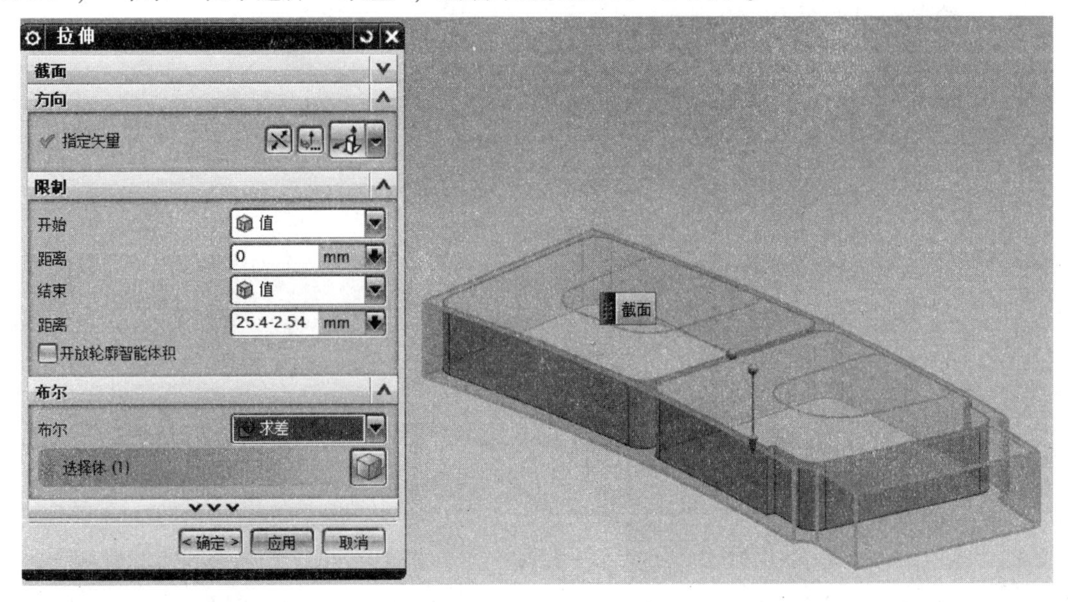

图 10-48　第（20）步绘制结果

（21）拉伸。选择“拉伸”命令，在“拉伸”对话框中“截面”栏选择曲线，曲线规则处选择相连曲线，选择草图中右边半封闭曲线轮廓，然后单击曲线规则栏的右侧“在相交处停止”，拾取右侧直线 2，“方向”栏中指定矢量，调整箭头方向，指向 Z 轴负方向，“限制”栏中，开始距离为“0”，结束距离为“22.86”，“布尔”栏中选择“求差”，绘制结果如图 10-49 所示。

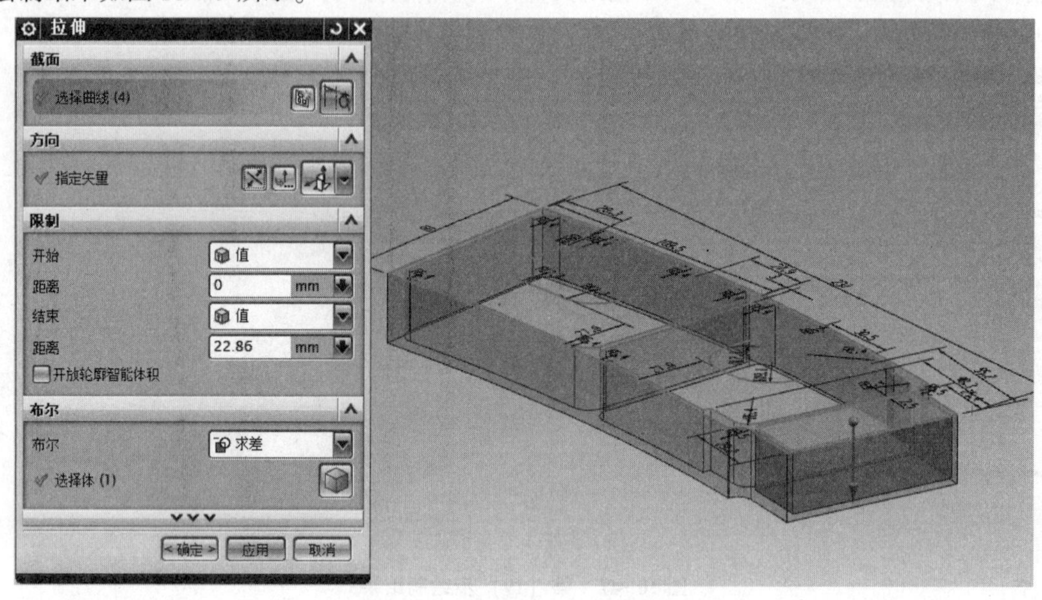

图 10-49　第（21）步绘制结果

（22）拉伸。选择“拉伸”命令，“截面”栏中选择曲线，曲线规则处选择区域边界曲线，选择草图中间的两个封闭轮廓，“方向”中指定矢量，调整箭头方向，指向 Z 轴负方向，“限制”栏中，开始距离为“0”，结束距离为“25.4-1.5”，“布尔”栏中选择“求差”，绘制结果如图 10-50 所示。

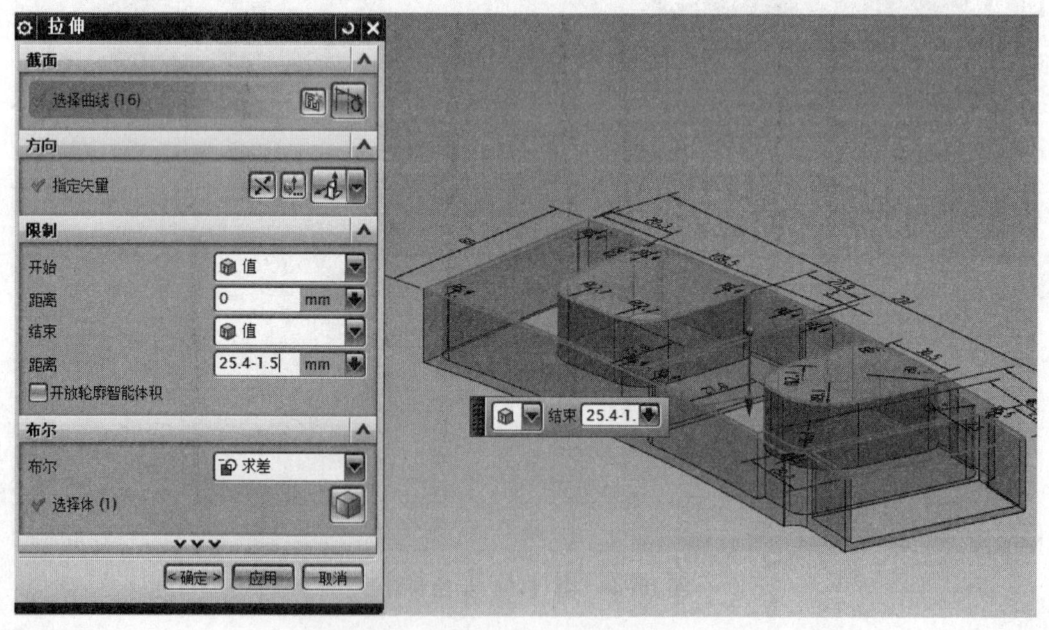

图 10-50　第（22）步绘制结果

（23）边倒圆。选择“边倒圆”命令，“要倒圆的边”栏中选择边，曲线规则选择相切曲线，首先选择中间封闭轮廓中的四条90°直角边，半径为3，每选一条边单击一次应用，否则会出错；然后选择右边半封闭轮廓的两个90°直角边，半径为3；最后选择底面的边界，半径为3，绘制结果如图10-51所示。

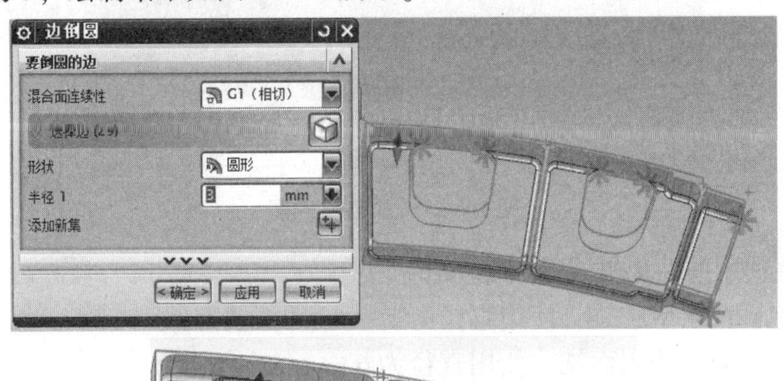

视频 10-8
第(18)～第(22)步

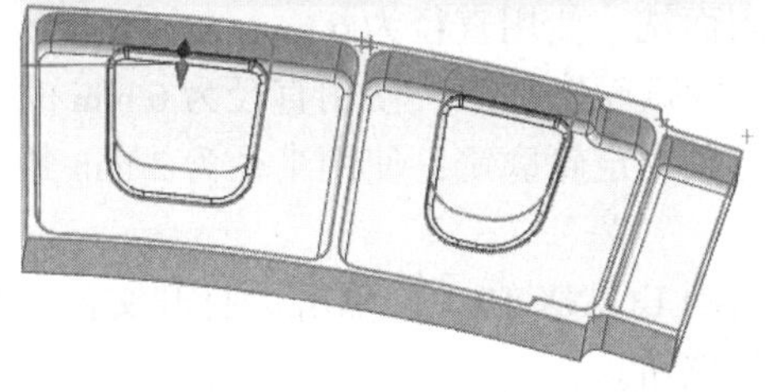

图 10-51　第（23）步绘制结果

（24）最后完成航空件绘制，如图10-52所示。

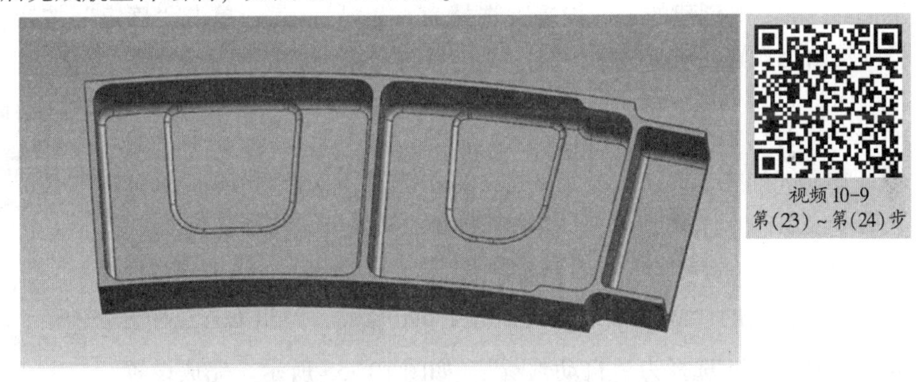

视频 10-9
第(23)～第(24)步

图 10-52　最后成品图

10.5　CAM 编程步骤

如图10-53所示，该零件是典型的腔体零件，侧壁为弧面，底面含有边倒圆，需要多个加工工序。因此，可先用粗加工工序去除大量的余量，再用精加工程序来达到零件底面、侧壁、圆角的精度要求。

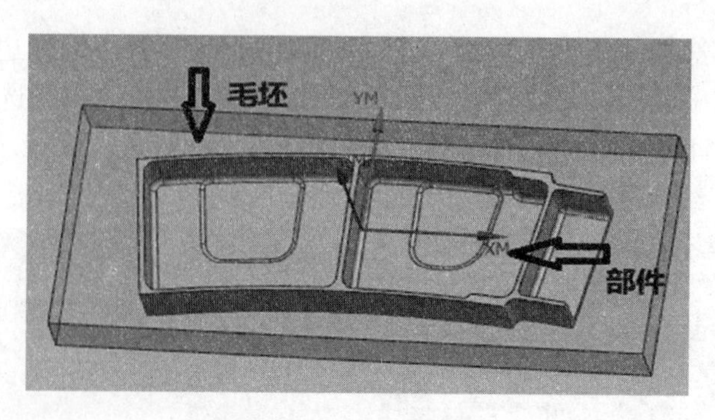

图 10-53 加工零件图

各加工工序选用的加工方式及刀具如下：

（1）粗加工，选用型腔铣，使用直径为 10 mm 的立铣刀；

（2）精加工底面，选用面铣，使用直径为 6 mm 的立铣刀；

（3）精加工侧壁，选用深度轮廓加工，使用直径为 6 mm 的立铣刀；

（4）精加工边倒圆，选用固定轮廓铣，使用半径为 2 mm 的球头铣刀。

具体加工步骤如下：

（1）打开模型文件。启动 UG NX 10.0，单击“打开文件”按钮，在弹出的文件列表中选择文件，单击“确定”按钮。

（2）绘制毛坯。在建模模块下，绘制长方体作为毛坯，进入加工模块。

（3）在系统弹出的“加工环境”对话框中，将“cam 会话配置”选择为 cam_ general，将“要创建的 cam 设置”选择为 mill_ contour，单击“确定”按钮，进行加工环境的初始化设置，进入加工模块的工作界面（第一次打开时会出现）。

（4）创建刀库。在工具栏上单击“创建刀具”按钮，系统弹出“创建刀具”对话框，进行设置。需要设置 3 把刀具，分别为直径为 10 mm 的立铣刀，直径为 6 mm 的立铣刀，直径为 6 mm 的球头铣刀，在“工序导航器-机床”中查看，如图 10-54 所示。

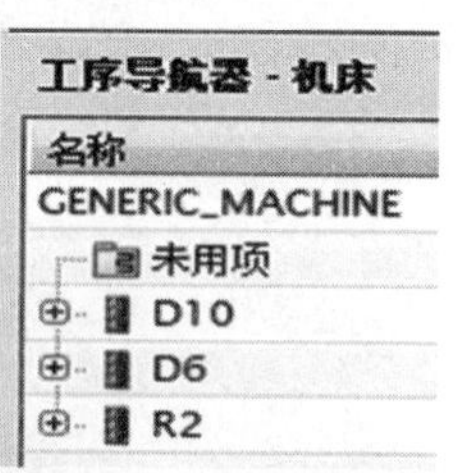

图 10-54 刀具设置

（5）单击“导航器”工具栏中的“几何视图”，双击 MCS-MILL，在弹出的“MCS 铣削”对话框中单击[图标]，弹出 CSYS 对话框，将“类型”选择为“自动判断”，如图 10-55 所示。完成设置后，在“MCS 铣削”对话框中，将“安全设置选项”选择为“刨”，选择毛坯上表面，安全距离为“10”，如图 10-56 所示。

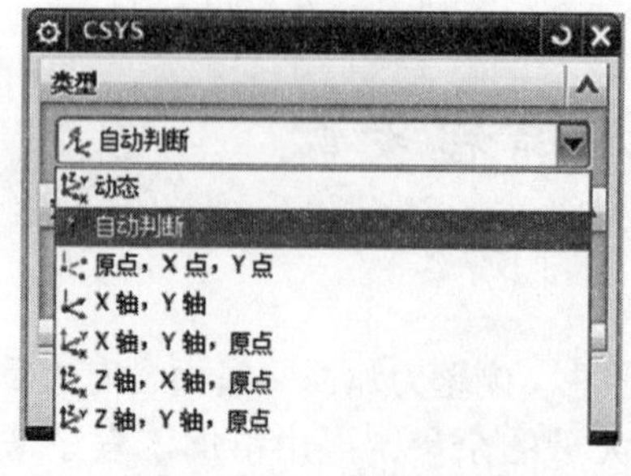

图 10-55 CSYS 对话框

视频 10-10
第(1)～第(3)步

视频 10-11
第（4）步

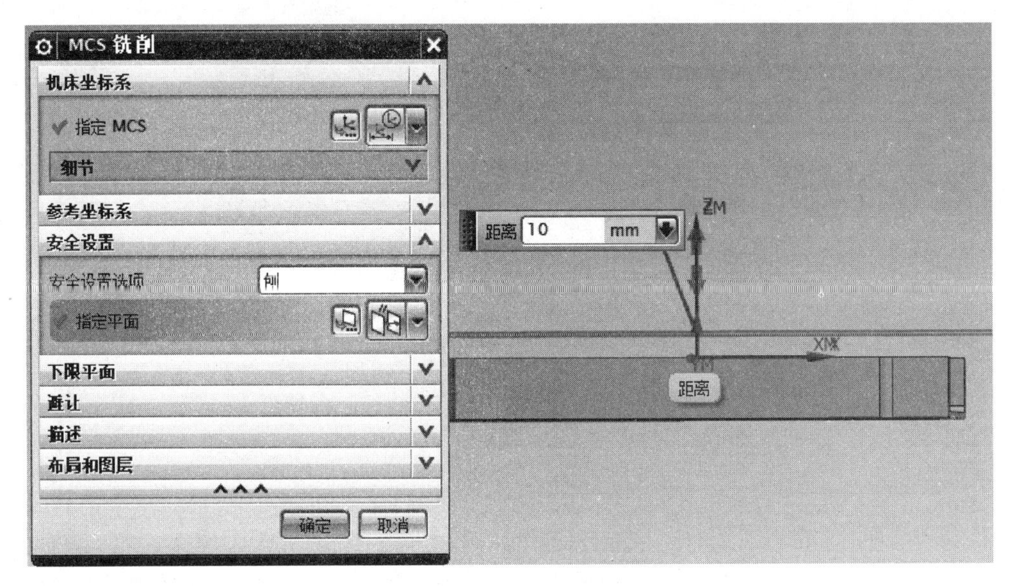

图 10-56 安全距离设置

（6）双击 WORKPIECE，设置部件和毛坯，如图 10-57 所示。

（7）选择创建工序，进行“创建工序”对话框。将“类型”选择为 mill_ contour，将“工序子类型”选择为“型腔铣”，将“刀具”选择为“D10”，将“几何体”选择为 WORKPIECE，将“方法”选择为 MILL_ ROUGH，将“名称”设置为“粗加工”，如图 10-58 所示。完成设置后，单击“确定”按钮。

图 10-57 “工件”对话框

图 10-58 “创建工序”对话框

在“型腔铣-［粗加工］”对话框中，设置“切削模式”为“跟随周边”，“平面直径百分比”为“80”，“最大距离”为“2”；在“切削参数”对话框中，将“策略”选项卡下的“刀路方向”设置为“向内”，将“余量”选项卡下的“部件侧面余量”和“部件底面余量”分别设置为“0.5”和“0.3”；在“进给率和速度”对话框中，将“主轴速度”设置为“1000”，将“切削”设置为“200”，如图 10-59 所示。

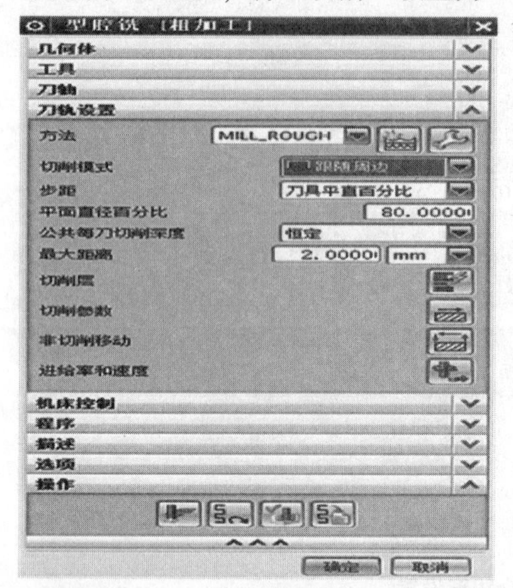

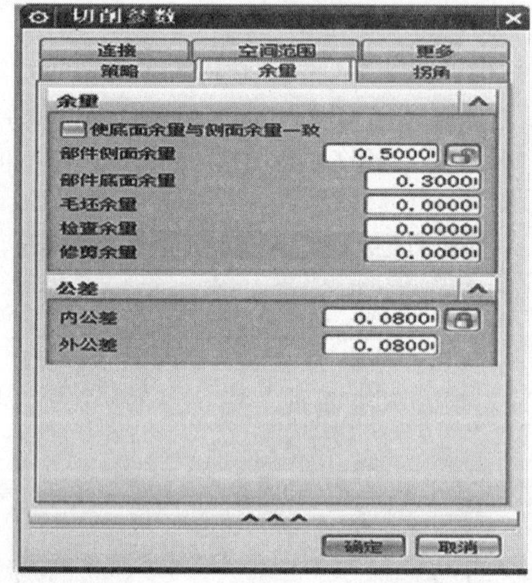

图 10-59　型腔铣参数设置

（8）选择创建工序，进行“创建工序”对话框。将“类型”选择为 mill_ planar，将“工序子类型”选择为“面铣”，将“刀具”选择为“D6”，将“几何体”选择为 WORKPIECE，将“方法”选择为 MILL_ FINISH，将“名称”设置为“精加工底面”，单击“确定”按钮。

在“面铣-［精加工底面］”对话框中，单击“指定面边界”右侧的按钮，选择平面，每选择一个平面，使用鼠标中键确定，将“切削模式”选择为“往复”，将“步距”选择为“刀具平直百分比”，将“平面直径百分比”设置为“50”，在“切削参数”对话框中“余量”选项卡下，将“部件余量”设置为“0.5”，在“进给率和速度”对话框中，将“主轴速度”设置为“1000”，将“切削”设置为“200”，如图 10-60 所示。

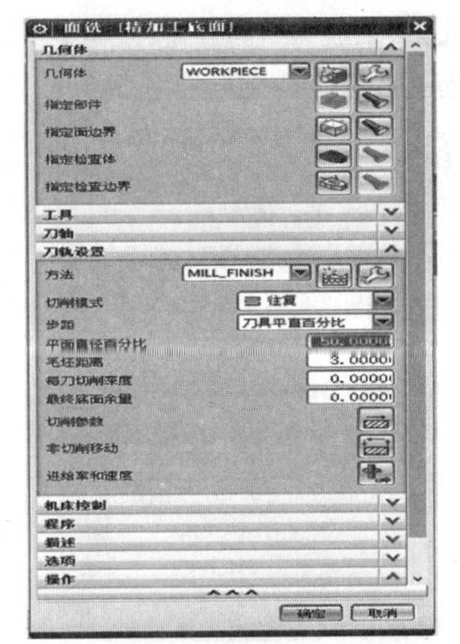

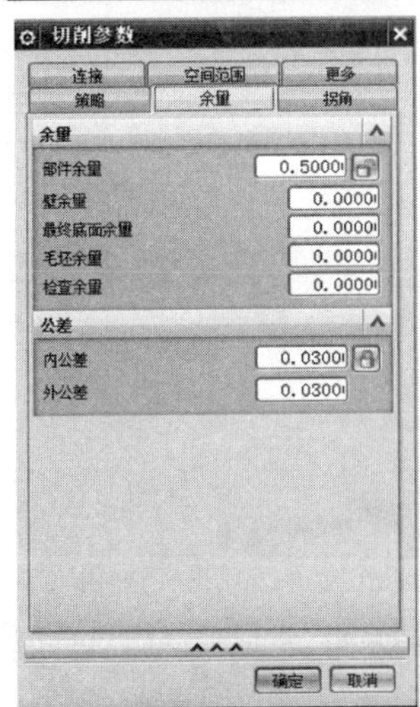

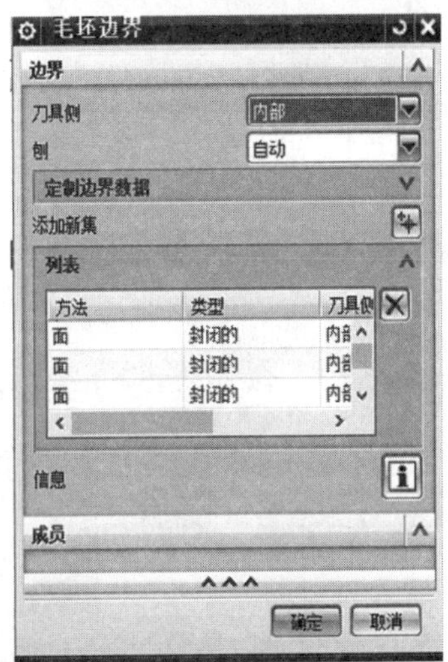

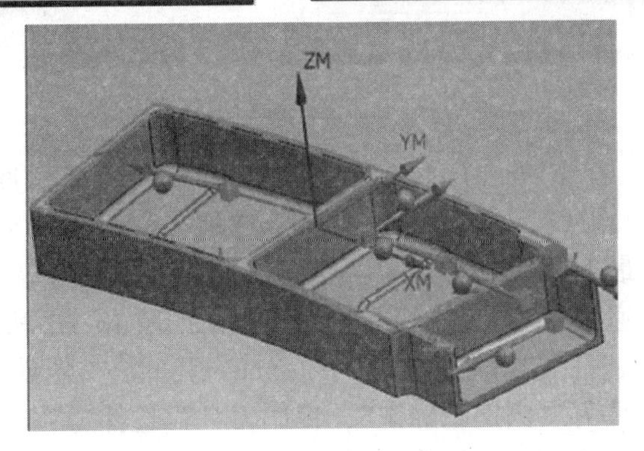

图 10-60 面铣参数设置

（9）选择创建工序，进行“创建工序”对话框。将“类型”选择为 mill_ contour，将“工序子类型”选择为“深度轮廓加工”，将“刀具”选择为“D6”，将“几何体”选择为 WORKPIECE，将“方法”选择为 MILL_ FINISH，将“名称”设置为“精加工侧壁”，单击“确定”按钮。深度轮廓加工参数设置如图 10-61 所示。

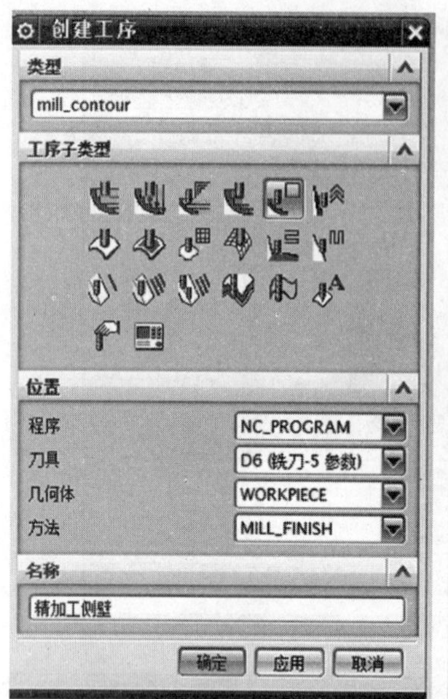

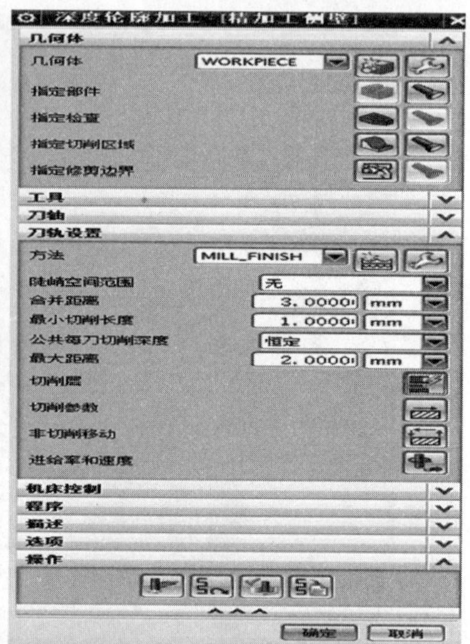

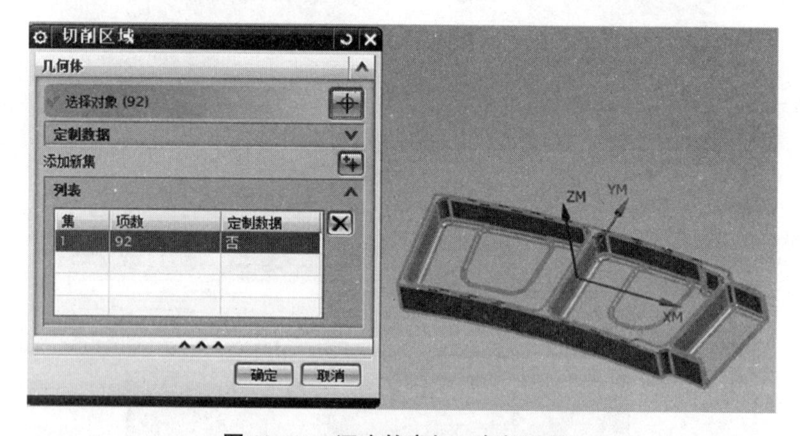

图 10-61　深度轮廓加工参数设置

“指定切削区域”首先框选全部部件，按住〈Shift〉键单击底面，取消底面的选择；“刀轨设置”中“最大距离”为 2，“切削层”选项中“范围定义”，单击“添加新集”，选择加工部件边倒圆最上面的点，每刀背吃刀量输入“0.1”，单击确定。“进给率和速度”选项中，主轴转速为“1000”，切削为“200”。如图 10-62 所示。

（10）选择创建工序，进行“创建工序”对话框，将“类型”选择为 mill_ contour，将“工序子类型”选择为“固定轮廓铣”，将“刀具”选择为“R2”，将“几何体”选择为 WORKPIECE，将“方法”选择为 MILL_ FINISH，将“名称”设置为“精加工边倒圆”，如图 10-63 所示。设置完成后，单击“确定”按钮。

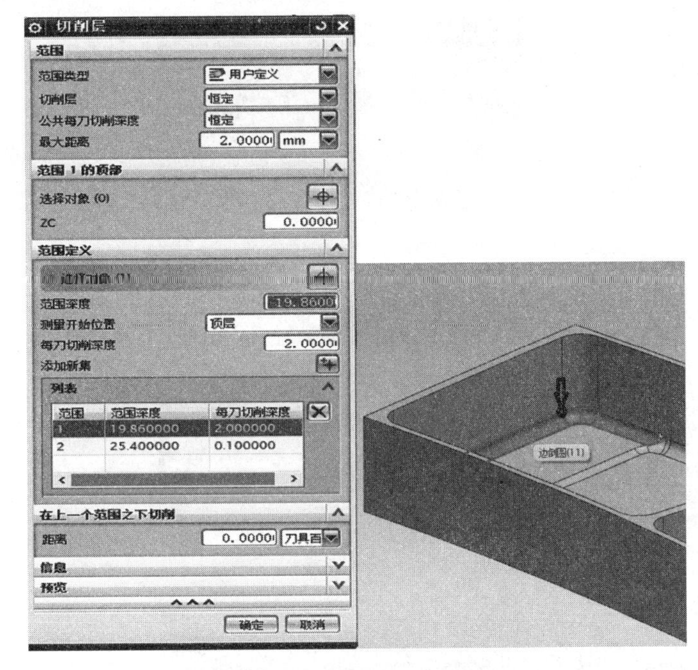

图 10-62 深度轮廓加工中切削层设置

图 10-63 固定轮廓铣创建工序

“指定切削区域”栏中选择腔体底面的全部边倒圆，如图 10-64 所示。在“固定轮廓铣-［精加工边倒圆］”对话框中，将“驱动方法”栏中“方法”选择为“区域铣削”；在“区域铣削驱动方法”对话框中的“非陡峭切削”栏下将“切削方向”选择为“顺铣”，将“步距”选择为“恒定”，将“最大距离”设置为“0.2”，在“进给率和速度”对话框中，将“主轴转速”设置为“1000”，将“切削”设置为“200”，如图 10-65 所示。

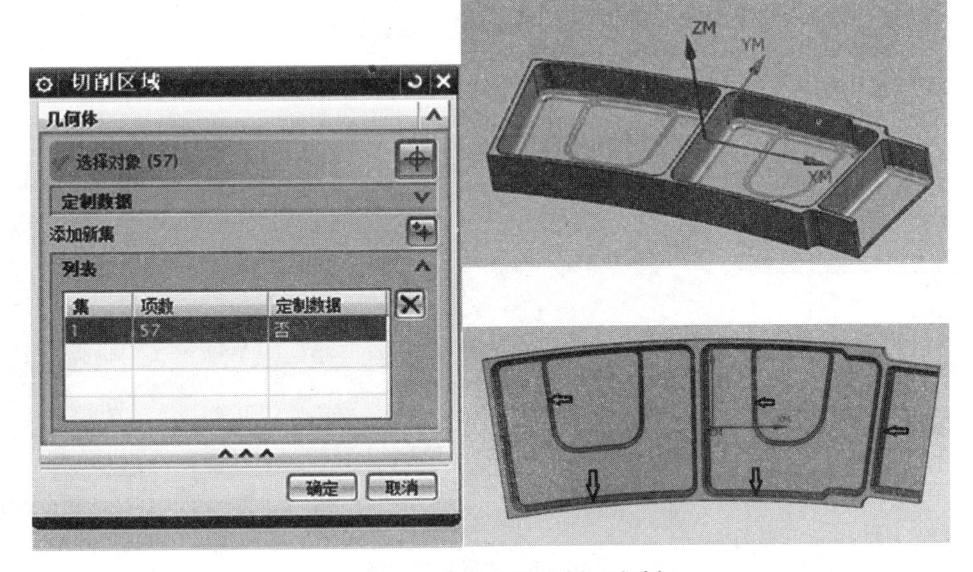

图 10-64 固定轮廓铣切削区域选择

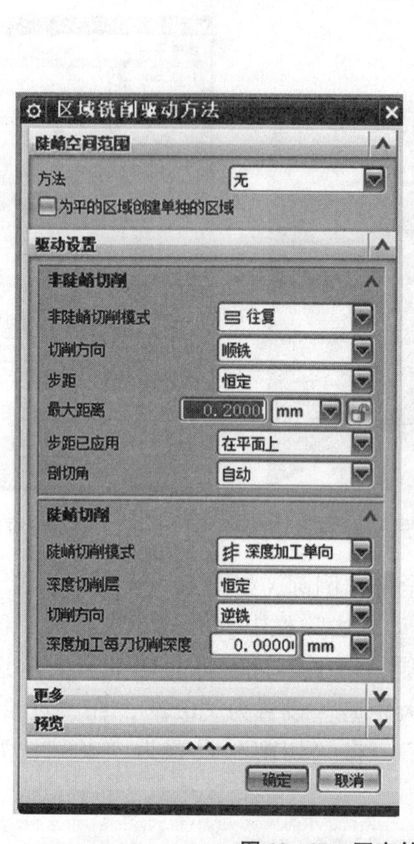

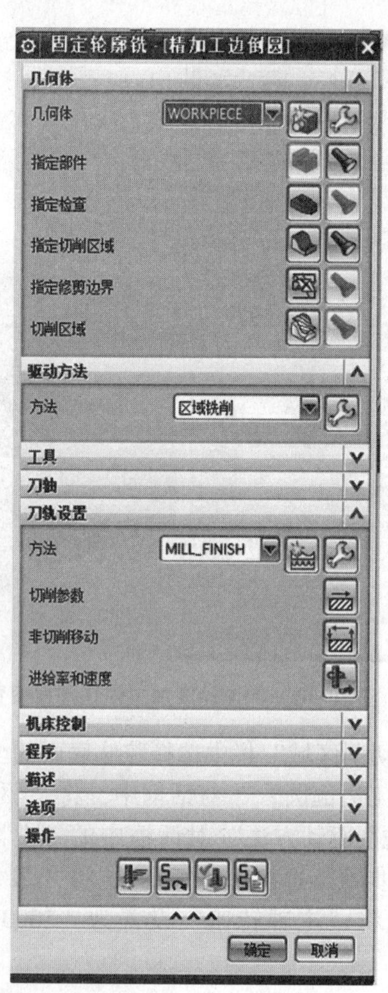

图 10-65　固定轮廓铣参数设置

（11）选中全部刀具轨迹（刀轨），选择确认刀轨，生成全部刀轨如图 10-66 所示。

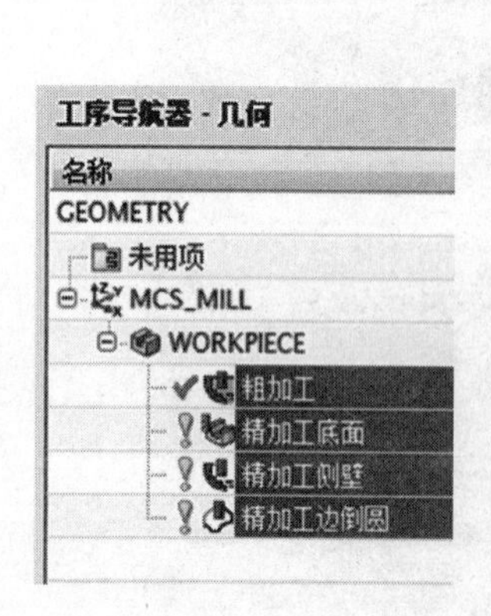

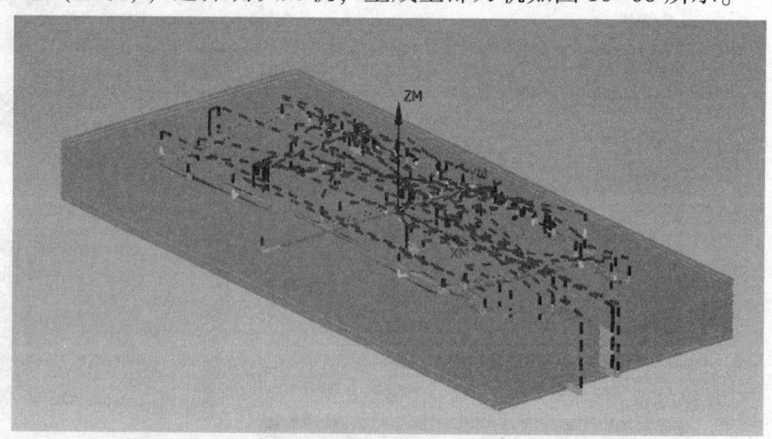

图 10-66　生成全部刀轨

（12）在“刀轨可视化”对话框中，选择“3D 动态”选项卡，调整加工速度，检查生成的刀轨是否正确，如图 10-67 所示，3D 模拟仿真结果如图 10-68 所示。

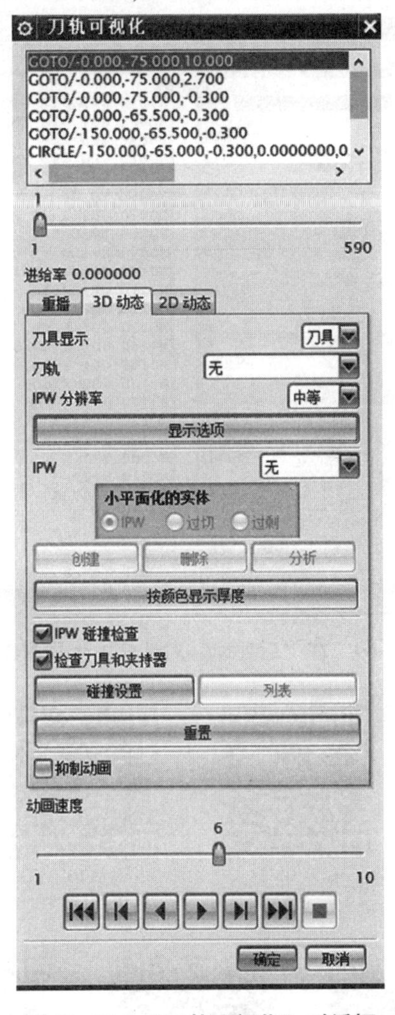

图 10-67 “刀轨可视化”对话框

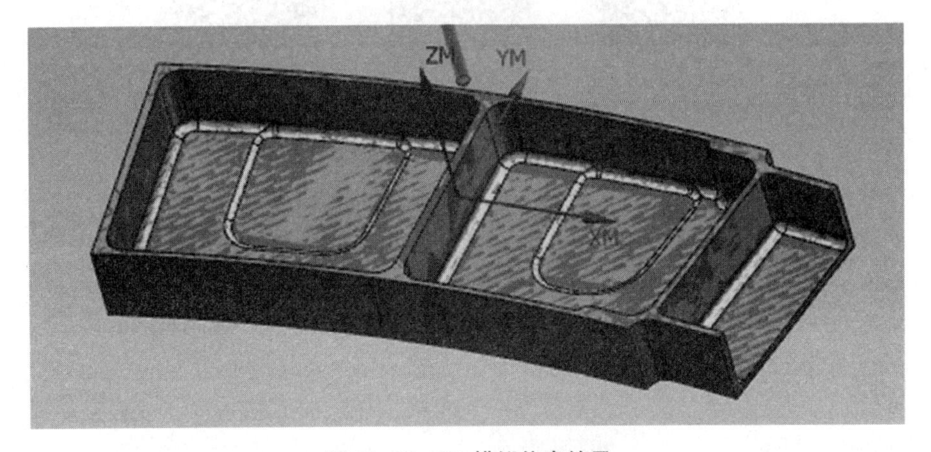

图 10-68 3D 模拟仿真结果

（13）在“后处理”对话框中生成 NC 代码。选中要生成代码的轨迹，选择后处理器，生成数字控制代码，如图 10-69 所示。

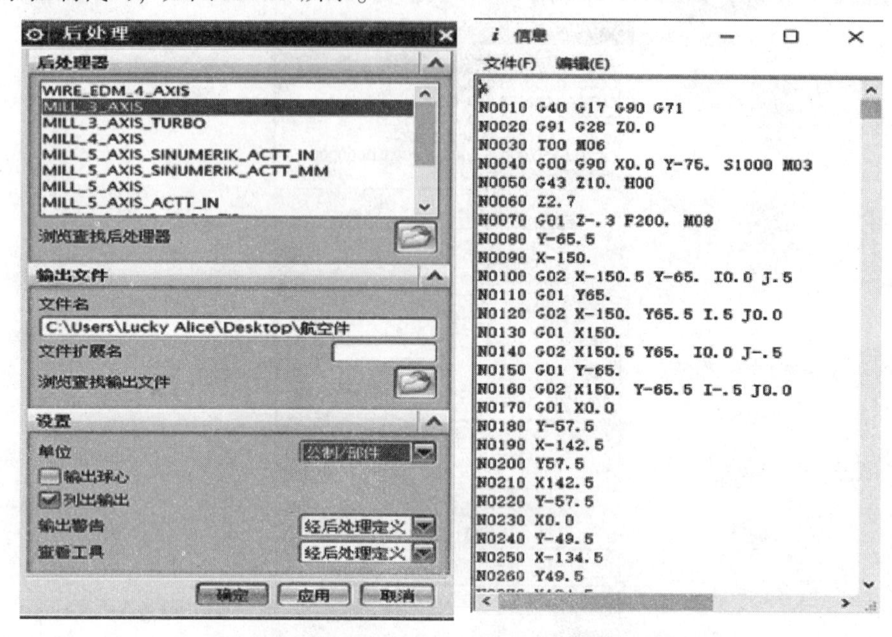

图 10-69　在“后处理”对话框中生成 NC 代码

第11章 数控铣

11.1 概　述

1. 数控铣产生与发展

数控机床的发展历程并不太长，但发展势头迅猛。最早的数控机床可以追溯到1947年，美国Parsons公司接受美国空军委托，研制飞机螺旋桨叶片轮廓样板的加工设备。为了提高生产飞机零件的靠模和机翼检查样板的精度及效率，Parsons公司提出了用计算机控制机床的设想。

1949年，在美国麻省理工学院的协助下，Parsons公司开始数控机床的研究；1952年，Parsons公司和M. I. T合作研制了世界上第一台三坐标数控机床。1954年11月，第一台工业用数控机床由美国Bendix公司生产。从1952年至今，NC机床按NC系统的发展历程分为六代。

第一代：1954年，NC系统由电子管组成，体积大，功耗大。

第二代：1959年，NC系统由晶体管组成，广泛采用印制电路板。

第三代：1964年，NC系统采用小规模集成电路作为硬件，其特点是体积小，功耗低，可靠性进一步提高。

第四代：1970年，NC系统采用小型计算机取代专用计算机，部分功能由软件实现，其具有价格低，可靠性高和功能多等特点。

第五代：1974年，NC系统以微处理器为核心，不仅使价格进一步降低，体积进一步缩小，而且使真正意义上的机电一体化成为可能。

第六代：基于PC的NC系统诞生，使NC系统的研发进入了开放型、柔性化的新时代，新型NC系统（CNC系统）的开发周期日益缩短，是数控技术发展的又一个里程碑。

2. 数控铣发展趋势

现代数控机床的发展势头迅猛，技术水平大幅提高，从而促进了数控机床性能的提高。当前世界数控技术及其装备发展趋势主要体现在以下几个方面。

1）运行高速化

进给、主轴、刀具交换、托盘交换等实现高速化，并具有高的加（减）速度。进给量高速化，即在分辨率为 1 m 时，F_{max}=240 m/min，可获得复杂型面的精确加工。

2）加工高精化

提高机械的制造和装配精度，提高数控系统的控制精度，采用误差补偿技术。提高 CNC 系统控制精度，采用高速插补技术，以微小程序段实现连续进给，使 CNC 控制单位精细化；采用高分辨率位置检测装置，提高位置检测精度（达到 0.01 m/脉冲）。

3）控制智能化

随着人工智能技术的不断发展，为满足制造业生产柔性化、制造自动化发展需求，数控技术智能化程度不断提高。例如，通过监测主轴和进给电动机的功率、电流、电压等信息，辨识出刀具的受力、磨损及破损状态，还可判断机床加工的稳定性状态，并实时修调加工参数（主轴转速，进给速度）和加工指令，使设备处于最佳运行状态，以提高加工精度及设备运行的安全性、降低工件表面粗糙度。

4）交互网络化

支持网络通信协议，既满足单机 DNC 需要，又能满足 FMC、FMS、CIMS、TEAM 对基层设备集成要求的数控系统，包括网络资源共享、数控机床的远程（网络）控制、数控机床故障的远程（网络）诊断及数控机床的远程（网络）培训与教学（网络数控）。

3. 数控铣床的组成

数控铣床一般由主轴箱、数控系统、伺服电动机、伺服装置、工作台、床身等组成，其结构示意如图 11-1 所示。

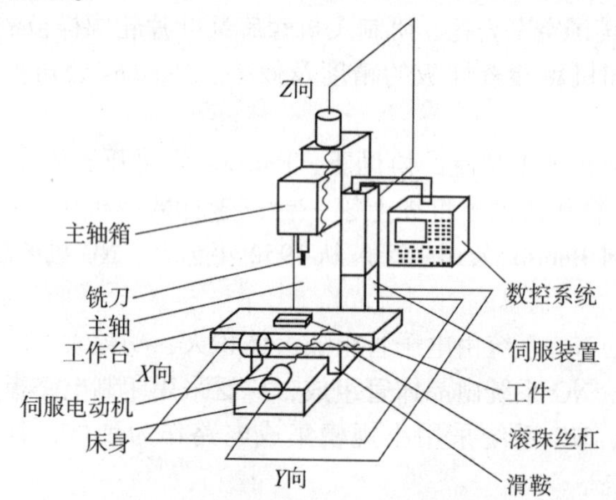

图 11-1 数控铣床的结构示意

（1）主轴箱：主轴箱下端夹持铣刀，主轴电动机驱动主轴旋转并带动铣刀转动；可在 Z 向移动，使刀具上升或下降。

（2）数控系统：数控系统是数控机床及加工中心的核心部分，主要用于对输入的加工程序进行数字运算和逻辑运算，然后向伺服系统发出控制信号，使设备按规定的动作执行。在我国具有代表性的数控系统品牌有华中数控、广州数控等。国外品牌的数控系统在我国的制造领域中也占有相当的比重，常见的国外数控系统品牌有德国西门子、海德汉，日本发那科、三菱等。

（3）伺服电动机：X、Y、Z 向的移动是依靠伺服电机驱动滚珠丝杠来实现的。

(4) 伺服装置：用于驱动伺服电动机。

(5) 工作台：用于安装工件和夹具，可沿滑鞍上的导轨在 X 和 Y 向移动，从而实现工件在 X 和 Y 向的移动。

(6) 床身：机床床身为机床的载体，用于支撑和连接机床各部分，相当于人的骨架，主要由各种机械构件组合而成，包括主轴箱、主轴、工作台、导轨、立柱、底座。

除上述几个主要部分外，数控铣床及加工中心还有一些辅助装置和附属设备，如电气、液压、气动系统与冷却、排屑、润滑、照明装置等。

4. 数控铣床分类

现代数控铣床种类繁多，一般可按以下两种方式进行分类。

1) 以功能档次分类

(1) 普通型数控铣床。此类数控铣床可以对零件进行铣削、钻孔等加工，并且可以达到一定的精度，性价比高，使用较为广泛。

(2) 铣削加工中心。铣削加工中心在加工功能上和普通型数控铣床相似，能对零件进行铣削、孔的加工等，结构上比普通型数控铣床增加的一个重要功能是能在加工过程中进行自动换刀，并在此基础上可增加自动检测装置、自动装卸零件装置以及自动排屑器等，使得自动化程度进一步提高，比普通型数控铣床具有更高的加工效率，但价格更高。

2) 以结构分类

以机床的结构分类主要是指按照机床的主轴与工作台的位置关系来分类。

(1) 立式数控铣床/加工中心。立式数控铣床/加工中心的主轴与工作台的位置关系为垂直关系，如图 11-2 所示。垂直的英文单词为 Vertical，所以常见立式数控铣床的床身护罩上一般印有 VM 字样，V 为立式的意思，M 为铣削（Mill）的意思，如 VM650 指的是立式数控铣床，数字 650 一般指机床的某个轴的最大移动量（行程）。如果标识为 VMC，C 为单词 Center（“中心”的意思），则表示该机床为立式加工中心。立式加工中心广泛用于汽车、模具、印刷、纺织机械及石化、锅炉、制冷行业，加工复杂的零件。

(2) 卧式数控铣床/加工中心。卧式数控铣床/加工中心的主轴与工作台的位置关系为平行关系，如图 11-3 所示。水平的英文单词为 Horizontal，所以 HM 表示卧式数控铣床，HMC 表示卧式加工中心。卧式加工中心最适用于零件多工作面、多孔系的铣、钻、镗、铰、攻螺纹、三维曲面等多工序加工及箱体孔的调头镗孔加工，广泛应用于汽车、内燃机、航空航天、造船、军工、家电、通用机械、泵阀、减速箱等行业。

图 11-2　立式数控铣床

图 11-3　卧式数控铣床

5. 数控铣床加工原理

数控铣床是一种将被加工零件的程序输入到数控装置，数控装置通过对程序进行处理和运算，发出控制机床伺服系统或其他驱动装置的控制信号，从而进行自动加工的铣床。数控铣床加工过程如图 11-4 所示。

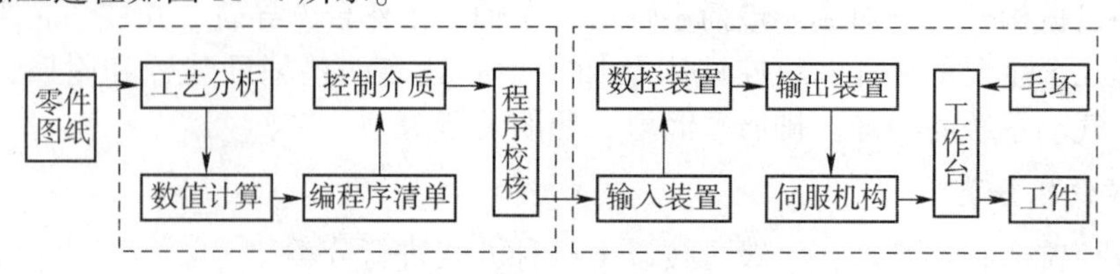

图 11-4　数控铣床加工过程

首先将被加工零件的图样及工艺信息数字化，用规定的代码和程序格式编写加工程序；然后将所编程序指令输入到机床的数控装置中；数控装置将程序（代码）进行译码、运算后，向机床各个伺服机构和辅助控制装置发出信号，驱动机床各运动部件，控制需要的辅助运动，最后加工出合格零件。

6. 数控铣床加工特点

与普通铣床相比，数控铣床的加工特点如下。

（1）零件加工的适应性强，能加工轮廓形状特别复杂或难以控制尺寸的零件，如模具类零件、壳体类零件等。

（2）能加工普通机床无法加工或很难加工的零件，如用数学模型描述的复杂曲线零件和三维曲面零件。

（3）加工精度高、加工质量稳定可靠。

（4）生产自动化程度高，可以减轻操作者的劳动强度。

（5）生产效率高，在更换工件时只需调用存储于数控装置中的加工程序、装夹工具和调整刀具数据即可，因而大大缩短了生产周期。

11.2　实训目的

（1）了解数控铣床的组成及工作原理。

（2）了解数控铣床的加工工艺。

（3）掌握数控铣床的基本编程方法。

（4）掌握数控铣床加工工件的基本操作。

11.3　数控铣床加工工艺

11.3.1　数控铣床刀具种类与形状

普通型数控铣床、铣削加工中心所使用的刀具对于零件质量有着非常重要的影响。在进行加工零件时，应对刀具的材料性能、刀具的几何形状与尺寸、零件形状、零件材料、零件尺寸、零件精度、机床结构、机床刚性等方面进行认真分析，从而选择合适的刀具。

普通型数控铣床、铣削加工中心中所使用的刀具的种类、材质、形状、尺寸根据具体加工零件的不同有所不同，在实际加工时须进行正确选择。

常见数控铣刀的种类如下。

（1）端面铣刀。端面铣刀主要用于铣削较大的平面，铣削时加工平面与刀具轴线垂直，其作用是增大铣削面积，减少刀具铣削平面的次数，其实物如图 11-5 所示。

需要注意的是，端面铣刀与立铣刀一样，根据铣刀的可更换齿位数多少分为粗齿、细齿和密齿，齿数对铣削生产效率与零件加工质量有较为明显的影响，齿位数越多，可同时加工工件的刀片数就越多，生产效率就越高，铣削过程中就越平稳，加工质量自然就高。

图 11-5　端面铣刀实物

（2）立铣刀。立铣刀按结构可分为整体式立铣刀和机夹式立铣刀。立铣刀是数控铣削加工中应用最为广泛的一种刀具，主要用于加工零件平面和沟槽的侧面，如型腔、槽以及零件侧表面等，其实物如图 11-6 所示。

立铣刀通常由 3 ~6 个刀齿组成，每个刀齿的主要切削刃分布在圆柱侧面，呈螺旋形状，这样有利于提高切削过程中的平稳性和加工精度。

（3）球头铣刀。球头铣刀的刀头由 180°半圆构成，主要用于对一些由圆弧或曲面等形状构成的零件部位进行加工，其实物如图 11-7 所示。由于球头铣刀刀头为圆形，故没有对平面零件的加工能力，且所加工的都是逼近型面。

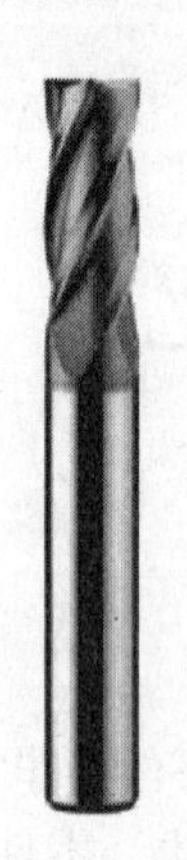

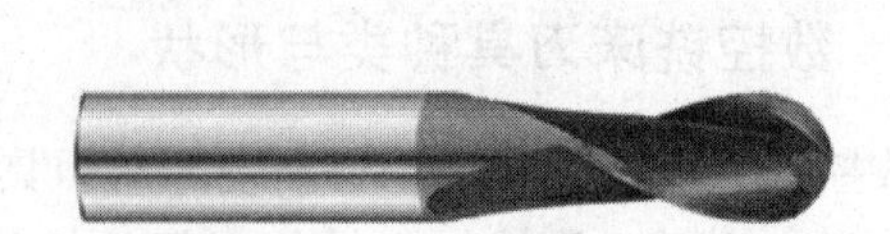

图 11-6　立铣刀实物　　　　图 11-7　球头铣刀实物

（4）键槽铣刀。键槽铣刀一般只有 2 个刀齿，并且圆柱侧面与端面均有切削刃，兼有平钻头和立铣刀的功能，可像平钻头一样直接在零件表面进行钻削，到达适合深度后又能像立铣刀一样进行槽类零件铣削，其实物如图 11-8 所示。

图 11-8　键槽铣刀实物

（5）圆角铣刀。圆角铣刀俗称牛鼻刀，其在底部端面进行了 *R* 圆角的处理，为立铣刀与球头刀两者的结合，同时具有两种刀具的优点。

（6）鼓形铣刀。鼓形铣刀的切削刃分布在半径为 *R* 的中凸的鼓形外轮廓上，其端面无切削刃，主要用于加工变斜率的空间曲面。

（7）孔系刀具。孔系加工在数控铣削零件加工中占有很高的比重，对孔系零件的加工要求一般也较高。孔系零件加工的工艺较多，如钻孔、刨孔、铰孔、镗孔、攻螺纹等，不同工艺所使用的刀具也各不相同，在加工时，应根据零件要求选用不同的加工方法与刀具。

11. 3. 2　数控铣床刀具材料

按制造刀具使用的主要材料不同，数控铣床常用刀具有高速钢刀具、硬质合金刀具、陶瓷刀具、立方氮化硼刀具以及聚晶金刚石刀具等。

（1）高速钢刀具。高速钢是一种具有高硬度、高耐磨性和高耐热性的工具钢，又称高速工具钢或锋钢。高速钢的工艺性能好，强度和韧性配合好，因此主要用来制造复杂的薄刃和耐冲击的金属切削刀具，也可制造高温轴承和冷挤压模具等。

（2）硬质合金刀具。硬质合金是由难熔金属的硬质化合物和黏结金属通过粉末冶金工艺制成的一种合金材料。硬质合金具有硬度高、耐磨、强度和韧性较好、耐热、耐腐蚀等一系列优良性能，特别是它的高硬度和耐磨性，即使在 500 ℃的温度下也基本保持不变，在 1 000 ℃时仍有很高的硬度。

（3）陶瓷刀具。陶瓷刀具是用精密陶瓷高压研制而成的，故称陶瓷刀。作为现代高科技的产物，其具有耐磨性很好、抗冲击力较强、摩擦力小、不易产生积屑瘤、耐高温、发展潜力巨大等优点。

（4）立方氮化硼刀具。立方氮化硼刀具是利用人工方法在高温高压条件下用立方氮化硼微粉和少量的结合剂合成的，其硬度仅次于金刚石而远远高于其他材料，因此与金刚石刀具统称为超硬刀具。它具有很高的硬度、热稳定性和化学惰性，其热稳定性远高于金刚石，对铁系金属元素有较大的化学稳定性，因此常用于黑色金属的切削。

（5）聚晶金刚石刀具。聚晶金刚石刀具具有硬度高、抗压强度高、导热性及耐磨性好等特性，可在高速切削中获得很高的加工精度和加工效率。

11.3.3　数控铣床夹具种类

普通型数控铣床、铣削加工中心是先进的高精度、高效率以及自动化程度非常高的加工设备。为了更有效地发挥数控机床本身的效能，要求零件在加工前进行定位夹紧时所用的紧固装置必须能满足要求。

1. 平口虎钳

平口虎钳是数控机床常见的一种紧固机构，具有较好的通用性和经济性，适用于尺寸较小的方形、六边形等具有平行两侧零件的装夹。平口虎钳按其紧固结构分类有机械式、气动式和液压式等夹紧方式。常用机械式平口虎钳主要由方头螺杆、钳身、活动钳口、固定钳口、钳口铁、底座等构件组成，如图 11-9 所示。

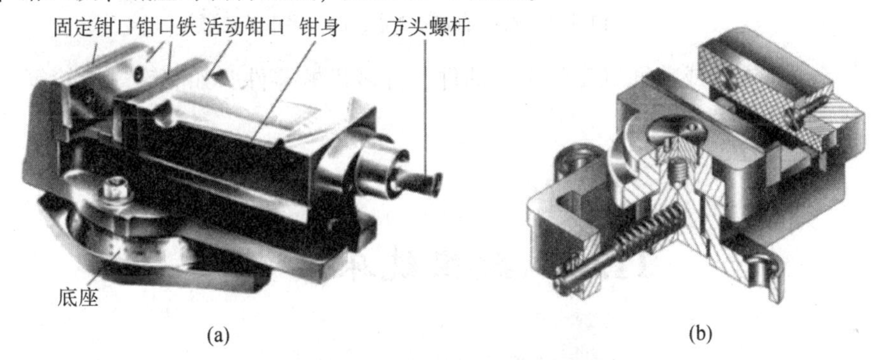

图 11-9　常用机械式平口虎钳

（a）各部位名称；（b）内部结构图

除此以外，平口虎钳经过改良后也可在一些特殊场合进行使用，如两向平口虎钳可一次性完成 2 个零件的安装，微型平口虎钳可夹持一些精密或者细微工件，万向平口虎钳可对零件进行任意角度的转换。

2. 压板

当进行大型零件的加工，无法采用平口虎钳或其他夹具装夹时，可直接采用压板进行装夹。利用 T 形螺钉和压板通过机床工作台 T 形槽，可以把工件、夹具等固定在工作台上。

在使用压板装夹工件时的注意事项如下。

（1）压板螺钉应尽量靠近工件而不是靠近垫铁，以获得较大的压紧力。

（2）垫铁的高度应与工件的被压点高度相同，并允许垫铁高度略高一些。

（3）使用压板时，应注意压板放置方位、螺杆高度，以防止与刀具发生干涉。

（4）使用压板固定工件时，压点应尽量靠近切削位置。使用压板的数目不得少于 2 个，而且压板要压在工件上的实处，若工件下面悬空时，必须附加垫铁（垫片）或用千斤顶支承。

（5）根据加工特点确定夹紧力的大小，既要防止由于夹紧力过小造成工件松动，又要避免夹紧力过大使工件变形。精铣时夹紧力一般小于粗铣夹紧力。

（6）如果压板夹紧力作用点在工件已加工表面，应在压板与工件间加铜质或铝质垫片，以防止工件表面被压伤。

3. 铣床用卡盘与分度头

铣床用卡盘与车床卡盘相似，卡盘根据卡爪数量不同分为两爪卡盘、自定心卡盘、多爪卡盘等，如图 11-10 所示。

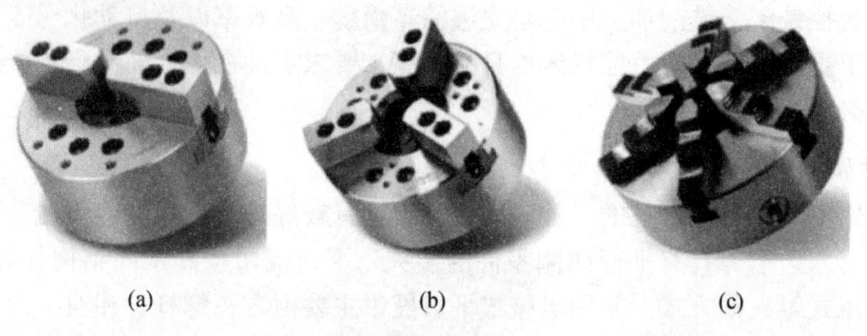

(a)　(b)　(c)

图 11-10　卡盘

（a）两爪卡盘；（b）自定心卡盘；（c）多爪卡盘

分度头是数控铣床或普通铣床的重要部件。许多机械零件，如花键、齿轮等零件在加工时常采用分度头分度加工。

11.4　数控铣床实训

以下实操内容在华中世纪星系统 XK7132 型立式数控铣床上进行，毛坯材料为铝，尺寸约为 100 mm×100 mm×50 mm，刀具采用直径为 10 mm 的键槽铣刀，装夹使用机械式平口虎钳。

11.4.1　开机与关机

XK7132 型立式数控铣床开机操作步骤如下。

（1）依次打开机床电源、NC 电源、显示器及计算机电源开关。

（2）启动数控系统，松开急停按钮。

（3）回参考点。

将操作面板中工作方式置为回参考点；依次按下操作面板中“+Z”“+X”“+Y”键，机床回到参考点后，各参考点指示灯亮，这里需要说明，为了防止撞刀，回参考点时一定要先回 $+Z$，等待刀具整体高于工件上表面后再回 $+X$、$+Y$。

XK7132 型立式数控铣床关机操作步骤如下。

（1）按下急停按钮。

（2）在主界面下按〈Alt+X〉键，退出数控系统。

(3) 依次关闭显示器、计算机主机电源、NC 电源及机床电源开关。

11.4.2　工件坐标系和对刀点

工件坐标系是编程人员在编程时使用的坐标系。编程人员选择工件上的某一已知点为原点（也称程序原点），建立一个新的坐标系，称为工件坐标系。工件坐标系一旦建立便一直有效，直到被新的工件坐标系所取代。

工件坐标系的原点选择要尽量满足编程简单，尺寸换算少，引起的加工误差小等条件，一般情况下以坐标式尺寸标注的零件，程序原点应选在尺寸标注的基准点。

对刀点是零件程序加工的起始点，可与程序原点重合，也可在任何便于对刀之处，但该点与程序原点之间必须有确定的坐标联系。对刀的目的是确定程序原点在机床坐标系中的位置。可以通过 CNC 系统将相对于程序原点的任意点的坐标转换为相对于机床零点的坐标。加工开始时，要设置工件坐标系，用 G54～G59 指令可选择工件坐标系。机床与工件坐标系的位置如图 11-11 所示。

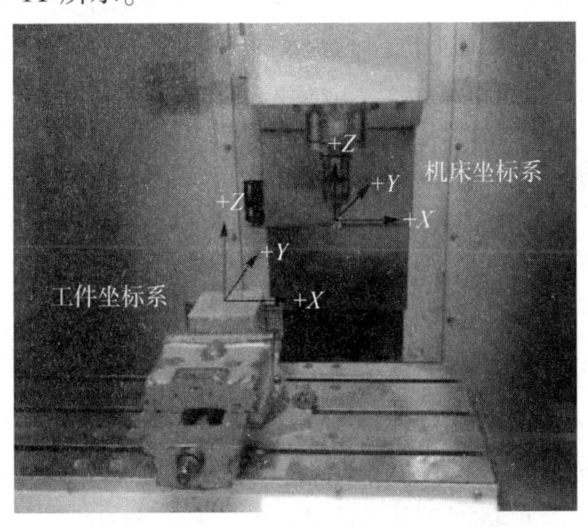

图 11-11　机床与工件坐标系的位置

11.4.3　手动试切法对刀

手动试切法对刀，采用对称中心对刀。

(1) *X* 轴方向数据获取。将工件、刀具分别安装在机床工作台和刀具主轴上；启动主轴旋转，快速移动工作台和主轴，让刀具靠近工件的左侧；改用手轮操作模式，让刀具慢慢接触到工件左侧，直到出现少许切屑为止，记下此时机床坐标系的数值（假设“X1＝-220.120”），抬起刀具至工件上表面之上，快速移动，让刀具靠近工件右侧；改用手轮操作模式，让刀具缓慢接触到工件右侧，直到出现少许切屑为止，记下此时机床坐标系的数值（假设“X2＝-120.120”）；取两坐标相加的一半为“X＝（X1+X2)/2＝-170.120”。

(2) *Y* 轴方向数据获取的操作和 *X* 轴相同，假设刀具接触到前侧面时机床坐标系的数值“Y1＝-310.320”，接触到后侧面时机床坐标系的数值“Y2＝-210.320”，则“Y＝（Y1+Y2)/2＝-260.320”。

(3) *Z* 轴方向数据获取。转动刀具，快速移动到工件上表面附近，改用手轮操作模式，让刀具慢慢接触到工件上表面，直到发现有少许切屑为止，记下这时机床坐标系的数值（假设“Z=-230.180”）。

在手动方式下按〈F5〉键（设置）。

按〈F1〉键（坐标系设定）。

用〈PgUp〉和〈PgDn〉键选择要输入的坐标系 G54/G55/G56/G57/G58/G59 其中之一，假设为 G54。输入“X-170.120，Y-260.320，Z-230.180”后分别按〈Enter〉键，完成了工件坐标系的设置（对刀）。

11.4.4 常用数控编程代码

1. 辅助加工代码（M）

辅助功能指令是用地址码 M 及两位数字来表示运行的，主要用作机床加工操作时的工艺性指令，如控制主轴的启动与停止、切削液的开关等，M 代码（辅助加工代码）有模态指令和非模态指令之分，与机床的插补运算无关，只是单纯的功能指令。

M03：表示机床主轴正转。主轴正转是从主轴向 *Z* 轴正向观察时主轴顺时针转动；而反转为从主轴向 *Z* 轴正向观察时主轴逆时针转动。

M04：表示机床主轴反转。

M05：表示旋转停止，它是在该程序段其他指令执行完后才执行的。

M02：表示程序结束指令，当全部程序结束后，使用 M02 指令可使机床主轴的转动、进给及切削液全部停止，并使机床复位，因此，其一般出现在程序结束的位置。

M08：表示切削液开。

M09：表示切削液关。

M30：程序结束并返回到零件程序开头。当程序执行 M30 时，即使没有 M09（冷却关）、M05（主轴停）指令，机床也要执行冷却关和主轴停功能。M02 和 M30 这两个功能相似，但其作用截然不同。M02 功能将终止程序，但不会回到程序开头的第一个程序段；M30 功能同样终止程序，但它将回到程序开头。

M98：代码功能为调用子程序。

M98 的格式为：M98 P×××× L×。这里，P××××代表子程序名；L×代表调用次数。

M99：代码功能是在子程序执行结束后返回到主程序继续执行指令。

2. 准备加工代码（G）

准备功能指令是指数控机床准备好某种运动方式的指令。使用 G 代码（准备加工代码）可以完成规定刀具和工件的相对运动轨迹（即指令插补功能）、工件坐标系、坐标平面、刀具补偿、坐标偏置等多种操作。G 代码由字母 G 及其后面的两位数字组成，也分为模态指令和非模态指令，模态指令是指代码一旦在程序中得到应用便一直起作用，直到被同组其他 G 代码取代为止。非模态指令是指该指令代码只在所在的程序语句中起作用。

G90：实现绝对坐标编程的指令。绝对坐标编程是刀具运动过程中所有的刀具位置的坐标都以固定的程序坐标原点为基准。

G91：用于实现相对坐标编程的指令。相对坐标编程也称为增量坐标编程。刀具运动的位置坐标是指刀具从当前位置到下一位置的增量，即两坐标点坐标值的绝对值之差。

G00：快速点定位指令，即刀具以点位控制的方式从刀具所在点以最快速度移动到程序中指定的坐标系的另一点，其移动轨迹通常是先以立方体的对角线三轴联动，然后以正方形的对角线二轴联动，最后一轴移动。G00 指令格式为：G00 X_或 G00 X_Y_或 G00 X_Y_Z_。

G01：直线插补指令，即按程序段中规定的进给速度 *F*，在两坐标平面（或三坐标空间）中以联动的方式插补加工出任意斜率的直线。刀具的当前位置是直线的起点，在程序段中指定的是终点的坐标值，G01 为模态指令，具有继承性，在 G01 程序段中必须指定进给速度 *F*。G01 指令格式为：G01 X_F_或 G01 X_Y_F_或 G01 X_Y_Z_F_。

G02/G03：圆弧插补指令，G02、G03 分别表示刀具相对于工件顺时针或逆时针移动进行圆弧插补加工，圆弧插补是从当前位置沿圆弧运动到程序给定的目标位置，使用这两个代码时应注意，在判断顺、逆方向时，都是从坐标轴的正向往负向观察，在另外两轴组成平面中的转向。圆弧插补程序段应包括圆弧的顺逆指令、圆弧的终点坐标以及圆心坐标 *I*、*J*、*K*（或半径 *R*），*I*、*J*、*K* 为圆心在坐标系中相对于圆弧起点的坐标，对等于 *X*、*Y*、*Z*，在使用圆弧插补指令时应当注意其与坐标平面的选取有关，G02、G03 为模态指令，有继承性。

代码执行后，其定义的功能或状态保持有效，直到被同组其他代码改变，这种代码成为模态代码。

代码执行后，其定义的功能或状态一次性有效，每次执行该代码时，必须重新输入该代码字，这种代码称为非模态代码。

系统上电后，未经执行其功能或状态就有效的模态代码称为初态代码。

指定圆弧插补的方向：顺时针圆弧插补为 G02，逆时针圆弧插补为 G03。在如图 11-12 所示的直角坐标系中，当从插补平面第三根轴的正方向向负方向看插补平面时，该平面的“顺时针”圆弧用 G02 指令进行插补，“逆时针”圆弧用 G03 指令进行插补。

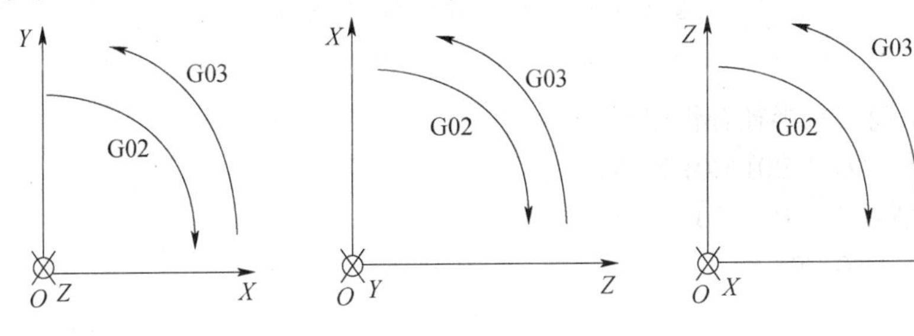

图 11-12　圆弧顺逆的判断

一般 *XY* 平面圆弧格式为：

顺时针 G02 X_Y_R_或 G02 X_Y_I_J_

逆时针 G03 X_Y_R_或 G03 X_Y_I_J_

I_表示圆心相对于圆弧起点在 *X* 方向的增量（即圆弧圆心的坐标值减圆弧起点的坐标值），J_表示圆心相对于圆弧起点在 *Y* 方向的增量（即圆弧圆心的坐标值减圆弧起点的坐标值）。

X、*Y*、*Z* 为圆弧终点坐标，但有一点需要说明，当使用 R_ 时，可以想象有两种圆弧产生，即优弧和劣弧。为了消除这种模糊情况，规定当圆弧所对应的圆心角小于 180°时，R_ 取正值；当圆心角大于或等于 180°时，R_ 取负值。

数控机床在加工过程中所控制的是刀具中心的轨迹。为了方便起见，用户总是按零件轮廓编制加工程序，因而为了加工所需的零件轮廓，在进行内轮廓加工时，刀具中心必须向零件的内侧偏移一个刀具半径值；在进行外轮廓加工时，刀具中心必须向零件的外侧偏移一个刀具半径值。这种根据零件轮廓编制的程序和预先设定的偏置参数，数控装置实时自动生成刀具中心轨迹的功能称为刀具半径补偿功能。

G41/G42/G40：刀具半径补偿指令，数控机床在加工过程中所控制的是刀具的中心轨迹，操作者按照零件轮廓尺寸来编制加工程序，数控系统根据零件轮廓程序和预先设定的刀具半径值实时生成刀具中心轨迹的功能称为刀具半径补偿，沿着刀具的运动方向观察，刀具在工件的左侧称为刀具半径左补偿用 G41 指令，刀具在工件右侧称为刀具半径右补偿用 G42 指令，D01 为刀具号，取消刀具半径补偿使用 G40 指令。

G41 与 G42 的判断方法：从补偿平面外的另一个坐标轴的正方向向负方向观察，沿着刀具的前进方向看，如果刀具位于工件轮廓的左侧，则称为刀具半径左补偿；如果刀具位于工件轮廓的右侧，则称为刀具半径右补偿，如图 11-13 所示。

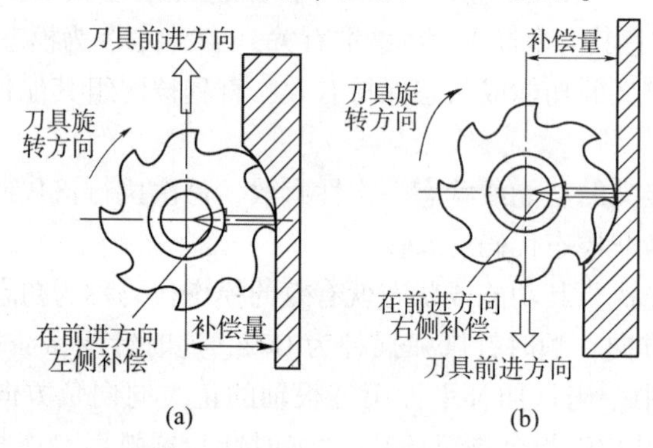

图 11-13　G41 与 G42 的判断方法

（a）左补偿；（b）右补偿

一般 *XY* 平面刀具半径补偿格式如下。

建立左补偿：G41 D01 G01 X_Y_F_

建立右补偿：G42 D01 G01 X_Y_F_

取消补偿：G40 G01 X_Y_F_

项目一

编写长为 100 mm，宽为 100 mm，铣削深度为 1 mm 的平面的编程代码。

程序	代码解释
% 1111 …………………………………	主程序名
G54 G00 Z30 ………………………………	以 G54 为坐标系快速定位到 Z30 mm
M03 S600 …………………………………	主轴正转，转速 600 r/min
G00 X-60 Y-50 …………………………	快速定位到 X-60 mm Y-50 mm
G01 Z-1 F100 ……………………………	以 100 mm/min 速度直线进给到 Z-1 mm
G01 X-50 Y-50 …………………………	直线进给到 X-50 mm Y-50 mm
M98 P1001 L11 …………………………	调用 1001 子程序 11 次
G00 Z30 …………………………………	快速定位到 Z30 mm
M05 ………………………………………	主轴停止

```
M02 ········································· 程序结束
% 1001 ······································ 子程序名
G91 G01 X100 F100 ··························· 增量编程 X 正方向进给 100 mm
Y5 ·········································· Y 正方向进给 5 mm
X-100 ······································· X 负方向进给 100 mm
Y5 ·········································· Y 正方向进给 5 mm
M99 ········································· 停止调用子程序
```

项目二

使用刀具半径补偿指令编程与加工如图 11-14 所示的四方圆弧凸台。

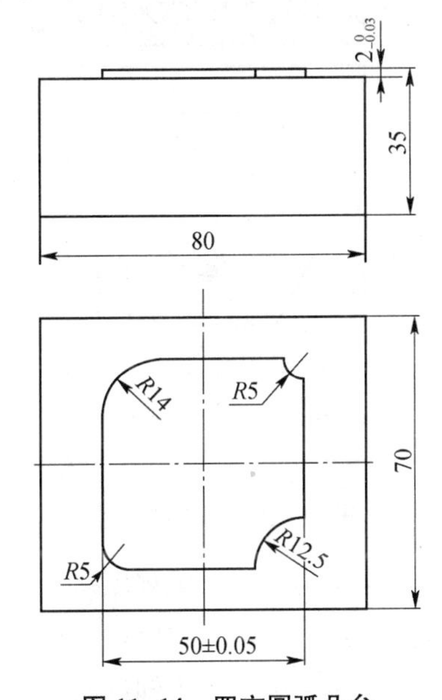

图 11-14　四方圆弧凸台

```
% 1234 ······································ 主程序名
G54 G00 Z30 ································· 以 G54 为坐标系快速定位到 Z30 mm
M03 S800 ···································· 主轴正转，转速 800 r/min
G00 X0 Y0 ··································· 快速定位到 X0 mm Y0 mm
G01 Z-2 F100 ································ 以 100 mm/min 速度直线进给到 Z-2 mm
G42 G01 X0 Y-25 D01 F100 ···················· 建立刀具半径右补偿，调用 1 号半径补偿
X12.5
G02 X25 Y-12.5 R12.5
G01 Y20
G02 X20 Y25 R5
G01 X-11                                      加工凸台外轮廓
G03 X-25 Y11 R14
G01 Y-20
```

```
G03 X-20 Y-25 R5
G01 X0
G40 Y-50
G00 Z30 ……………………………… 快速定位到 Z30 mm
M05 …………………………………… 主轴停止
M02 …………………………………… 程序结束
```

项目三

外轮廓加工编程实例，外轮廓形状如图 11-15 所示

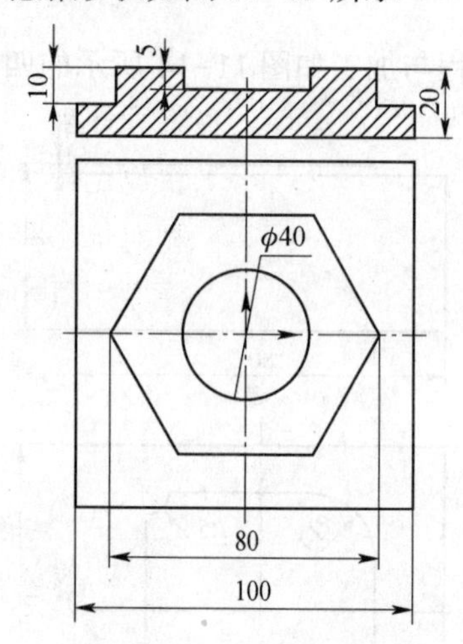

图 11-15 外轮廓形状

```
%0001 ……………………………… 主程序名
G90 G17 G21 G40 G49 G80 ………… 程序初始化
G91 G28 Z0 ………………………… 主轴返回参考点
G90 G54 G00 X60 Y55 ……………… 刀具快速定位至下刀点
M03 S800 …………………………… 主轴正转，转速 800 r/min
G01 Z-10 F100 ……………………… 直线插补到 Z-10 mm
G42 G01 X50 Y42 D01 F200 ………… 建立刀具补偿
X-42
Y-42                                铣矩形排外部余量
X42
Y42
G40 G00 X50 Y50 …………………… 取消刀具补偿
G00 Z5 ……………………………… 快速移动到 Z5 mm
G01 Z0 F100 ………………………… 直线插补到 Z0 mm
M98 P0002 L5 ……………………… 调用子程序 0002 共 5 次，分层铣削
G00 Z20 …………………………… 刀具快速定位至 Z20 mm
```

```
G90 G54 G00 X0 Y0 ······················ 快速定位到 X0 mm Y0 mm
G01 Z-5 F100 ··························· 直线插补到 Z-5 mm
G41 X20 Y0 D01 F200 ···················· 建立刀具补偿
G03 I-20 ······························· 铣圆形孔
G40 G01 X0 Y0 ·························· 取消刀具补偿
G00 Z30 ································ 刀具快速定位至 Z30 mm
M05 ···································· 主轴停转
M30 ···································· 程序结束，并返回程序开始
```

铣削外轮廓

```
%0002 ·································· 子程序名
G90 G54 G00 X50 Y0 ····················· 快速定位
G91 G01 Z-2 F100 ······················· 相对加工深度
G90 G42 G01 X40 Y0 F200 D01 ············ 建立刀具半径补偿
X20 Y34.64
X-20
X-40 Y0
X-20 Y-34.64
X20
X40 Y0
G40 G01 X50 ···························· 取消刀补
M99 ···································· 子程序结束
```

11.4.5 自动加工

自动加工的步骤如下。

(1)〈F1〉键（程序）—〈F2〉键（程序编辑）—〈F3〉键（新建程序）—输入文件名—〈Enter〉键—输入程序—〈F4〉键（保存文件）—〈Enter〉键。

(2) 先按〈F10〉键（返回）再按〈F5〉键（程序校验），机床状态选择自动并按下循环启动键进行仿真模拟。

(3) 模拟确认后再次按循环启动键进行自动铣削加工；若需要暂停程序，先按进给保持键，再按〈F6〉键（停止运行），进行所需修改。

11.5 典型零件数控铣加工

如图 11-16 所示的工件，毛坯尺寸（长×宽×高）为 60 mm×60 mm×22 mm，六面已粗加工，编写零件粗、精加工铣削程序，工件材料为铝，单件生产。

1. 零件图分析

从图 11-16 上可以看出，该零件主要由圆弧和直线构成，零件的加工内容主要有平面、外形轮廓及凹槽，根据尺寸计算各节点坐标，粗、精铣底面、上表面、外轮廓及内轮廓等加工工序。

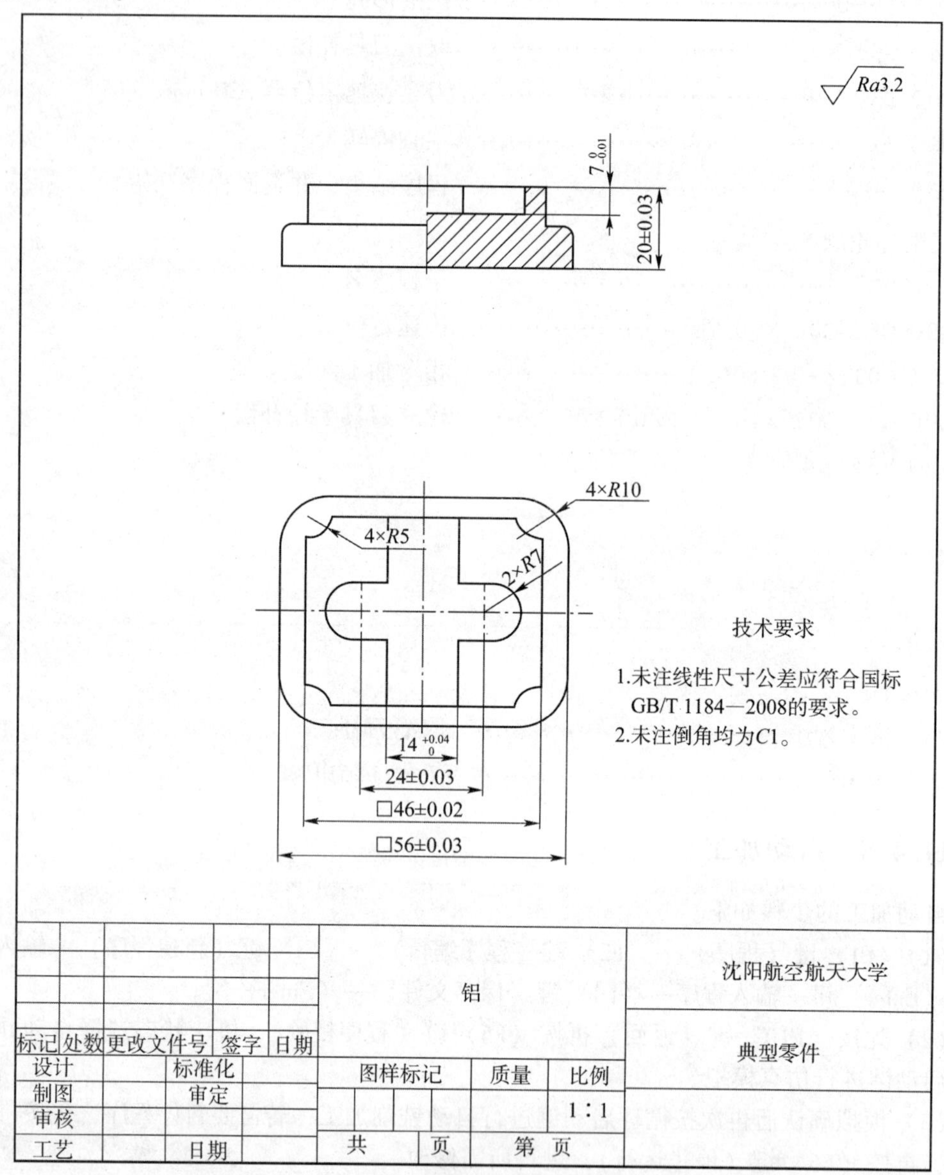

图 11-16 典型零件加工图样

2. 装夹方案及夹具选择

由零件图可知，以零件的下端面为定位基准，加工内外轮廓。零件的装夹方式为采用平口虎钳装夹工件，使用平行垫铁调整工件高度，使工件高出钳口 12 mm。

3. 选择工、量、刀具

（1）选择工具。工件装夹在平口虎钳上，用指示表校正。其他工具如表 11-1 所示。

（2）选择量具。长度用游标卡尺测量，内轮廓用千分尺测量，槽的深度用深度游标卡尺检测，圆弧用 R 规检测，表面粗糙度用表面粗糙度比较样块比对。量具的规格、参数如表 11-1 所示。

表 11-1　工、量的规格、参数

种类	序号	名称	规格/mm	精度/mm	单位	数量
工具	1	平口虎钳	150×65		台	1
	2	虎钳扳手			把	1
	3	塑料榔头			把	1
	4	刀柄扳手			个	1
	5	平行垫铁	100×50×12	0.01	副	1
	6	杠杆指示表及表座	0～5	0.02	个	1
量具	1	游标卡尺	0～150	0.02	把	1
	2	深度游标卡尺	0～200	0.02	把	1
	3	内径千分尺		0.01	把	1
	4	外径千分尺		0.01	把	1
	5	R 规			个	1
	6	表面粗糙度比较样块			套	1

（3）选择刀具。根据零件的结构特点，铣削平面、外轮廓时，铣刀直径取为 16 mm。粗加工选用 $\phi16$ 高速钢立铣刀，精加工选用 $\phi16$ 硬质合金立铣刀。铣削凹槽内轮廓时，铣刀直径受槽宽度限制，铣刀直径取为 10 mm；粗加工选用 $\phi10$ 高速钢立铣刀，精加工选用 $\phi10$ 硬质合金立铣刀。具体所选刀具规格及其加工表面见数控加工刀具卡，如表 11-2 所示。

表 11-2　数控加工刀具卡

序号	刀具				补偿值/mm	刀补号	备注
	刀具号	道具名称	刀具规格	数量	半径	半径	
1	T01	立铣刀	$\phi16$	1	8.3	D01	高速钢
2	T02	立铣刀	$\phi16$	1	8	D02	硬质合金
3	T03	立铣刀	$\phi10$	1	5.3	D03	高速钢
4	T04	立铣刀	$\phi10$	1	5	D04	硬质合金

4. 选择合理切削用量

粗加工该零件外轮廓表面时留 0.3 mm 铣削余量，选择主轴转速与进给速度时，先查《切削用量简明手册》，确定切削速度与每齿进给量，然后计算主轴转速与进给速度。具体数控加工工序卡如表 11-3 所示。

表 11-3 数控加工工序卡

工步号	工步内容	刀具号	刀具规格/mm	主轴转速 N/(r·min^{-1})	进给速度 F/(mm·min^{-1})	背吃刀量 a_p/mm	备注
1	粗铣底面	T01	$\phi16$	600	80	0.8	
2	精铣底面	T02	$\phi16$	1 000	120	0.2	
3	粗加工外轮廓	T01	$\phi16$	600	80	11.5	
4	精加工外轮廓	T02	$\phi16$	1 000	120	11.5	
5	粗铣上表面	T01	$\phi16$	600	80	0.8	
6	精铣上表面	T02	$\phi16$	1 000	120	0.2	
7	粗加工凸台外轮廓	T01	$\phi16$	600	80		
8	粗加工凹槽内轮廓	T03	$\phi10$	600	80		
9	精加工凸台外轮廓	T02	$\phi16$	1 000	120	0.2	
10	精加工凹槽内轮廓	T04	$\phi10$	1 000	120	0.2	

5. 参考程序

1）底面及外轮廓粗加工

```
%1101
G54 G90 G17 G40 G80 G49 G21
G00 Z30
G00 X-50 Y36
S600 M03
G00 Z5 M08
G01 Z-0.8 F80
M98 P1102 F120
G00 X-39 Y-39
G01 Z-11.5 F80
M98 P1103 D01 F120
G00 Z50 M09
M05
M30
%1102
G01 X50 Y36
G00 X50 Y24
G01 X-50 Y24
G00 X-50 Y12
G01 X50 Y12
G00 X50 Y0
G01 X-50 Y0
G00 X-50 Y-12
G01 X50 Y-12
```

```
G00 X50 Y-24
G01 X-50 Y-24
G00 X-50 Y-36
G01 X50 Y-36
G00 Z5
M99
%1103
G41 G01 X-28 Y-38
G01 X-28 Y18
G02 X-18 Y28 R10
G01 X18 Y28
G02 X28 Y18 R10
G01 X28 Y-18
G02 X18 Y-28 R10
G01 X-18 Y-28
G02 X-28 Y-18 R10
G03 X-38 Y-8 R10
G40 G00 X-48 Y-8
G00 Z30
M99
```

2）底面及外轮廓精加工

```
%1104
G54 G90 G17 G40 G80 G49 G21
G00 Z30
G00 X-50 Y36
S1200 M03
G00 Z5 M08
G01 Z-1 F80
M98 P1102 F200
G00 X-39 Y-39
G01 Z-11.5 F80
M98 P1103 D02 F200
G00 Z30 M09
M05
M30
```

3）上表面及凸台外轮廓粗加工

```
%1105
G54 G90 G17 G40 G80 G49 G21
G00 Z30
G00 X-50 Y36
S600 M03
```

```
G00 Z5 M08
G01 Z-0.8 F80
M98 P1102 F120
G00 X-33 Y-38
G01 Z-10.8 F80
M98 P1106 D01 F100
G00 Z30 M09
M05
M30
%1106
G41 G01 X-23 Y-38
G01 X-23 Y18
G03 X-18 Y23 R5
G01 X18 Y23
G03 X23 Y18 R5
G01 X23 Y-18
G03 X18 Y-23 R5
G01 X-18 Y-23
G03 X-23 Y-18 R5
G03 X-33 Y-8 R10
G40 G00 X-43 Y-8
G00 Z5
M99
```

4）上表面及凸台外轮廓精加工

```
%1107
G54 G90 G17 G40 G80 G49 G21
G00 Z30
G00 X-50 Y36
S1200 M03
G00 Z5 M08
G01 Z-1 F80
M98 P1102 F200
G00 X-38 Y-48
G01 Z-11 F80
M98 P1106 D02 F250
G00 Z30 M09
M05
M30
```

5）凹槽加工

```
%1108
G54 G90 G17 G40 G80 G49 G21
```

```
G00 X-53 Y0
S600 M03
G00 Z5 M08
M98 P1109 D03 F120
G00 Z-3.9
M98 P4109 D03 F120
G00 Z-7.8
M98 P1109 D03 F120
M03 S800
G00 Z-8
M98 P1109 D04 F80
G00 Z50 M09
M05
M30
% 1109
G41 G01 X-36 Y-7
G01 X-7 Y-7
G01 X-7 Y-12
G03 X7 Y-12 R7
G01 X7 Y-7
G01 X30 Y-7
G01 X30 Y7
G01 X7 Y7
G01 X7 Y12
G03 X-7 Y12 R7
G01 X-7 Y7
G01 X-36 Y7
G40 G00 X-53 Y0
M99
```

视频 11-1
华中开机

视频 11-2
华中 X 轴对刀

视频 11-3
华中 Y 轴对刀

视频 11-4
华中 X 轴对刀

视频 11-5
华中 G54 输入

视频 11-6
华中铣平面

视频 11-7
西门子开机

视频 11-8
西门子对刀

视频 11-9
西门子加工

11.6 数控雕刻加工

11.6.1 数控雕刻简介

由于计算机技术、信息技术、自动化技术的迅速发展，计算机数控雕刻机应运而生，为现代雕刻加工行业提供了很多便利。计算机数控雕刻机在许多行业中得到广泛应用，如广告、家具木门加工、模具加工、石材雕刻、艺术玻璃雕刻等，极大地推动了这些行业的发展。

计算机数控雕刻机（数控雕刻机）秉承了传统雕刻精细轻巧、灵活自如的操作特点，同时利用了计算机数字自动化技术，并将二者有机地结合在一起，是一种先进的雕刻设备。传统的手工雕刻质量主要取决于雕刻师的经验技巧，而且继承性很差，所以一直制约着雕刻行业的发展，数控雕刻机的出现则为人们解决了这一难题。

数控雕刻机是利用小刀具对工件进行雕刻加工，主要适合加工文字、图案、小型精密工艺品、精细浮雕等。其雕刻出来的产品尺寸精度高、一致性好，而且整个过程都是计算机自动执行任务，极大地减轻了工人的劳动强度。

11.6.2 数控雕刻机的组成

数控雕刻机主要由雕刻机床、电控柜、控制计算机和雕刻控制软件 4 个基本部分组成。

数控雕刻机实物如图 11-17 所示，图中数字序号的部件名称和部件功能如表 11-4 所示。

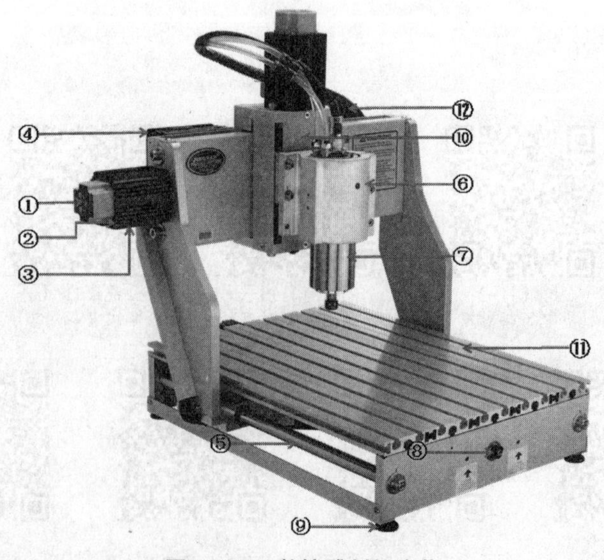

图 11-17 数控雕刻机实物

表 11-4 数控雕刻机部件名称和部件功能

标号	部件名称	部件功能
①	磁编码器	控制步进电动机电流同时起到行程限位的作用
②	步进电动机	*X*、*Y*、*Z* 轴各一个，用于控制该轴的移动
③	电动机散热器	给步进电动机散热降温
④	冷却系统	给主轴电动机散热降温
⑤	光轴	起到承重和导轨的作用
⑥	主轴座	主要用于固定主轴电动机
⑦	主轴	装夹刀具，高速转动对工件进行切削
⑧	防松螺母	防止丝杠 F6000 轴承在运动中掉出
⑨	缓冲垫	加工振动缓冲，机器平稳调节
⑩	丝杠	机器的传动单元，将步进电动机的转动变为轴的移动
⑪	T 槽台面铝	由多块台面铝拼接而成，用于放置和固定工件
⑫	拖链	包裹连接线和水管，防止加工产生干涉

数控雕刻机面板各按键位置如图 11-18 所示，图中数字序号的按键名称和按键功能如表 11-5 所示。

图 11-18 数控雕刻机面板各按键位置

表 11-5 数控雕刻机面板中按键名称和按键功能

标号	按键名称	按键功能
①	电源开关按键	控制电控柜的通电
②	手轮/电脑模式切换按键	切换手轮模式控制和电脑模式控制
③	急停按键	遇到紧急情况时按下机器会立即停止
④	主轴调速旋钮	调节主轴的开关及主轴转速
⑤	主轴正反转按键	切换主轴的正转和反转的状态
⑥	主轴手动/电脑控制按键	可切换主轴速度的调整模式为手动或代码调整
⑦	主轴状态面板	可显示主轴的状态和主轴频率

手轮部分按键如图 11-19 所示，手轮中各按键功能如表 11-6 所示。

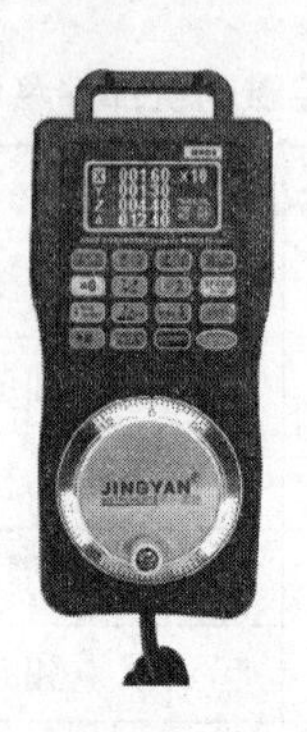

图 11-19　手轮部分按键

表 11-6　手轮中各按键功能

按键	按键功能	按键	按键功能
X	切换至 *X* 轴，长按可使 *X* 轴进入匀速模式	SPIN ON/OFF	MPG 模式下开启/关闭主轴功能，长按可调屏幕亮度
Y	切换至 *Y* 轴，长按可使 *Y* 轴进入匀速模式		自动对刀功能，长按可设定对刀块高度
Z	切换至 *Z* 轴，长按可使 *Z* 轴进入匀速模式		返回机床原点，长按可切换公英制
A	切换至 *A* 轴，长按可使 *A* 轴进入匀速模式	OUT1	控制输出继电器的开关，长按可设量 *A* 轴减速比
=0	清零功能，长按可设量驱动器电流和细分比	▶II	MPG 模式下开始或暂停程序运行功能
	返回原点功能，长按可设定安全高度		MPG 模式下返回程序开头功能，长按可开启/关闭 MPG
÷2	分中功能，用于分中对刀	MEMORY	记忆功能，能记忆 4 段小程序并脱机运行
SPEED X1-20	速率切换功能，可切换移动速度	Estop	紧急停止或解除机器当前警报状态

11.6.3　数控雕刻机的分类

按加工机理的不同，可将数控雕刻机分为激光雕刻机和机械雕刻机。

激光雕刻机主要用于雕刻广告制版，可以用亚克力、胶皮、双色板等材料做成印刷制版、水晶字等；另外，激光雕刻机还可以在大理石、竹或双色板等材料上雕刻各种精致美丽的图案和文字，将其制作成工艺品。

机械雕刻机广泛用于加工木材、石材、亚克力、双色板等一些非金属的字体切割和雕刻，还有一些简单的金属模具制造等。

11.6.4　数控雕刻机的特点

从基本结构和工作原理而言，数控雕刻机是典型的计算机数控钻铣组合机床。由于其应用目标是“雕刻”，因此其结构，雕刻加工工艺及 CAD/CAM 软件的功能与面向传统工业制造行业的数控铣床都有着较大差异。“数控雕刻”是一项独特的新型加工技术。

1. 使用小刀具进行精细雕刻

数控雕刻对象的特点是图形复杂、细节丰富、造型奇特、成品精细，如果要实现这样的加工要求，则必须使用小尺寸的刀具作为基本加工刀具。在很多情况下，雕刻刀具的刀尖直径不足0.4 mm甚至在0.1 mm以下。使用小刀具进行精细雕刻是数控雕刻机最基本的特征，该设备的所有其他特点都围绕这个基本特征而产生。

2. 使用高速精密主轴电动机

由于数控雕刻使用小尺寸的刀具进行加工，因此加工中为保证刀具的切削线速度和切削能力，势必要提高刀具的旋转速度，使用具有高转速能力的主轴电动机。除高速特性外，还要求主轴电动机非常精密，以保持较高的旋转精度和较强的轴系刚性，减少振动和跳动，降低小刀具的断刀概率和提高加工精度。

3. 轻型精密的机床结构

数控雕刻机床适用于小工件、小加工量并能满足一定加工精度要求的轻型加工，所以其整体结构较为精巧，具有较强的刚性和齐全的配置。尤其是精雕的模具机系列，为了适应在模具加工领域的应用，在导轨、防护、冷却等多个部件和结构上均进行了特殊设计和处理。

4. 高速平稳的控制系统

数控雕刻机的控制系统采用了高精度控制单元，机床运动高速平稳，分辨率高，以保证工件的加工精度。

11.6.5　数控雕刻在模具业的加工应用

数控雕刻在工业领域中应用最广的是模具业。在模具生产过程中，数控雕刻不是主要加工方式和生产手段，但其作用却非同一般，可谓是“画龙点睛”，这是由雕刻对象的“图案、文字和复杂的曲面”所决定的。目前，数控雕刻在模具雕刻领域主要应用在以下几个方面。

1）紫铜和石墨电极加工

电火花成形机是当前模具行业中主要的生产设备，电极的需求量较大，但电极生产缺乏专业设备。数控雕刻可为电火花成形机做专业配套，可高效精细地加工棱角分明、形态别致的电火花成形电极。

2）五金冲模和精细冲头加工

五金行业中冷冲压是一种主要的生产手段，冲压模具（冲模）的加工是一个十分关键的环节，五金冲模主要以Cr12为加工材料，数控雕刻可加工的典型冲模有眼镜角丝、眼镜中梁、眼链托叶芯、纽扣、饰物、纪念币、餐具柄、拉链等。

3）鞋材模具和鞋底模型加工

制鞋是世界性的大行业，鞋材和鞋底加工是制鞋业的主要生产环节。数控雕刻可构造和加工以艺术曲面为主要形态的鞋底模型（代木）、鞋材高周波（高频）模具以及鋆皮模具。

4）滴塑（微量射出）模具加工

滴塑模具是滴塑礼品的主要生产工具，是典型的薄壁件产品，常采用单件小批量生产，一致性和加工精度要求较高。数控雕刻尤其擅长59号铜材等脆性材料的曲面形态薄壁件加工。

5）钟表零件加工和轻型数控加工

数控雕刻可高效精细地进行表壳异形曲面铣、钻和雕花，还可精确快速地进行表壳、表链、表盘等镶钻位钻孔加工，而这种类型的轻型加工应用还有许多，如装饰品雕刻、印章雕刻、产品刻字、模具刻字、烫金模板、印刷胶版等。

6）压花（皮纹、花纹）辊轮和圆柱体工件雕刻

辊花是皮革、装饰纸张等产品的主要生产手段，数控雕刻在皮革压花辊轮（皮纹）、纸张（餐巾纸、包装纸、壁纸）压花辊轮、圆柱体工件雕刻上的应用十分出色。

7）首板（手板、样板）模型加工

首板（模型样板）是手工机械雕刻的基本工具，数控雕刻可按照实物建模，实现二维到三维的构造，高效精细地加工模型样板。

11.6.6　数控雕刻在广告业的加工应用

数控雕刻在广告业中主要应用于沙盘模型、广告标牌和文字图案的制作，这些业务在雕刻工艺上相对简单，关键是在效果表现上，而且主要突出的效果是“精雕细刻和求新创异”。

1. 精雕细刻

“精雕细刻”是一个优质产品形态和内涵的表征，这一特征体现在沙盘模型部件、广告标牌和文字图案雕刻加工方式上，如文字图案清晰精细、镂空字和图形边缘光滑、镂空图案内角半径小、加工效率高。数控雕刻以其特有的小刀具加工方式，在生产效率和加工精度上可满足广告业精雕细刻的要求。

2. 求新创异

广告人多以“新”和“异”来表达自己所诉求的主题并吸引公众的注意。平面图形是一种使用很久的表达方式，人们已逐渐“熟视无睹”了。浮雕文字和艺术标志是广告人常用的表达方式，但目前只停留在“感官”上。随着数控雕刻机的使用，数控雕刻已将过去人们感官上“看”到的浮雕效果变成真正的“浮雕”文字和标志。这将有助于广告人在表达方式上有所突破。

11.6.7　数控雕刻机加工的一般步骤

1. 绘制图形

数控雕刻机绘制图形一般有 2 种方法：一种是通过扫描仪，直接把图形（如工程图纸）和图像（如照片、广告画）扫描到计算机中，以像素信息进行存储表示，然后通过数控雕刻机自带软件对图形进行矢量化，得到加工轮廓轨迹图；另一种是直接使用数控雕刻机自带软件中的绘图功能（类似 CAD 绘图软件）绘制加工图形，并矢量化得到加工轮廓轨迹图。

2. 生成加工程序

类似于一般数控加工机床，数控雕刻机自带软件可以根据矢量化的加工轮廓轨迹图生成程序单，数控雕刻机即按照程序单加工。

3. 加工前机床准备

（1）机床开始工作前要有预热，雕刻前及雕刻过程中必须检查并确认电动机的冷却系统（水泵）和润滑系统（油泵）是否正常工作。

（2）使用的刀具应与机床允许的规格相符、有严重破损的刀具要及时更换。安装刀具时，刀具露出卡头的长度须根据雕刻深度、工件与夹具是否干涉来共同决定，在满足以上条件下尽量取短，刀具安装好后应进行一两次试切削。

（3）检查卡盘夹紧工作状态，装夹工件时，必须遵循“装实、装平、装正”的原则，严禁在悬空的材料上雕刻；为了防止材料的变形，材料的厚度要比雕刻的深度大 2 mm 以上。

（4）加工前一定要正确地定义 X、Y、Z 轴的起刀点。更换刀具后必须立即重新定义 Z 轴起刀点，X、Y 轴起刀点不能更改。

（5）使用对刀仪定义对刀点时严禁主轴旋转，以防压坏对刀仪；严禁向对刀仪注水、注油，不用时须用杯子将对刀仪罩住。

4. 加工

机床准备好以后按下加工按钮开始加工。

5. 清理工作

零件加工完毕后，机床各坐标轴回到安全位置，关闭机床电源，工件送检，收拾工、量具，清洁机床和地面。

11.6.8 数控雕刻实训

加工对象为长方体檀木材料，尺寸为 100 mm×50 mm×20 mm，要求采用 $\phi3$ 雕刻刀加工凹字深度为 1 mm，凸字深度为 2 mm，汉字为“沈航”，并使用 ArtCAM 软件编写其加工程序。

1. 工件准备

分析零件，选择加工方法，准备工件。工具的选择过程包括如下方面。第一：应考虑数控雕刻机的工作特点，能实现自动安装和自动定位的应尽量满足，以提高效率。第二：夹具为平口虎钳，对一些加工安装前就需准备好的部位，应提前准备好。

2. 刀具准备

加工前应根据加工所需刀具情况，准备加工中所使用的刀具，本次实验使用的数控雕刻机无换刀功能，只能安装一把 $\phi3$ 雕刻刀，角度为 20°。

3. 数控雕刻加工的编程

雕刻加工软件为 ArtCAM，如图 11-20 所示。

图 11-20 ArtCAM 软件

ArtCAM 软件产品系列是英国 Delcam 公司出品的独特的 CAD 造型和 CNC、CAM 加工解决方案，是复杂立体三维浮雕设计、珠宝设计和加工的首选，可快速将二维构思转换成三维艺术产品。它具有全中文用户界面，可使用户更加方便、快捷、灵活地进行三维浮雕设计和加工，并广泛地应用于雕刻生产、模具制造、珠宝生产、包装设计、纪念章和硬币制造以及标牌制作等领域。

在“新的模型尺寸”对话框中模型尺寸设定 100 mm×50 mm，中心为原点，如图 11-21 所示。

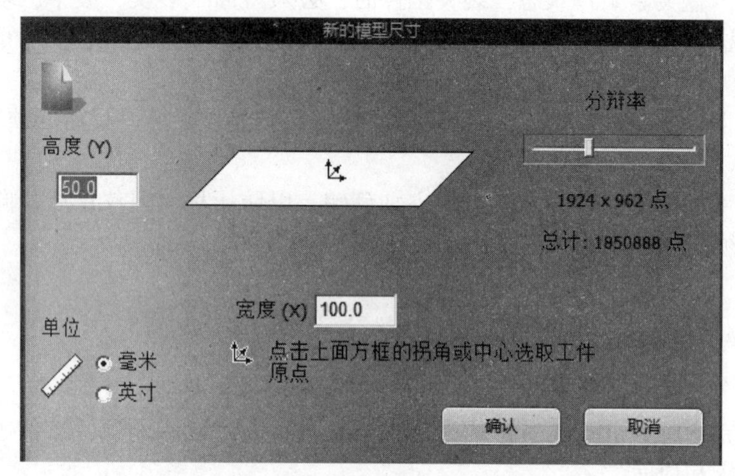

图 11-21　“新的模型尺寸”对话框

在 ArtCAM 主界面中选择“产生矢量文字”工具，如图 11-22 所示。

图 11-22　选择“产生矢量文字”工具

在弹出的“工具设置：文字工具”对话框中“字体”选择为“楷书”，“尺寸”选择为“34”，输入汉字“沈航”。键盘点 F9 为汉字中心，如图 11-23 所示。

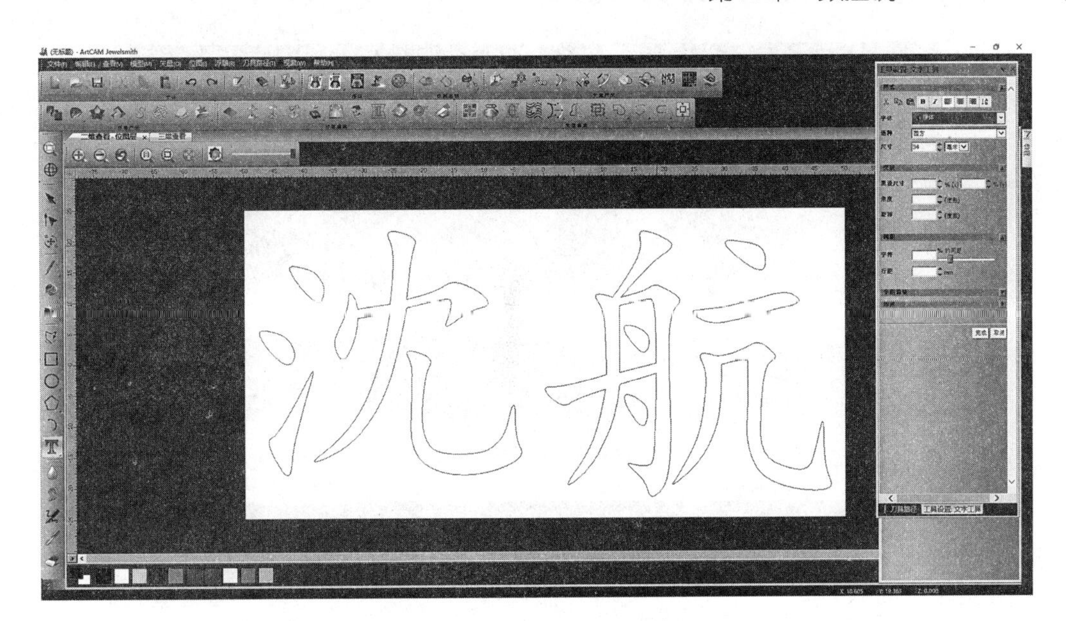

图 11-23　输入汉字“沈航”

刀具路径设置。在“项目”对话框的“二维刀具路径”栏中单击“产生区域清除刀具路径”按钮；在“二维区域消除”对话框中“开始深度”为“0”，“结束深度”为“1”；“加工安全区高度”为“10 mm”，材料厚度为 20 mm，如图 11-24 所示。

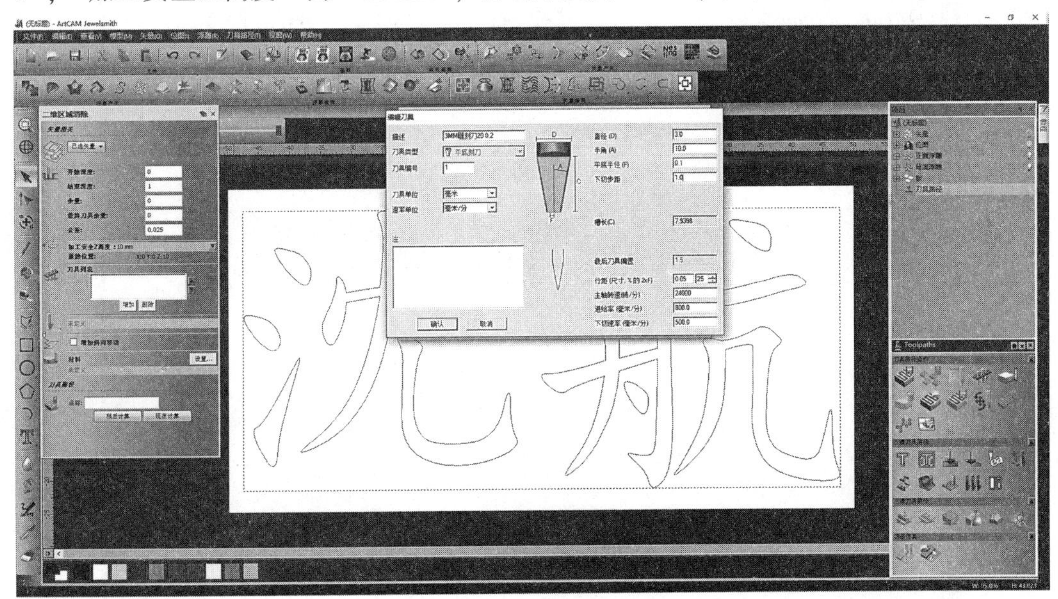

图 11-24　刀具路径设置

雕刻 1 mm 深的凹字，单击“项目”对话框中的按钮，保存刀具路径输出格式选择“. tap”，雕刻仿真效果如图 11-25 所示，雕刻程序如图 11-26 所示。

图 11-25　雕刻仿真效果

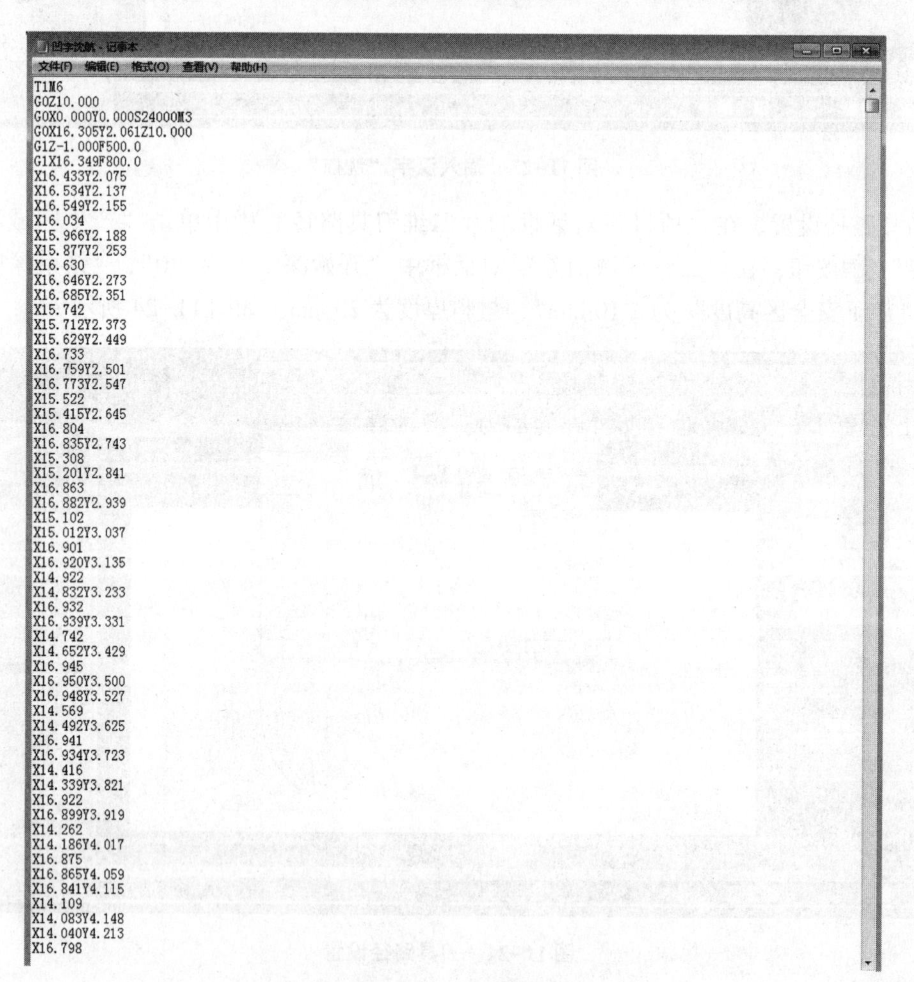

凹字沈航 - 记事本

文件(F) 编辑(E) 格式(O) 查看(V) 帮助(H)

```
T1M6
G0Z10.000
G0X0.000Y0.000S24000M3
G0X16.305Y2.061Z10.000
G1Z-1.000F500.0
G1X16.349F800.0
X16.433Y2.075
X16.534Y2.137
X16.549Y2.155
X16.034
X15.966Y2.188
X15.877Y2.253
X16.630
X16.646Y2.273
X16.685Y2.351
X15.742
X15.712Y2.373
X15.629Y2.449
X16.733
X16.759Y2.501
X16.773Y2.547
X15.522
X15.415Y2.645
X16.804
X16.835Y2.743
X15.308
X15.201Y2.841
X16.863
X16.882Y2.939
X15.102
X15.012Y3.037
X16.901
X16.920Y3.135
X14.922
X14.832Y3.233
X16.932
X16.939Y3.331
X14.742
X14.652Y3.429
X16.945
X16.950Y3.500
X16.948Y3.527
X14.569
X14.492Y3.625
X16.941
X16.934Y3.723
X14.416
X14.339Y3.821
X16.922
X16.899Y3.919
X14.262
X14.186Y4.017
X16.875
X16.865Y4.059
X16.841Y4.115
X14.109
X14.083Y4.148
X14.040Y4.213
X16.798
```

图 11-26　雕刻程序

11.6.9　实训案例参考

图 11-27 为沈阳航空航天大学校徽及校风“勤奋、严谨、求实、创新”，请同学们深刻领会校风的含义。图 11-28 为沈航（为沈阳航空航天大学简称）凹凸字。

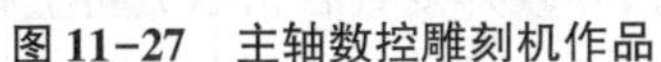

图 11-27　主轴数控雕刻机作品

图 11-28　四轴数控雕刻机作品

勤奋是生命顽强的象征，是梦想实现的保障。教师勤勉以求博学多识，提升教育艺术；学生勤奋，力求成功成才，像雄鹰般丰满羽翼，展翅高飞，不断超越。

严谨强调做事风格，是成就事业的必要条件。教师在工作中要做到一丝不苟，认认真真备课、踏踏实实教学；学生在学习中要关注细节，对每个环节都要反复思考，对每个问题都要深入研究。

求实就是务实，即不驰于空想，不鹜于虚声；低落时，韬光养晦；领先时，敢于亮剑。教师的事业、学生的学业，没有捷径，凡事都要从实际出发，脚踏实地去做，遵循规律地去做。

创新是智慧的碰撞，思维的激荡，它让理想实现，让梦想闪亮。创新是学校前进的动力，激励教师创新教育艺术，时刻超越，勇立教育潮头；督促学生每天进步，成就知识的渊博和品格的伟岸。创新首先是思维的创新，你虽然改变不了这个世界，但可以改变自己的思维。

图 11-29 为四轴数控雕刻机作品，其中内容为沈阳航空航天大学的大学生活动中心及校训“德能并进，勇毅翔远”。校训历来是一所学校珍贵的价值遗产和宝贵的精神财富，是一所学校精神的集中表达。“德能并进，勇毅翔远”的校训昭示着沈航人用办学实践反复验证的基本理念——“只有造就有道德、有能力、有勇气、有毅力的高素质人才，才能适应祖国未来发展的需要”。

图 11-29　四轴数控雕刻机作品

视频 11-10
三轴雕刻机加工

视频 11-11
四轴雕刻机加工

11.7 安全操作规程

11.7.1 数控铣部分

（1）上机前，必须仔细阅读数控铣床操作注意事项，严格遵守实训规定。

（2）学生编好程序之后，必须进行加工程序校验，待指导教师复查合格后方可上机操作；上机操作须在指导教师指导下进行，未经指导教师允许，严禁学生操作机床加工零件。

（3）安装工件、刀具必须牢固，扳手、量具在使用完毕后，必须及时放置在固定的安全位置，严禁放置在机床内。

（4）工作时，要佩戴防护镜，禁止戴手套，严禁头、手、身体靠近旋转刀具。

（5）工作时，必须集中注意力，严禁离开机床或做与当前操作无关的事；不懂问题及时请教指导教师，切勿鲁莽行事；如遇特殊、突发事件，须及时按下急停开关，并报告指导教师，由指导教师具体处理、解决。

（6）机床开动时，严禁使用量具测量工件。

（7）清除切屑必须使用专用毛刷，严禁用手或抹布直接清除。

（8）上班前、下班后，要认真擦净机床，并按技术要求认真润滑机床。

（9）机床在调整时，必须立警告牌；禁止移动或损坏安装在机床上的警告标牌。

（10）必须保证机床的工作环境符合设计要求，机床开始工作前要有预热，严禁机床在潮、湿、冷的环境下工作。

（11）使用刀具应与机床规格相符。安装新刀具时必须进行严格对刀调试，在进行1～2次试切削验证后方可使用；定期进行磨损补偿，保证刀具始终处于正确的工作位置；刀具磨损后要及时更换。

（12）不要在机床周围放置障碍物，保证工作空间通畅、整洁。

11.7.2 数控雕刻加工部分

（1）雕刻前及雕刻过程中必须检查并确认电动机的冷却系统（水泵）和润滑系统（油泵）是否正常工作。

（2）主轴旋转时严禁用手触摸，避免意外伤害。

（3）装夹工件时，必须遵循“装实、装平、装正”的原则，严禁在悬空的材料上雕刻；为了防止材料的变形，材料的厚度要比雕刻的深度大2 mm以上。

（4）装卡刀具前须将卡头内杂物清理干净。

（5）刀具装卡时，一定先将卡头旋进锁紧螺母内放正，一起装到电动机轴上，再将刀具插进卡头，然后再用上刀扳手慢慢锁紧螺母；装卸刀具时，松紧螺母禁用推拉方式，要用旋转方式。

(6) 刀具露出卡头的长度须根据雕刻深度、工件与夹具是否干涉来共同决定，在满足以上条件下尽量取短。

(7) 加工前一定要正确的定义 X、Y、Z 轴的起刀点。更换刀具后，必须立即重新定义 Z 轴起刀点，X、Y 轴起刀点不能更改。

(8) 在开始加工（下刀）前，须把手放在红色紧急开关按钮处，一有意外情况立即按下。

(9) 学生在上机操纵中一定要勤于动手、动脑，使用各种雕刻耗材一定要留意节约，不得浪费。

(10) 加工完毕要关闭机床电源，核实工具、量具，打扫实训场地，认真填好“仪器、设备使用记录”，经教导老师同意后，方可离开实习场地。

11.8　延伸阅读

蓝领玫瑰：中国航天科技集团一院长治清华机械厂韩利萍

韩利萍是中国航天科技集团一院长治清华机械厂的一名数控铣工。从一个普通女工成长为特级技师，她用智慧和勤奋织就了荣誉的光环，用技能成就了“蓝领玫瑰”的美名。在承担神舟飞船和探月卫星发射支持系统和国家重点武器装备产品的研制生产中，韩利萍多次临危受命攻克制约工程研制的技术难关，为我国的航天事业和企业发展做出了突出贡献，通过多年生产一线的积累，她练就了精湛的技术功底，先后创新应用大直径螺纹铣削和简化编程等新技术 40 余项，提出合理化建议 200 余条，成功破解了“神舟”飞船和探月卫星发射平台减速器零件针齿壳中盲孔孔深是孔径 10 倍的加工瓶颈，编写了《数控刀具使用加工指南》，使刀片使用率提高了 20%，撰写的《经济型机床数控改造实例》获得了航天数控技术交流三等奖。

第12章 数控车削加工

12.1 概　述

机床是人类进行生产加工的重要工具，也是社会生产力发展水平的重要标志。在我国制造业中，数控车床的应用也越来越广泛，数控车床应用的多少是一个企业综合实力的体现。我国数控技术起步于1958年，经过数十年的发展取得了实质性进步。国产机床的国内占有率达50%，国产数控系统的国内占有率也达到了10%。

数控车床集万能型车床、精密型车床和专用型卧式车床的特点于一身，是我国使用量最大、覆盖面最广的一种数控机床。数控车床的使用给传统制造业的生产方式、产品结构、产业结构带来深刻的变化，也给机电类专业人才的培养带来新的挑战。

12.2 实训目的

（1）了解数控车床加工特点及应用。

（2）学习数控刀具的使用常识。

（3）学习数控系统的使用。

（4）掌握常用编程代码的应用与数控车床基本实操技能。

12.3　数控车床简介

数控车床是一种装有程序控制系统的自动化机床，该控制系统能够有逻辑地处理具有控制编码或其他符号指令规定的程序，并将其译码，从而使机床运转并加工零件。

随着科学技术的发展，机械产品的结构越来越合理，其性能、精度和效率日趋提高，更新换代频繁，生产类型由大批大量生产向多品种小批量生产转化，因此对机械产品的加工提出了高精度、高柔性与高度自动化的要求，在机床行业，由于采用了数控技术，许多过去在普通机床上无法完成的工艺内容得以完成，大量卧式车床被数控车床所代替，这极大地促进了机床行业的技术进步和发展。目前，数控车床已经遍布军工、航空航天、造船、车辆生产、机床、建筑、通用机械、纺织、轻工、电子等几乎所有制造行业。

综上所述，数控车床在促进技术进步和经济发展，提高人类生活质量和创造新的就业机会等方面，起着越来越重要的作用。

12.3.1　数控车床的组成

数控车床一般由控制系统、伺服系统和车床主体组成，数控车床各组成部分的功能和图例如表12-1所示。

表12-1　数控车床各组成部分的功能和图例

序号	组成部分	功能	图例
1	控制系统	控制系统是数控车床的核心，用于输入数字化的零件程序，并完成输入信息的存储、数据的变换、插补运算及实现各种控制功能	
2	伺服系统	伺服系统包括主轴驱动单元、进给单元、主轴电动机及进给电动机等，是数控车床执行机构的驱动部件	
3	车床主体	车床主体包括床身、导轨、刀架、卡盘、防护罩等，是用于完成各种切削加工的机械部件	防护罩 卡盘 导轨 刀架 床身

12.3.2　数控车床的加工范围

数控车床与卧式车床一样主要用于轴类、盘类等回转体零件的加工，如完成各种内、外圆柱面，圆锥面，圆柱螺纹，圆锥螺纹，切槽，钻扩，铰孔等工序的加工；还可以完成卧式车床上不能完成的圆弧、各种非圆曲面构成的回转面、非标准螺纹、变螺距螺纹等表面加工。数控车床特别适用于复杂形状的零件或中、小批量零件的加工。

12.3.3　数控车床的加工特点

数控车床与卧式车床相比，具有如下特点。

（1）加工精度高，具有稳定的加工质量。

（2）可进行多坐标的联动，能加工形状复杂的零件。

（3）加工零件改变时，一般只需要更改数控程序，可节省生产准备时间。

（4）机床本身的精度高、刚性大，可选择便于加工的加工用量，生产率高（一般为卧式机床的 3 ~4 倍）。

（5）机床自动化程度高，可以减轻劳动强度。

（6）具有较好的经济效益，有利于生产管理的现代化。

12.3.4　数控车床的加工过程

数控车床的工作过程如图 12-1 所示。

（1）首先根据零件图给出的轮廓、尺寸、材料及技术要求等内容，进行各项准备工作（包括程序设计、数值计算及工艺处理等）。

（2）将上述程序和数据按数控装置所规定的程序格式编制加工程序。

（3）将加工程序的内容输入数控装置。

（4）数控装置将接收的程序进行一系列处理后，再将处理结果以脉冲信号形式向伺服系统发出执行的命令。

（5）伺服系统接到执行的信息指令后，立即驱动车床进给机构按指令要求进行位移，使车床自动完成相应零件的加工。

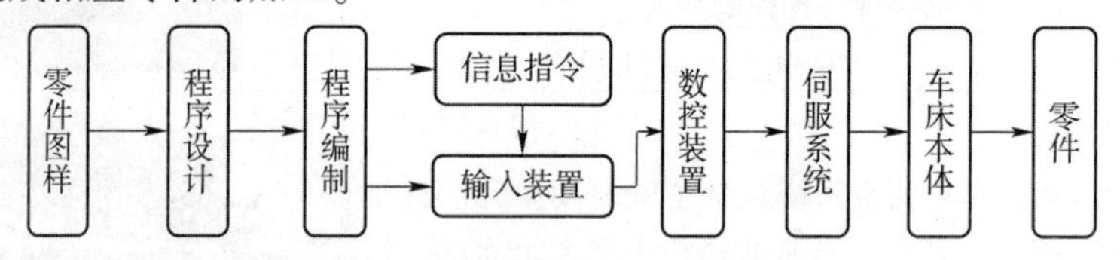

图 12-1　数控车床的工作过程

12.3.5　数控车床的编程指令

数控车床根据功能和性能的要求，配置不同的数控系统。系统不同，其编程指令也有差别。因此，编程时应按照所使用数控系统指令的编程规则进行编程。本书以华中数控系统为例介绍车削系统的编程指令。

1. 辅助功能 M 代码

辅助功能 M 代码由地址字 M 和其后的 1 位或 2 位数字组成，主要用于控制零件程序的走向以及机床各种辅助功能的开关动作。

1）程序暂停 M00

当数控车床执行到 M00 时，将暂停执行当前程序以方便操作者进行刀具更换和工件的尺寸测量、工件调头、手动变速等操作，若想要继续执行后续程序，则需重新按下操作面板上的循环启动键。

2）程序结束 M02、M30

M02 编在主程序的最后一个程序段中。当数控车床执行到 M02 时，机床进给、切削液全部停止，加工结束。使用程序结束 M02 后，若要重新执行该程序，就得重新调用该程序然后再按下操作面板上的循环启动键。M30 和 M02 功能基本相同，只是 M30 还兼有控制返回到零件程序开头的作用。使用程序结束 M30 后，若要重新执行该程序，只需再次按下操作面板上的循环启动键即可。

3）主轴控制 M03、M04、M05

M03：驱动主轴以程序中编制的主轴速度逆时针（沿 Z 轴正方向朝 Z 轴负方向看）方向旋转。

M04：驱动主轴以程序中编制的主轴速度顺时针方向旋转。

M05：主轴停止旋转。

4）切削液打开停止指令 M08、M09

M08：打开切削液管道。

M09：关闭切削液管道。

2. 主轴功能 S 指令、进给功能 F 指令和刀具功能 T 指令

1）主轴功能 S 指令

S 指令用于控制主轴转速，其后的数值表示主轴速度，FANUC 机床单位为 r/min，华中机床单位为 mm/min。

注意：S 指令是模态指令，其功能只有在主轴速度可调节时有效。S 指令所编程的主轴转速可以借助机床控制面板上的主轴倍率开关进行修调。

2）进给速度 F 指令

F 指令表示工件被加工时刀具相对于工件的合成进给速度，F 指令的单位取决于 G94（每分钟进给量，mm/min）或 G95（主轴每转一圈刀具的进给量，mm/r）。

注意：F 指令所编程的进给速度可以借助机床控制面板上的进给倍率开关进行修调。

3）刀具功能 T 指令

T 指令用于选刀，其后的 4 位数字分别表示选择的刀具号和刀具补偿号。

注意：当一个程序段同时包含 T 指令与刀具移动指令时，先执行 T 指令，后执行刀具移动指令。在手动换刀时，刀架须移动到导轨中间安全位置远离卡盘与工件后进行换刀，如出现撞刀立即按下急停开关。

3. 准备功能 G 指令

1）快速定位 G00

格式：G00 X（U）_Z（W）_

说明：X_、Z_为绝对编程时，快速定位终点在工件坐标系中的坐标。U_、W_是刀具相对于工件以各轴预先设定的速度，从当前位置快速移动到程序段指令的定位目标点。

G00 中的快移速度由机床参数“快移进给速度”对各轴分别设定，不能用 F_规定。G00 一般用于加工前快速定位或加工后快速退刀，快移速度可由面板上的快速修调按钮修正。

注意：在执行 G00 时，由于各轴以各自速度移动，不能保证各轴同时到达终点，因而联动直线轴的合成轨迹不一定是直线，操作者必须格外小心，以免刀具与工件发生碰撞。常见的做法是，将 *X* 轴移动到安全位置，再执行 G00。

2）直线插补 G01

格式：G01 X（U）_Z（W）_F_

说明：X_、Z_为绝对编程时终点在工件坐标系中的坐标。F_为合成进给速度。

G01 中刀具以联动的方式，按 F_规定的合成进给速度，从当前位置按线性路线（联动直线轴的合成轨迹为直线）移动到程序段指令的终点。

3）圆弧插补 G02/G03

格式：$\begin{Bmatrix} \text{G02} \\ \text{G03} \end{Bmatrix}$ X（U）_Z（W）_$\begin{Bmatrix} \text{I_K_} \\ \text{R_F_} \end{Bmatrix}$

说明：G02/G03 中刀具按顺时针/逆时针进行圆弧加工。G02/G03 的判断是在加工平面内，根据其插补时的旋转方向为顺时针或逆时针来区分的，如图 12-2、图 12-3 所示，加工平面为观察者迎着 *Y* 轴的指向，所面对的平面。

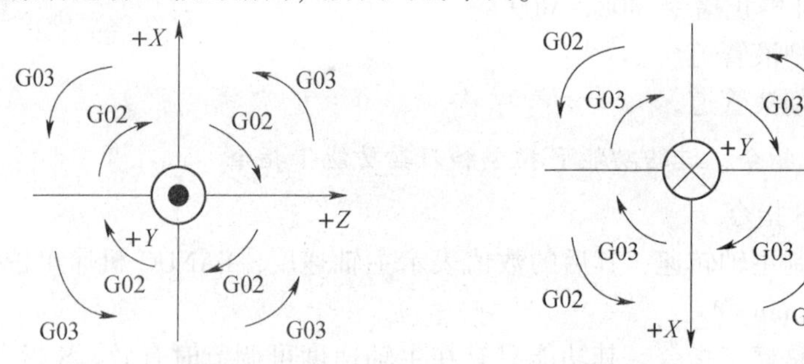

图 12-2　顺时针圆弧插补　　**图 12-3　逆时针圆弧插补**

X_、Z_：为绝对编程时，圆弧终点在工件坐标系中的坐标。

U_、W_：为增量编程时，圆弧终点相对于圆弧起点的位移量。

I_、K_：圆心相对于圆弧起点的增加量（等于圆心的坐标减去圆弧起点的坐标），在绝对、增量编程时都是以增量方式指定，在直径、半径编程时 I_都是半径值。

R_：圆弧半径。

F_：被编程的两个轴的合成进给速度。

注意：顺时针或逆时针是从垂直于圆弧所在平面的坐标轴的正方向看到的回转方向。同时编入 R_与 I_、K_时，R_有效。

4）螺纹切削循环指令

螺纹切削循环指令如表 12-2 所示。

表 12-2　螺纹切削循环指令

华中螺纹切削循环指令 G82	FANUC 螺纹切削循环指令 G92
指令格式：G82 X（U）_Z（W）_R_E_C_P_F_	指令格式：G92 X（U）_Z（W）_F_

续表

华中螺纹切削循环指令 G82	FANUC 螺纹切削循环指令 G92
X_、Z_：绝对值编程时，为螺纹终点 C_在工件坐标系下的坐标；增量值编程时，为螺纹终点 C_相对于循环起点的有向距离，循环起点，用 U_、W_表示 R_、E_：螺纹切削的回退量。R_为 Z 向回退量，E_为 X_向回退量。R_、E_可省略，表示无回退功能 C_：纹头数，为 0 或 1 时切削单头螺纹 P_：单头螺纹时，为主轴基准脉冲处距离切削起点的主轴转角；多头螺纹时，为相邻螺纹头的切削起点之间对应的主轴转角 F_：螺纹导程	X_、Z_：绝对值编程时，为螺纹终点在工件坐标系下的坐标 U_、W_：增量编程时，为切削终点相对于循环起点的增量坐标值 F_：螺纹导程
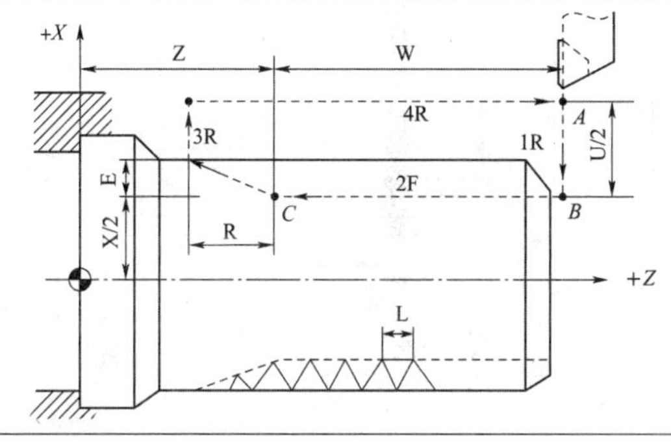	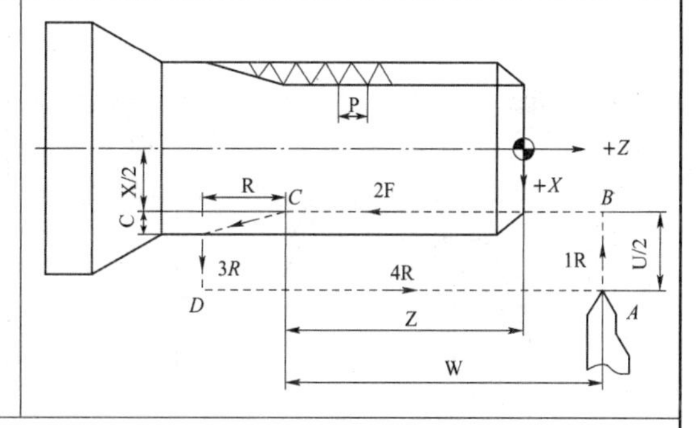
螺纹加工指令使用注意事项： 1. 在切削螺纹时进给速度倍率开关无效（固定在 100%）。不得使用恒线速度； 2. 螺纹切削时，进给保持无效，若按下进给保持，在切削完螺纹后停止运动； 3. 螺纹切削开始和结束时，由于升速及降速原因，会使切入、切出部分的导程不正常，应设置足够的升速进刀段和降速退刀段，以消除伺服滞后造成的螺距误差	

5）内外圆粗车复合循环指令

华中内外圆粗车复合循环指令 G71，适用于毛坯料粗加工去除余量，并在最后循环中精加工零件轮廓；FANUC 内外圆粗车复合循环指令 G71，只进行工件轮廓粗加工，精加工需要使用 G70，如表 12-3 所示。

表 12-3 内外径粗车复合循环指令

华中内外圆粗车复合循环指令 G71	FANUC 内外圆粗车复合循环指令 G71
指令格式： G71 U（Δd）R（r）P（ns）Q（nf）X（Δx）Z（Δz）F（f）S（s）T（t）	指令格式： G71 U（Δd）R（e）； G71 P（ns）Q（nf）U（Δu）W（Δw）F（f）S（s）T（t）

续表

华中内外圆粗车复合循环指令 G71	FANUC 内外圆粗车复合循环指令 G71
Δd：背吃刀量（每次切削量），指定时不加符号，方向由 *AA′*决定 r：每次退刀量 ns：精加工路径第一程序段（即图中的 *AA′*）的顺序号 nf：精加工路径最后程序段（即图中的 *B′B*）的顺序号 Δx：X 方向精加工余量。如为负值时，表示内径粗车循环 Δz：Z 方向精加工余量 F，S，T：粗加工时 G71 中编程的 F、S、T 有效，而精加工时处于 ns 到 nf 间的程序段中 F，S，T 有效	Δd：每次循环的背吃刀量（半径值指定） e：每次切削退刀量 ns：精加工路径第一程序段的顺序号（行号） nf：精相加工路径最后程序段的顺序号（行号） Δu：*X* 方向精加工余量和方向。如为负值时，表示内径粗车循环 Δw：*Z* 方向相加工余量和方向 F，S，T：在 G71 程序段中，指令在顺序号为 ns 到顺序号为 nf 的程序段中粗车时使用的 F，S，T 功能
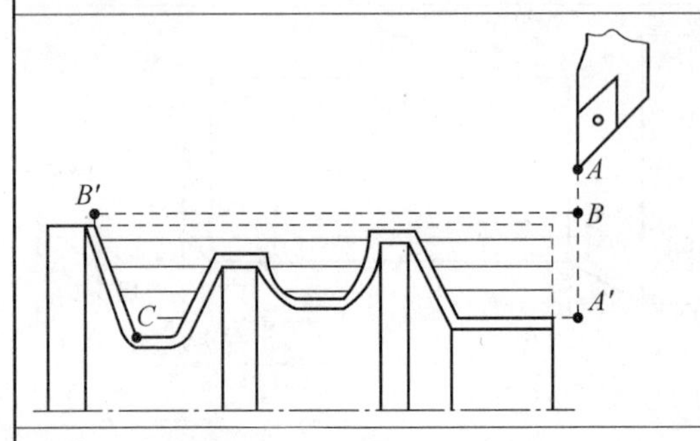 	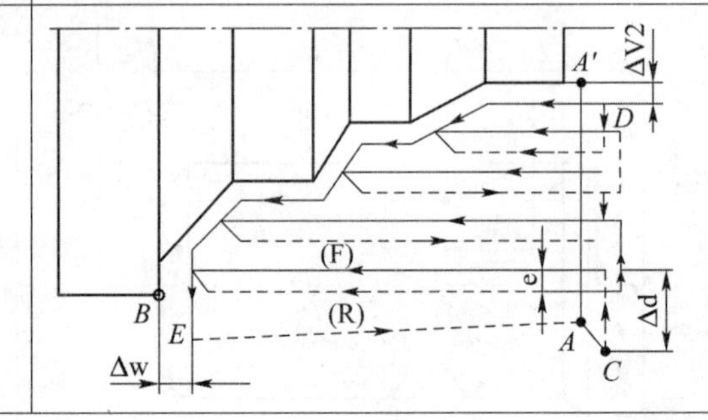
注意： 1. G71 必须带有 P、Q 地址 ns、nf 且与加工路径起、止顺序号对应，否则不能进行该循环加工； 2. ns 的程序段必须是 G00 或 G01，即开始运动必须是点定位或直线加工； 3. 在顺序号为 ns 到顺序号为 nf 的程序段中，不应包含子程序； 4. G71 后的进给速度 F 不能省略，ns、nf 间程序段的顺序号可以省略	

12.4 外圆端面零件加工

本节以完成图 12-4 所示外圆端面零件的加工工艺制定、加工程序编写为例介绍外圆端面零件加工的具体过程。

图 12-4 所示的外圆端面零件轮廓比较单一，需要进行端面、台阶面、外圆柱面、倒角和切断等加工。尺寸标注完整，其中尺寸 $\phi30$、$\phi35$、$\phi40$ 有尺寸精度要求。

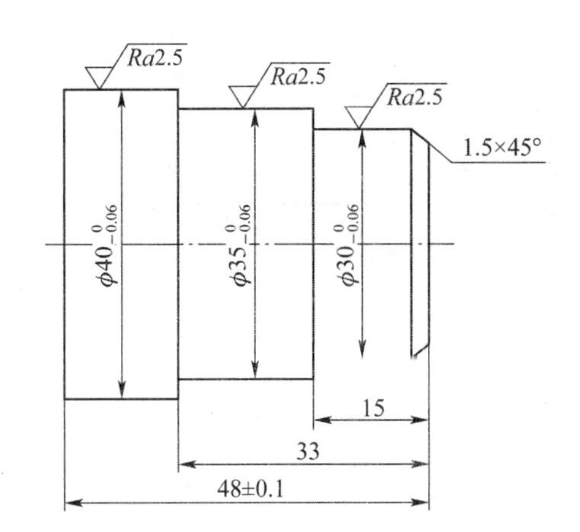

图 12-4 外圆端面零件

12.4.1 外圆端面零件工艺分析

1. 分析零件图

从图 12-4 可知，该零件是较典型的轴类零件。由三段直径分别为 $\phi30$、$\phi34$、$\phi40$ mm 的加工面及端面组成，设计总长为 48 mm。加工内容较为简单，该零件轮廓几何要素定义完整。尺寸精度符合数控车床加工要求。

2. 确定毛坯

零件轮廓规整，选择 $\phi50$ mm×100 mm 的棒料，材料为 45 号钢。

3. 装夹与定位方式的确定

该零件的结构工艺性好，便于装夹、加工，采用自定心卡盘装夹工件。

4. 加工方法的确定

利用 CAK6140 型数控车床、1 把 90°外圆车刀和 1 把刀宽 B 为 4 mm 的切断刀进行加工。

5. 加工顺序的确定

该零件外圆柱面尺寸 $\phi30$、$\phi35$、$\phi40$ mm 尺寸精度要求较高，长度尺寸未注公差，未注尺寸公差按 IT12 级处理。采用粗车外圆→精车外圆→切断的加工方案。

6. 刀具选择

根据零件加工要求，需要 90°外圆车刀和切断刀，如表 12-4 所示。

表 12-4 数控加工刀具卡

零件名称		零件图号			材料	PVC 塑料	备注
工序号	刀具号	刀具名称	刀具规格	数量	刀尖圆弧半径/mm	加工表面	
1	T01	90°外圆车刀	90°主偏角	1	0.4	粗精车外轮廓	
2	T02	切断刀	B=4 mm	1		切断	刀位点右刀尖
编制		审核		批准		共 1 页	第 1 页

7. 切削用量的确定

切削用量如表 12-5 所示。

表 12-5　数控加工工序卡

数控加工工序卡	零件图号	零件名称		材料	使用设备		
				45	CAK6140 型数控车床		
工序号	工序内容	刀具号	刀具名称	切削用量（华中/FANUC）			备注
				主轴转速/(r·min^{-1})	进给量/(mm·min^{-1})/(mm·r^{-1})	背吃刀量/mm	
1	自右向左粗车外轮廓	T01	90°外圆车刀	500	80/0.2	2	
2	自右向左精车外轮廓	T01	90°外圆车刀	850	50/0.1	0.5	
3	切断	T02	切断刀	450	50/0.1		
4	检测						
编制		审核		批注		共 1 页	第 1 页

12.4.2　编写加工程序

根据零件图纸加工要求，编写程序，如表 12-6 所示。

表 12-6　加工程序单

华中数控程序/FANUC 数控程序			
O0001	文件名	Z33	切削长度 33 mm
%0001	华中程序名/FANUC 中 O0001 为程序名，无%0001 命名	G00 X52	X 方向快速退刀
T0101	换刀 90°外圆车刀	Z52	Z 方向快速退刀
M03 S500	主轴正转，转速 500 r/min	G01 X31	X 方向精车余量 1 mm
G00 X52 Z52	快读定位	Z33	切削长度 33 mm
G01 X46 F80/F0.2	背吃刀量 2 mm	G00 X52	X 方向快速退刀
Z-5	切削长度-4 mm	Z52	Z 方向快速退刀
G00 X52	X 方向快速退刀	M05	主轴停止
Z52	Z 方向快速退刀	M00	程序暂停、检测尺寸修正刀补
G01 X42	背吃刀量 2 mm	M03 S800	主轴正转，转速 800 r/min
Z-5	切削长度-4 mm	G01 X27 F50/F0.1	进给倒角 X 方向起始点
G00 X52	X 方向快速退刀	Z48	进给倒角 Z 方向起始点

续表

华中数控程序/FANUC 数控程序			
Z52	Z 方向快速退刀	X30 Z46.5	倒角并精加工切削至 φ30 mm
G01 X41	X 方向精车余量 1 mm	Z33	精加工长度 33 mm
Z-5	切削长度-4 mm	X35	精加工切削至 φ35 mm
G00 X52	X 方向快速退刀	Z15	精加工长度 14 mm
Z52	Z 方向快速退刀	X40	精加工切削至 φ40 mm
G01 X37	背吃刀量 2 mm	Z-5	精加工长度-4 mm
Z15	切削长度 14 mm	T0202	换 T0202 切断刀具
G00 X52	X 方向快速退刀	M03 S450	主轴正转，转速 450 r/min
Z52	Z 方向快速退刀	G00 X52 Z0	定位切断位置
G01 X36	X 方向精车余量 1 mm	G01 X0 F50/f0.1	切断工件
Z15	切削长度 14 mm	G00 X52	X 方向快速退刀
G00 X52	X 方向快速退刀	Z150	Z 方向快速退刀
Z52	Z 方向快速退刀	M05	主轴停止
G01 X32	背吃刀量 2 mm	M30	程序结束

12.5 圆弧零件加工

本节以完成图 12-5 所示圆弧零件的加工工艺制定、加工程序编写为例介绍圆弧零件加工的具体过程。

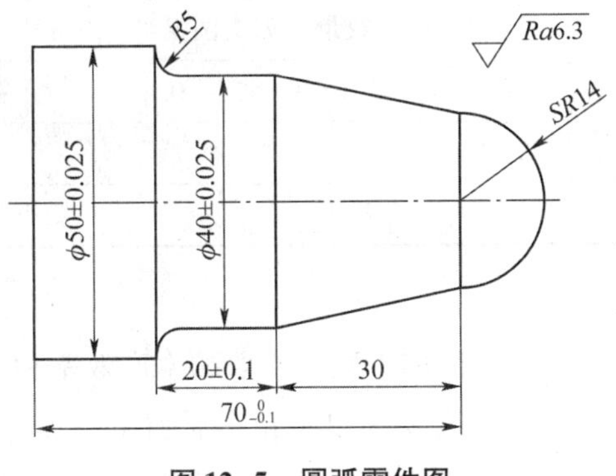

图 12-5 圆弧零件图

12.5.1 圆弧零件工艺分析

1. 分析零件图

由图 12-5 可知，该零件有外圆柱面、台阶面、圆锥面、圆弧面的加工，要求切断。外圆柱面尺寸 $\phi40$、$\phi50$ mm 和长度尺寸 20 mm 有尺寸精度要求。该零件轮廓几何要素定义完整，尺寸精度要求符合数控加工，设计基准统一，加工测量方便。

2. 确定毛坯

零件轮廓规整，选择 $\phi54$ mm×100 mm 的棒料，材料为 45 号钢。

3. 装夹与定位方式的确定

零件以毛坯外圆柱面为基准，采用自定心卡盘装夹工件。考虑切断刀的刀宽（4 mm），确定工件轴向伸出 14 mm，用工件右端建立工件坐标系。采用工序集中原则，零件经 1 次装夹完成全部加工内容。

4. 加工方法的确定

利用 CAK6140 型数控车床、1 把 90°外圆车刀和 1 把切断刀进行加工。

5. 加工顺序的确定

加工顺序按“先粗后精”“先大后小”“由近到远（由右到左）”的原则确定。半精车加工就是在精车路线上加上精车余量进行精加工，切除余量。为达到零件设计尺寸精度要求，本例采用粗车外轮廓（留余量）→精车外轮廓→切断的加工顺序。

6. 刀具选择

根据零件加工要求，需要 90°外圆车刀和切断刀，如表 12-7 所示。

表 12-7　数控加工刀具卡

零件名称		零件图号			材料	PVC 塑料	备注
工序号	刀具号	刀具名称	刀具规格	数量	刀尖圆弧半径/mm	加工表面	
1	T01	90°外圆车刀	90°主偏角	1	0.4	粗精车外轮廓	
2	T02	切断刀	$B=4$ mm	1		切断	刀位点右刀尖
编制		审核		批准		共 1 页	第 1 页

7. 切削用量的确定

精车时，切削用量的选择要保证加工质量、兼顾生产效率和刀具使用寿命，精车的背吃刀量由零件加工精度和表面粗糙度要求以及粗车后留下的加工余量决定。一般情况下，应一刀切去余量。所以，应选用较小的背吃刀量和进给量，并选用切削性能高的刀具材料和合理的几何参数，以尽可能提高切削速度。

切断时，由于切断刀的主切削刃较窄，刀头较长，且在切断过程中，散热条件差，刀具刚度低，因此须减小切削用量防止机床和工件振动。切削用量如表 12-8 所示。

表 12-8 数控加工工序卡

数控加工工序卡	零件图号	零件名称		材料	使用设备		
				45 号钢	CAK6140 型数控车床		
工序号	工序内容	刀具号	刀具名称	切削用量（华中/FANUC）			备注
				主轴转速/（r·min^{-1}）	进给量/（mm·min^{-1}）/（mm·r^{-1}）	背吃刀量/mm	
1	自右向左粗车外轮廓	T01	90°外圆车刀	500	80/0.2	1.5	
2	自右向左精车外轮廓	T01	90°外圆车刀	850	50/0.1	0.5	
3	切断	T02	切断刀	450	50/0.1		
4	检测						
编制		审核		批注		共 1 页	第 1 页

12.5.2 编写加工程序

（1）设定程序原点以工件右端面与轴线的交点为程序原点建立工件坐标系。

（2）计算各基点位置坐标值。

根据零件图纸加工要求，编写程序，如表 12-9 所示。

表 12-9 加工程序单

华中数控程序/FANUC 数控程序			
O0002	文件名	N2 G01 Z-5	车削 ϕ50 外圆
%0002	华中程序名/FANUC 无	G70 P1 Q2	华中无/FANUC 精加工轮廓
T0101	换 90°外圆车刀	M05	主轴停止
M03 S500	主轴正转，转速 500 r/min	M00	程序暂停测量
G00 X57 Z72	快读定位	M03 S450	主轴正转，转速 450 r/min
G71 U1.5 R1 P1 Q2 X0.5 F80/ G71 U1.5 R1 G71 P1 Q2 X0.5 F0.2	华中/FANUC 内外圆粗车复合循环指令	G00 X70 Z150	退刀至安全点
N1 G01 X0 Z72 F50/F0.1	*X* 方向切近工件起始点	T0202	换切断刀
G01 Z70	*Z* 方向切近工件起始点	G00 X57 Z-0.5	定点切断
M03 S850	精车主轴转速	G01 X0 Z-0.5 F50/F0.1	切断
G03 X28 Z56 R14	车削 *SR*14 半球	G00 X57 Z-0.5	切断退刀
G01 X40 Z26	车削长度尺寸 30 的锥面	G00 X70 Z150	退刀至安全点
Z11	车削 ϕ40 外圆	M05	主轴停止
G02 X50 Z6 R5	车削 *R*5 圆弧	M30	程序停止

12.6 综合零件加工

本节以完成图 12-6 所示零件的加工工艺制定、加工程序编写为例介绍综合零件加工的具体过程。

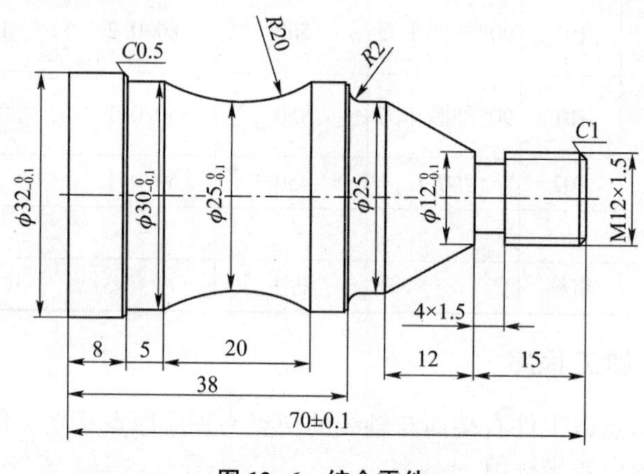

图 12-6 综合零件

12.6.1 综合零件加工工艺分析

1. 分析零件图

图 12-6 所示零件为复杂轮廓零件，由圆柱面、圆锥面、圆弧面、倒角、切槽、螺纹组成，尺寸完整，外径有尺寸公差要求，零件右端面为其长度方向尺寸基准，零件总长为 70 mm。

2. 确定毛坯

零件外圆轮廓较为复杂，选取 ϕ40 mm×100 mm 的棒料，材料为 45 号钢。

3. 方式确定

由于零件毛坯长度为 100 mm，因此用 1 次装夹完成加工。装夹毛坯长度为 20 mm，加工结束切断即可。

4. 加工方法的确定

利用 CAK6140 型数控车床、1 把 90°外圆车刀、1 把切断刀和 1 把螺纹车刀进行加工。

5. 确定工序

先进行外轮廓的加工，加工出螺纹的外圆、外圆柱面和圆锥面，再加工螺纹退刀槽和螺纹，最后切断零件。

6. 刀具的选择

根据零件加工要求，由于零件中间有凹槽，因此 90°外圆车刀的副偏角应选择大些。

切槽刀宽度为 4 mm、螺纹车刀刀夹角为 60°，如表 12-10 所示。

表 12-10　数控加工刀具卡

零件名称		零件图号			材料	PVC 塑料	备注
序号	刀具号	刀具名称	刀具规格	数量	刀尖圆弧半径/mm	加工表面	
1	T01	90°外圆车刀	90°主偏角	1	0.4	粗精车外轮廓	
2	T02	切断刀	B=4 mm	1		切断	刀位点右刀尖
3	T03	螺纹车刀	60°刀尖角	1		外螺纹	
编制		审核		批准		共 1 页	第 1 页

7. 切削用量的确定

切削用量如表 12-11 所示。

表 12-11　数控加工工序卡

数控加工工序卡片	零件图号	零件名称		材料	使用设备		
				45 号钢	CAK6140 型数控车床		
工序号	工序内容	刀具号	刀具名称	切削用量（华中/FANUC）			备注
				主轴转速/(r·min⁻¹)	进给量/(mm·min⁻¹)/(mm·r⁻¹)	背吃刀量/mm	
1	自右向左粗车外轮廓	T01	90°外圆车刀	500	80/0.2	1.5	
2	自右向左精车外轮廓	T01	90°外圆车刀	850	50/0.1	0.5	
3	切断	T02	切断刀	450	50/0.1		
4	车螺纹	T03	螺纹车刀	450	1.5	0.2～0.8	
4	检测						
编制		审核		批注		共 1 页	第 1 页

12.6.2　编写加工程序

根据零件图纸加工要求，编写程序，如表 12-12 所示。

表 12-12　加工程序单

华中数控程序/FANUC 数控程序			
O0003	文件名	M05	主轴停止
%0003	华中程序名/FANUC 无	M00	程序暂停测量
T0101	换 90°外圆车刀	M03 S450	主轴正转，转速 450 r/min

续表

华中数控程序/FANUC 数控程序			
M03S500	主轴正转，转速 500 r/min	G00 X70 Z150	退刀至安全点
G00 X42 Z72	快读定位	T0202	换切断刀
G71 U1.5 R1 P1 Q2 X0.5 F80/ G71 U1.5 R1 G71 P1 Q2 X0.5 F0.2	华中/FANUC 内外圆 粗车复合循环指令	G00 X42 Z59	定位切槽起点
N1 G01 X0 Z72 F50/F0.1	*X* 方向切近工件起始点	G01 X9 F50/F0.1	切槽
G01 Z70	*Z* 方向切近工件起始点	G00 X42	退刀
M03 S850	精车主轴转速	G00 X70 Z150	回安全点换刀
G01 X12 Z70 C1	切削螺纹倒角	T0303	换螺纹刀
Z55	车削螺纹外径	G00 X42 Z72	定位螺纹循环点
X12	车削至锥面 *X*、*Z* 方向起点	G82/G92 X11.2 Z57 F1.5	第一刀背吃刀量 0.8
X25 Z43	车削至锥面 *X*、*Z* 方向终点	G82/G92 X10.6 Z57 F1.5	第二刀背吃刀量 0.6
Z40	车削 ϕ25 外圆	G82/G92 X10.2 Z57 F1.5	第三刀背吃刀量 0.4
G02 X29 Z38 R2	车削 *R*2 圆弧	G82/G92 X10.04 Z57 F1.5	第四刀背吃刀量 0.16
G01 X31	车削至 *X* 向倒角起点	G00 X70 Z150	退到安全点
X32 W-0.5	车削 *C*0.5 倒角	T0202	换刀
Z32	车削 ϕ32 外圆	G00 X42 Z-0.5	定点
G02 X30 Z13 R20	车削 *R*20 圆弧	G01 X2 F50/F0.1	切断
G1 Z8	车削 ϕ30 外圆	G00 X42	退刀
X31	车削至 *X* 方向倒角起点	G00 X70 Z150	退到安全点
X32 W-0.5	车削 *C*0.5 倒角	M05	主轴停止
N2 G01 Z-5	车削 ϕ32 外圆	M30	程序结束
G70 P1Q2	华中无/FANUC 精加工轮廓		

12.7 华中世纪星（HNC-21/22T）系统数控车床基本操作

武汉华中数控股份有限公司创立于 1994 年，是我国主要的数控设备生产厂家。华中数控系统主要采用工业 PC 为硬件平台，以 DOS、Windows 软件为其软件开发平台，系统为中文界面，人机交互性良好，主控系统质量可靠，操作方便，系统开放性强，维护方便，使用非常广泛。

12.7.1 华中世纪星（HNC-21/22T）系统数控车床操作台的介绍

1. 车床操作面板

车床操作面板由液晶显示器（CRT）、MDI 键盘、急停开关、功能键和机床控制面板组成，如图 12-7 所示。

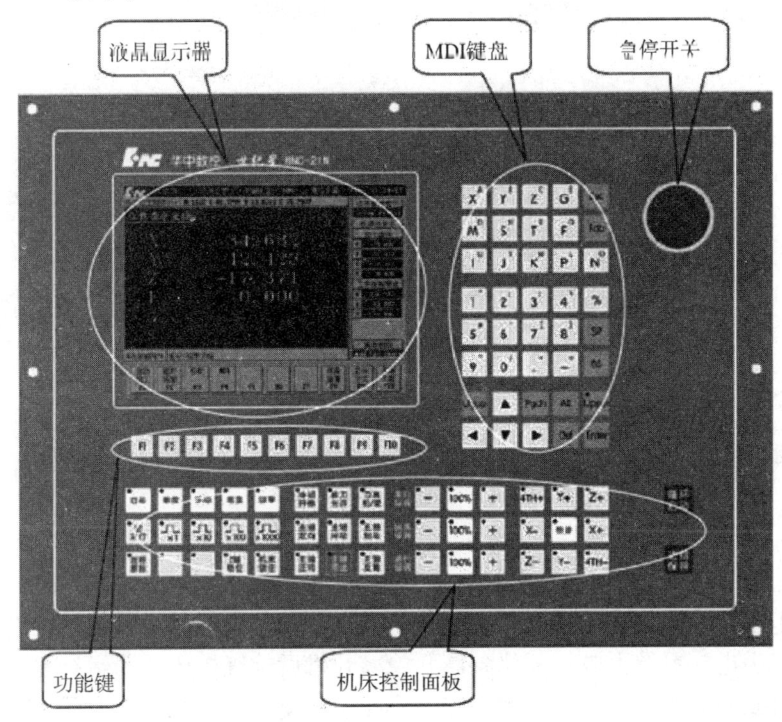

图 12-7 车床操作面板

（1）液晶显示器（CRT）：主要用于显示桌面菜单、系统运行状态、故障报警和图形轨迹仿真。

（2）MDI 键盘：用于加工程序的编制、参数的输入、MDI 手动数据输入及系统管理操作等。增量脉冲发生器用于手摇方式控制坐标轴增量进给。

2. 机床控制面板（MCP）

机床控制面板主要用于直接控制车床的动作和加工过程。

3. 软件操作面板

软件操作面板如图 12-8 所示，各部分功能如下：

——图形显示窗口：根据显示需要，通过功能键〈F9〉进行切换窗口内容。

——菜单命令条：通过菜单命令条的功能键〈F1〉～〈F9〉完成系统功能操作。

——运行程序索引：显示自动加工中程序名和当前运行中的程序段行号。

——坐标值显示：包括机床坐标系、工件坐标系、相对坐标系，显示值可以在指令位置、实际位置、剩余进给、跟踪误差、补偿值之间切换。

——工件坐标系零点：显示工件坐标系零点在坐标系中的坐标值。

——倍率修调：主轴修调、进给修调、快速修调。

——辅助功能：自动加工中的 M、S、T 代码

——当前加工程序行：显示当前正在或将要加工的程序。

——标题栏：显示当前加工方式、系统运行状态及当前时间。

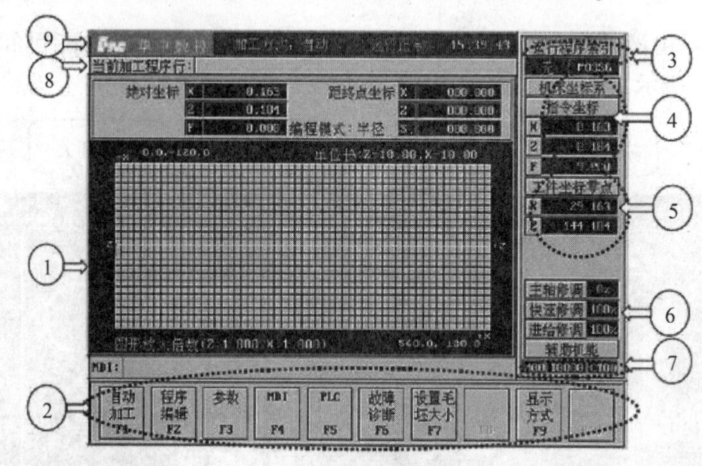

图 12-8　软件操作面板

12.7.2　华中世纪星（HNC-21/22T）系统数控车床基本操作

1. 开机、回参考点、关机

1）开机

机床上电前应检查机床状态是否良好，是否存在安全隐患，并关闭急停开关。开机操作顺序：机床上电→系统上电→复位急停开关。开机后检查机床风扇运行是否正常，操作面板各指示灯是否正常。

2）回参考点

按下机床控制面板上回参考点的按键，按下〈+X〉键，此时 *X* 轴将回零，当〈+X〉键内的指示灯亮，CRT 上的 X 坐标变为“0.000”时，*X* 轴回参考点结束。同样，再按〈+Z〉键，将 *Z* 轴回至轴参考点。

注意：回参考点时，应观察刀架所在位置，且先回 *X* 轴以避免与尾座或其他物件发生碰撞。发生危险时应立即按下急停开关。

3）关机

关机操作顺序：按下急停开关→系统下电→机床下电。

2. 新建程序、编辑修改程序、校验程序

1）新建程序

在菜单命令条中按下〈扩展菜单 F10〉键→〈程序 F1〉键→〈编辑程序 F2〉键→〈新建程序 F3〉键，在文件名栏输入，以“O”开头的新程序名（“O”后面任意选取小于或等于八位的数字、字母或数字字母组合，不能与已有程序名重复），最后按〈Enter〉键确认文件名即可。通过 MDI 键盘把编辑好的程序输入到系统中，输入结束按〈保存程序 F4〉键，最后按〈Enter〉键确认并保存程序。

2）编辑修改程序

按下〈程序 F1〉键→〈选择程序 F1〉键→进入磁盘选择需要修改的程序→按

〈Enter〉键确认。在正文显示模式下，可对程序进行插入、删除、替换等编辑操作。

（1）插入字符：将光标移动到所需位置，按 MDI 键盘上相应字符键，可将字符插入光标所在位置。

（2）删除字符：将光标移动到要删除的字符后面，按下〈删除功能 BS〉键，可删除光标前的一个字符；或用〈DEL〉键，删除光标后一个字符。

3）程序校验

（1）在菜单命令条中按下〈主菜单 F10〉键→〈程序 F1〉键→〈选择程序 F1〉键，调入要校验的加工程序。在程序运行子菜单下按〈程序校验 F5〉键，此时软件操作面板的工作方式显示为“校验运行”。

（2）按机床控制面板上的自动键，进入程序运行方式。

（3）按机床控制面板上的循环启动按钮，程序校验开始。

若程序正确，校验完后，光标将返回到程序头，且软件操作面板的工作方式显示为“自动”；若程序有错，命令行将提示程序的哪一行有错。如出现错误则返回编辑修改程序步骤对程序进行修改。

注意：校验运行时，按下机床锁住键，机床不动作。为确保加工程序正确无误可通过〈F9〉键显示切换不同的图形显示方式来观察校验运行的结果。

12.7.3　华中系统对刀操作

1. *Z* 轴偏置量的设定（车削端面）

（1）在机床上装夹好试切工件，选择 1 号车刀。按 MDI 键→输入“M03S450”→按单段键→循环启动键→主轴旋转。按手动键→移动刀具至工件端面处→按增量模式键→选择手摇轮方式→按进给倍率×10 键→移动刀具并在工件上切出一个端面，如图 12-9 所示。

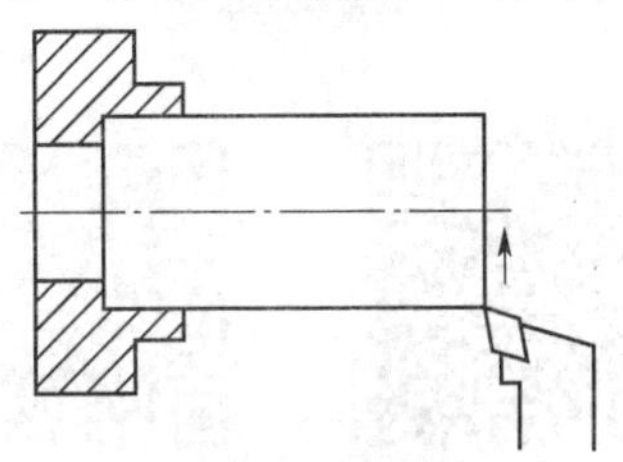

图 12-9　Z 轴偏置量的设定

（2）在 *Z* 轴不移动的情况下沿 *X* 方向将刀具移动到安全位置，停止主轴旋转。

（3）按〈主菜单 F10〉键→〈刀具补偿 F4〉键→〈刀片表 F1〉键→在 1 号车刀刀偏号#0001 一栏的试切长度中输入“0”→按〈Enter〉键确认。如刀具 *Z* 方向出现磨损，可在 *Z* 方向的磨损处输入刀具磨损量。

2. *X* 轴偏置量的设定（车削外圆）

（1）在机床上装夹好试切工件，选择 1 号车刀。按 MDI 键→输入“M03S450”→按单段键→循环启动键→主轴旋转。按手动键→移动刀具至工件端面处→按增量模式键→选择手摇轮方式→按进给倍率×10 键→移动刀具并在工件上切出一个外圆，如图 12-10 所示。

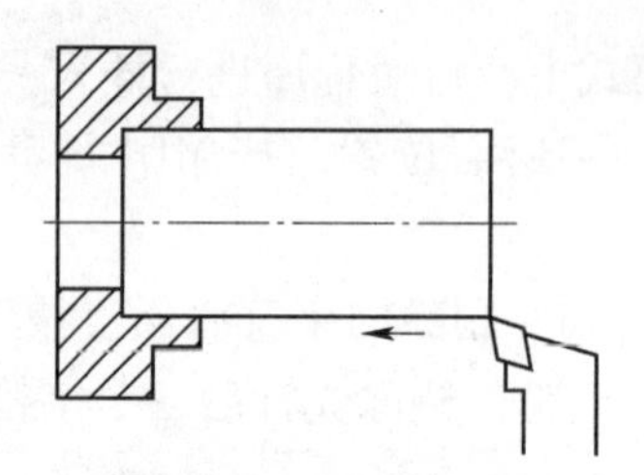

图 12-10　X 轴偏置量的设定

（2）在 X 轴不移动的情况下沿 Z 方向将刀具移动到安全位置，停止主轴旋转。

（3）使用游标卡尺测量试切工件外圆直径，记录直径值。

（4）按〈主菜单 F10〉键→〈刀具补偿 F4〉键→〈刀偏表 F1〉键→在 1 号车刀刀偏号 #0001 一栏的试切直径处输入试切外圆直径值→按〈Enter〉键确认。如刀具 X 方向出现磨损，可在 X 方向的磨损处输入刀具磨损量。

3. 自动运行加工工件

（1）按机床控制面板上的自动键，进入程序运行方式。

（2）按机床控制面板上的循环启动键，机床开始自动运行调入的零件加工程序。

4. 清扫整理机床

取出加工完毕的工件，加工的机床清扫干净，关闭机床。

视频 12-1　开机、回参考点、关机

视频 12-2 新建程序

视频 12-3 编辑修改程序

视频 12-4 程序校验

视频 12-5 Z 轴偏置量设定

视频 12-6 X 轴偏置量设定

视频 12-7 自动加工

12.8　FANUC-0I 系统数控车床基本操作

FANUC 是日本一家专门研究数控系统的公司，成立于 1956 年，是世界上最大的专业数控系统生产厂家，占据了全球 70% 的市场份额。FANUC 系统是数控车床常用的数控系统，其操作面板简洁易懂。

12.8.1 FANUC-0I 系统数控车床操作台的介绍

数控车床操作台是机床的重要组成部件，是操作人员与数控车床（系统）进行交互的工具，FANUC-0I 系统数控车床操作台如图 12-11 所示。操作人员通过它可以对数控车床（系统）进行操作、编程、调试、对机床参数进行设定和修改，还可以了解、查询数控车床（系统）的运行状态，是数控车床特有的一个输入、输出部件。其操作面板各功能键含义如表 12-13 所示。其控制面板各功能键旋钮、按钮、开关的含义如表 12-14 所示。

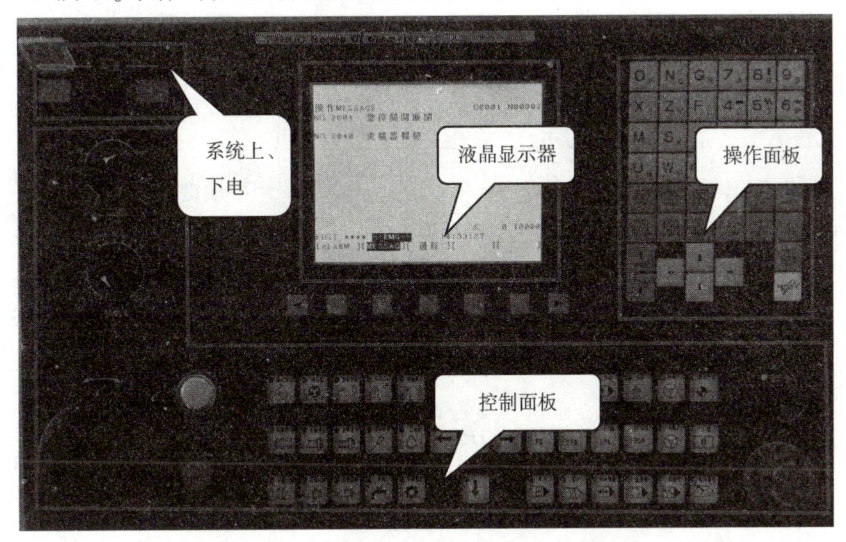

图 12-11　FANUC-0I 系统数控车床操作台

表 12-13　操作面板各功能键含义

键符	功能名（英文名）	含义	键符	功能名（英文名）	含义
	地址/数字键	输入数字、字符		程序键（PROG）	显示程序与编辑程序页面
	换挡键（SHIFT）	切换选择字符		段结束符键（EOB）	用于程序段结束
	输入键（INPUT）	修改程序和修改参数等操作		插入键（INSERT）	在光标处插入指定字符
	取消键（CAN）	删除输入的文字或符号		刀偏/设定键（OFFSET/SETTING）	参数输入页面或刀具补偿参数页面
	光标移动键（CUSER）	用于光标上、下、左、右方向移动		系统参数键（SYSTEM）	显示系统画面
	翻页键（PAGE）	多页面查看		复位键（RESET）	使机床复位，用于消除报警
	删除键（DELETE）	删除光标处的数据，删除一个程序或删除全部程序		用户宏/图形键（CUSTOM/GRAPH）	显示用户宏画面或显示图形画面

表 12-14　控制面板各功能键、旋钮、按钮、开关的含义

键符	功能名	含义	键符	功能名	含义
	编辑键	程序编辑模式		回参考点键	回参考点，刀架自动回到机床零点
	MDI 键	手动数据、程序输入		主轴控制键	主轴运动控制
	自动键	自动加工模式		机床锁住键	机床锁定开关，用于校验程序
	单段键	单段加工模式		手轮键	手摇工作方式
	手动换刀键	手动换刀		手动键	手动工作方式，手动控制 X 轴、Z 轴移动
	主轴转速旋钮	主轴转速修调		进给修调旋钮	进给倍率修调，调节加工中进给速度
	循环启动按键	循环启动，开始运行程序		急停开关	机床运行时，在危险或紧急情况下按下，使机床进入急停状态，进给及主轴立即停止工作

12.8.2　FANUC-0I 系统数控车床基本操作

1. 开机、回参考点、关机

1）开机

机床上电前应检查机床状态是否良好，是否存在安全隐患，并先关闭急停开关。开机操作顺序：机床上电→系统上电→复位急停开关。开机后检查机床风扇运行是否正常，操作面板各指示灯是否正常。

2）回参考点

按下控制面板上回参考点按键，按下〈+X〉键，此时 X 轴将回零，回零指示灯亮。同样，再按〈+Z〉键，将 Z 轴回至参考点。

注意：回参考点时，观察刀架所在位置，且先回 X 轴以避免与尾座或其他物件发生碰撞。发生危险时应立即按下急停开关。

3）关机

关机操作顺序：按下控制面板上的急停开关→断开伺服电源→断开系统电源→断开机床电源。

2. 新建程序、编辑修改程序、校验程序

1）新建程序

按下程序键（PROG）→编辑键→输入 O 开头的程序名，如 O0001（O 后面只能为 4 位数字，O0000 ~ 9999）→按下插入键（INSERT），则新程序“O0001”建立完成，然后

依次输入编写的程序内容。

2）编辑修改程序

（1）插入字符：在按下编辑键状态下，将光标移至插入字符的前一个字符上，输入新的字符后按插入键（INSERT）。

（2）删除字符：在按下编辑键状态下，将光标移至要删除的字符上，按删除键（DELETE）即可。使用取消键可取消输入缓存区的字符。

（3）替换字符：在按下编辑键状态下，将光标移至要替换的字符上，输入一个新的字符，按替换键（ALTER），此时光标处的字符被替换。

（4）光标返回程序的开头：按复位键（RESET），光标返回到程序开头。

3）校验程序

校验程序的操作步骤：按编辑键→程序键（PROG）→输入校验文件名→按“O 检索”→自动键→ 机床锁住键→用户宏/图形键〈CUSTOM/GRAPH〉→“图形”→循环启动按钮。

注意：在机床锁住情况下，校验程序运行并调试完成后，机床坐标零点会发生改变，在加工零件时，要注意重新回参考点。

12.8.3　FANUC-0I 系统对刀操作

1. *Z* 轴偏置量的设定（车削端面）

（1）主轴旋转步骤：按 MDI 键→程序键（PROG）→输入“M03S450”→按插入键（INSERT）→单段键→循环启动按钮。

（2）在手动工作方式下用 1 号车刀切削工件右端面。

（3）在 *X* 轴方向上退刀，注意不要移动 *Z* 轴，主轴停止转动。

（4）按刀偏/设定键→“补正”→“形状”，显示刀具补偿画面。

（5）使用翻页键和光标移动键将光标移动至设定刀号的 *Z* 轴偏置号处。

（6）按地址键 Z0→“测量”，将测量值与编程的坐标值之间的差值作为偏置量设定为指定的刀偏号。

（7）设定刀具 *Z* 方向磨损量，按刀偏/设定键→“补正”→“磨耗”，根据要求设定刀具磨损量。

2. *X* 轴偏置量的设定（车削外圆）

（1）主轴旋转步骤：按 MDI 键→程序键（PROG）→输入“M03S450”→按插入键（INSERT）→单段键→循环启动按钮。

（2）在手动工作方式下用 1 号车刀切削工件外圆。

（3）在 *Z* 轴方向上退刀，注意不要移动 *X* 轴，主轴停止转动。测量工件外圆表面的直径值。

（4）按刀偏/设定键→“补正”→“形状”，显示刀具补偿画面。

（5）使用翻页键和光标移动键将光标移动至设定刀号的 *X* 偏置号处。

（6）按地址键 X 及测量外圆表面的直径值→“测量”，则测量值与编程的坐标值之间的差值作为偏置量被设定为指定的刀偏号。

（7）设定刀具 *X* 方向磨损量，按刀偏/设定键→“补正”→“磨耗”，根据要求设定刀具磨损量。

3. 运行加工

按下控制面板上的自动键，按下操作面板上的循环启动按钮，进入自动加工状态。

4. 清扫整理机床

取出加工完毕的工件，将加工的机械清扫干净，关闭机床。

视频 12-8 开机、回参考点、关机　视频 12-9 新建程序　视频 12-10 查找程序　视频 12-11 插入指令　视频 12-12 删除指令

视频 12-13 替换指令　视频 12-14 程序校验　视频 12-15 Z 方向对刀　视频 12-16 X 方向对刀　视频 12-17 自动加工

12.8.4 机床故障报警分析

机床常见故障报警分析如表 12-15 所示。

表 12-15 机床常见故障报警分析

序号	报警类型	报警情况原因及解决方法
1	回参考点失败	原因：回参考点时，方向选择错误或中途松开按键
		解决方法：手动模式下反方向移动机床
2	程序错误	原因：非法地址字、指令格式错误、圆弧数据错误
		解决方法：修改程序，调整数据
3	机床硬件故障	原因：机床限位开关松动等
		解决方法：修理硬件

12.9 数控车削安全操作规程

（1）操作人员必须熟悉机床使用说明书等有关资料。

（2）机床通电后应检查各开关、按钮和按键是否正常灵活，机床有无异常现象。

（3）各坐标轴手动回参考点（机械原点）。输入工件坐标系并对坐标、坐标值、正负号及小数点进行认真核对。

（4）未装夹工件前空运行一次程序，检查刀具和夹具安装是否合理、有无超程现象。

（5）试切时快速进给倍率开关必须打到较低挡位。

(6) 每把刀首次使用时，必须先验证它的实际长度与所给刀补值是否相符。

(7) 程序修改后对修改部分要仔细核对。必须在确认工件夹紧后才能启动机床，严禁工件转动时测量、触摸工件。

(8) 操作中出现工件跳动、打抖、异常声音、夹具松动等异常情况时必须立即停车处理。工作结束后立即关闭电源，收好工具清除切屑，擦拭机床，保持良好的工作环境。

(9) 操作者的穿戴必须符合要求，女生要戴好工作帽，长发要压入工作帽内，不许穿拖鞋，女生不许穿裙子，操作机床严禁戴手套。

(10) 未经指导教师同意不准擅自启动机床。多人共用一台机床时，只能一人操作并注意他人安全。发生故障时立即按下急停开关并向指导教师报告。

12.10　课后习题

1. G00 指令移动速度值是（　　）。

A. 数控程序指定　　B. 机床参数指定　　C. 操作面板指定　　D. 操作者确定

2. 精加工时，切削速度选择的主要依据是（　　）。

A. 刀具耐用度　　B. 加工表面质量　　C. 机床的精度　　D. 工件的材料

3. （　　）指令使主轴启动反转。

A. M03　　B. M01　　C. M04　　D. M05

4. 辅助功能中表示程序暂停的指令是（　　）。

A. M01　　B. M00　　C. M02　　D. M07

5. 数控车床的标准坐标系是以（　　）来确定的。

A. 右手直角笛卡尔坐标系　　B. 绝对坐标系

C. 相对坐标系　　D. 机床坐标系

6. G00 指令使用注意事项？

7. G00 指令与 G01 指令的区别在哪？

8. 技能拓展，完成图 12-12 和图 12-13 所示零件的编程与加工。

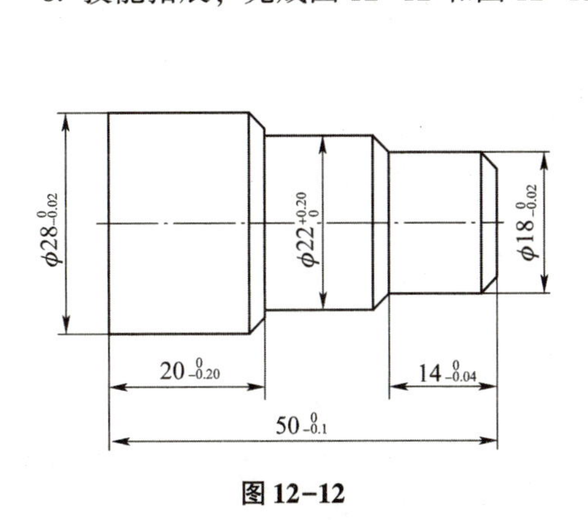

图 12-12

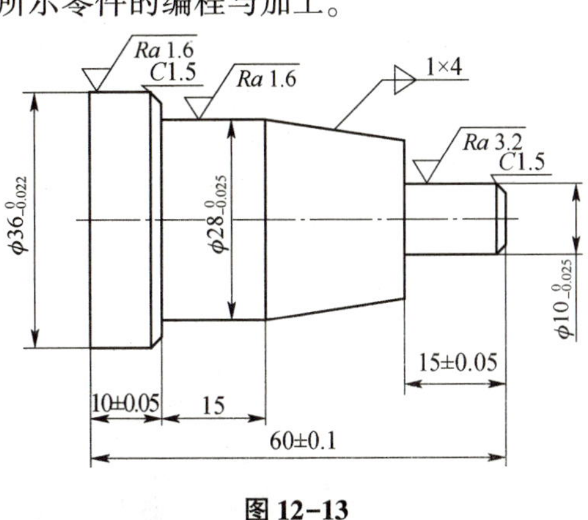

图 12-13

9. 简述顺逆圆弧 G02、G03 的判别方法。

10. 数控车床加工如何控制零件的尺寸精度？

11. 技能拓展，完成图 12-14 和图 12-15 所示零件的编程与加工。

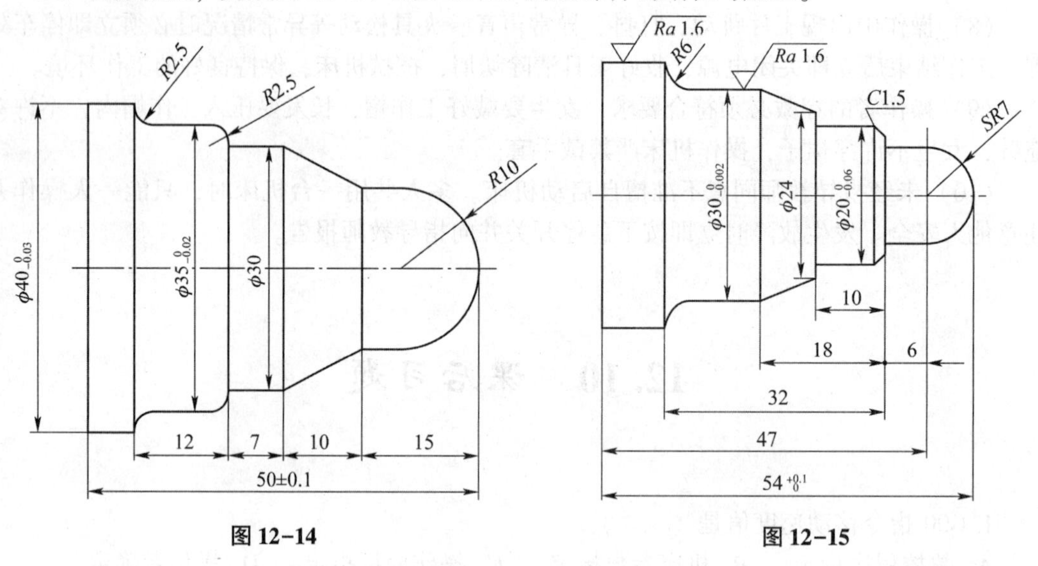

图 12-14　　**图 12-15**

12. 试述使用 G92 指令时的注意事项。

13. 试述螺纹切削编程时的背吃刀量计算方法。

14. 技能拓展，完成图 12-16 和图 12-17 所示零件的编程与加工。

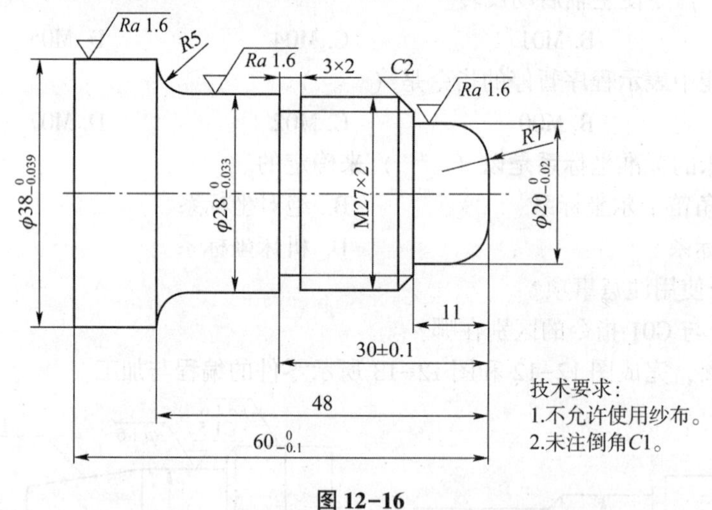

图 12-16

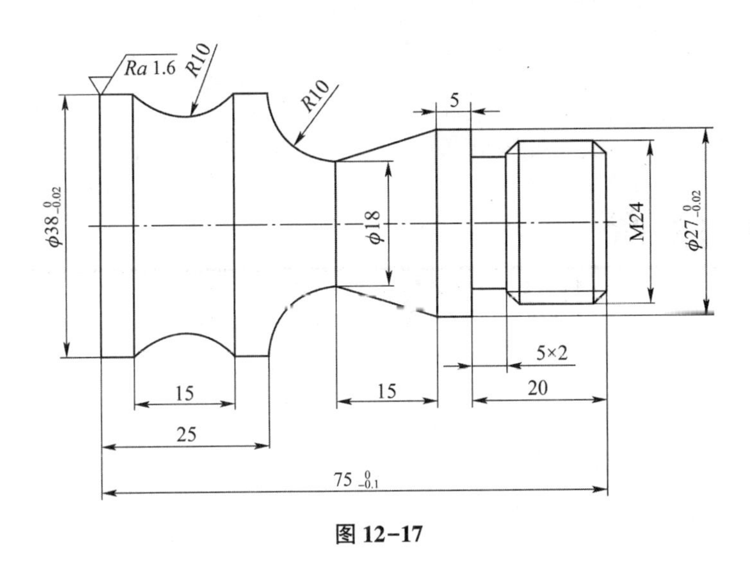

图 12-17

12.11　延伸阅读

大国巧匠——中国制造的青春未来

技术工人是支撑中国制造、中国创造的重要力量。

《中共中央关于制定国民经济和社会发展第十四个五年规划和二〇三五年远景目标的建议》提出，“加强创新型、应用型、技能型人才培养，实施知识更新工程、技能提升行动，壮大高水平工程师和高技能人才队伍”。

世界技能大赛被誉为“世界技能奥林匹克”，其竞技水平代表了当今职业技能发展的世界先进水平。作为制造机器的机器，机床有“工业母机”之称，这类机器的加工水平和生产能力反映了一个国家的技术、经济水平和综合国力。

在第45届世界技能大赛数控车床项目中，22岁的中国选手黄晓呈终于在俄罗斯鞑靼斯坦共和国首府喀山实现了梦寐已久的金牌梦。

“国家综合实力的提升，创造了大量提升技能的机会，才让我们参赛选手更加自信地在国际舞台上与世界顶尖选手同场竞技。”黄晓呈说。

在本届世界技能大赛数控车床项目比赛中，与黄晓呈同台竞技的有来自法国、日本和德国等国家的顶尖选手。“尽管获得了金牌，但还是有点遗憾，在第二个模块上发挥失常，在一定程度上影响了总成绩。”黄晓呈说，人生如同比赛，开始的优势，并不能保证你是最后的胜者，只有坚持到最后，才能赢得真正的胜利。

黄晓呈说，“根据自身情况找准适合自己的专长，学习一技之能，职教学生也可以展现出‘无穷大’的潜能，为中国经济转型升级贡献力量”。黄晓呈深信，他的“新蓝领”之路，无限广阔、无比精彩。

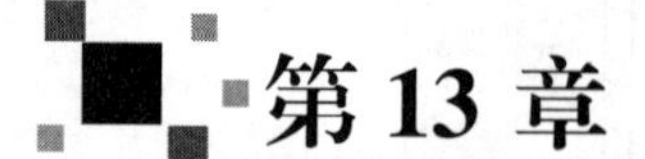

第13章

电火花线切割加工

13.1 概　述

所谓电火花线切割，就是以移动着的细丝（直径约在0.4 mm以内）做电极，在电极丝与工件之间产生火花放电，并同时按所要求的形状驱动工件进行加工。

电火花线切割加工归纳起来有以下一些特点。

(1) 以0.03~0.34 mm的金属线为电极，不需要制造特定形状的电极。

(2) 虽然加工的对象主要是平面形状，但是除了由金属丝直径决定的内侧最小直径（金属线半径+放电间隙）这样的限制外，任何复杂的形状都可以加工。

(3) 轮廓加工所需加工的余量少，能有效地节约贵重的材料。

(4) 可无视电极丝损耗（高速走丝线切割采用低损耗脉冲电源；慢速走丝线切割采用单向连续供丝，在加工区总是保持新电极丝加工），加工精度高。

(5) 依靠微型计算机控制电极丝轨迹和间隙补偿功能，同时加工凹凸两种模具时，间隙可任意调节。

(6) 采用乳化液或去离子水的切削液，不必担心发生火灾，可以昼夜无人连续加工。

(7) 无论被加工工件的硬度如何，只要是导体或半导体的材料都能实现加工。

(8) 任何复杂形状的零件，只要能编制加工程序就可以进行加工，因而很适合小批量零件和试制品的生产加工，加工周期短，应用灵活。

(9) 采用四轴联动，可加工上下异形工件，形状扭曲曲面体，变锥度和球形体等零件。

电火花线切割加工（线切割加工）的实际应用如下。

(1) 试制新产品。在新产品开发过程中需要单件的样品，使用线切割加工直接切割出零件，不需要模具，这样可以大大缩短新产品开发周期并降低试制成本。例如，在冲压生产未开出落料模时，可先用线切割加工的样板进行成形等后续加工，得到验证后再制造落料模。

（2）加工特殊材料。切割某些高硬度、高熔点的金属时，使用机械加工的方法几乎是不可能的，而采用线切割加工既经济又能保证精度。

（3）加工模具零件。线切割加工主要应用于冲模、挤压模、塑料模、电火花型腔模的电极加工等。电火花线切割机床（线切割机床）加工速度和精度，目前已达到可与坐标磨床相竞争的程度。例如，中小型冲模，材料为模具钢，过去用分开模和曲线磨削的方法加工，现在改用电火花线切割整体加工的方法，制造周期可缩短 3/4 ~ 4/5，成本降低 2/3 ~ 3/4，配合精度高，不需要熟练的操作工人。因此，一些工业发达国家的精密冲模的磨削等工序，已被电火花和电火花线切割加工所代替。

13.2　实训目的

（1）了解线切割加工在机械制造中的作用、常用设备及安全常识。

（2）学习线切割机床使用的 3B 代码格式及编程方法。

（3）掌握线切割机床基本实操技能。

13.3　电火花线切割加工放电基本原理

线切割加工用的是一根很细、很长的金属丝（钼丝、铜丝等）。工件固定在工作台上，与脉冲电源正极相连。电极丝与脉冲电源负极相连，沿导轮不断运动。当工件与电极丝的间隙适当时，它们之间就产生火花放电。而控制器通过进给电动机控制工作台的动作，使工件沿预定的轨迹运动，从而将工件腐蚀成规定的形状。切削液通过液压泵浇注在电极丝与工件之间。下面介绍一下微观放电原理，放电间隙微观示意如图 13-1 所示。

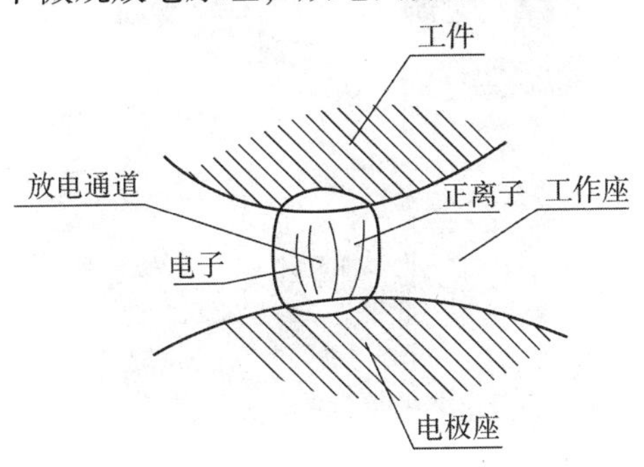

图 13-1　放电间隙微观示意

电极丝和工件的微观表面总是凹凸不平的，每次脉冲放电前，离得最近的凸点处电场强度最高，其间的切削液电阻值较低而最先被击穿，而被电离成电子和正离子，形成放电通道。

在通道里，带电粒子的高速运动（电子奔向阳极、正离子奔向阴极）和相互碰撞，产生大量热能和10 000 ℃以上的高温。高温首先使切削液汽化，然后使局部电极丝及工件表面的金属材料融化和汽化，形成爆炸的特征。因此，观察加工过程时有冒烟的现象，并能听到轻微的爆炸声。

通道中心压力最高，切削液和金属液体汽化后不断向四周膨胀，形成瞬间压力差，高压力处的熔融金属液体和蒸汽被排挤而抛出放电通道，大部分被抛入切削液中。观察加工过程时可以看到火花四溅、切削液很快变脏变黑。

为了保证加工的正常运行，两次放电之间必须有足够的时间间隙让电蚀产物充分排出，恢复放电通道的绝缘性，使切削液介质消除电离。

线切割加工是运动着的电极丝柔性件对刚性件的加工，击穿放电主要是依靠“疏松”接触击穿，即在电极丝与工件之间接触但不造成短路的情况下发生击穿放电。根据实验，电极丝与工件相距8～10 μm时，无击穿现象；电极丝压过工件0.04～0.07 μm时，单脉冲的放电率接近98%；当电极丝压过工件0.1 mm时，则电极丝与工件之间发生短路，不能形成放电通道。

13.4 电火花线切割加工设备

电火花线切割加工设备为电火花线切割机床，如图13-2所示，按电极丝运动的速度，可将其分为高速走丝电火花线切割机床（高速走丝线切割机床）和低速走丝电火花线切割机床（低速走丝线切割机床）。高速走丝线切割机床具有设备投资小、生产成本低的特点，国内现有的线切割机床大多为高速走丝线切割机床。

图13-2 电火花线切割机床

线切割机床型号是以DK77开头的，如DK7732的含义如下：

“D”为机床类别代号，表示电加工机床；

“K”为机床特性代号，表示数控；

“7”为组别代号，表示电火花加工机床；

“7”为型别代号，表示线切割机床；

“32”为基本参数代号，表示工作台横向行程为320 mm。

电火花线切割机床的主要技术参数包括工作台行程（纵向行程×横向行程）、最大切割厚度、加工表面粗糙度、加工精度、切割速度以及数控系统的控制功能等。

电火花线切割机床的种类不同，其设备内容也不一样，但主要由运丝机构、高频脉冲电源、工作台、冷却循环系统、微型计算机控制装置及床身组成。

13.5 3B代码

电火花线切割机床的控制系统是按照指令去控制机床加工的。因此，所谓数控线切割编程就是事先把要切割的图形，用机器所能接受的“语言”编排好“命令”，然后控制机床进行线切割加工。

电火花线切割机床的数控程序必须具备一定的格式，以便于机器接受“命令”并进行加工。高速走丝线切割机床一般采用B代码格式，低速走丝线切割机床通常采用国际上通用的G代码格式。为了进行国际化交流和实现标准化，目前我国生产的线切割机床也逐步采用G代码。

13.5.1 3B代码格式

目前，国内的数控电火花线切割机床多数采用“5指令3B”，有些机床既使用ISO代码格式，同时也支持3B代码格式。

“5指令3B”的一般格式如下：

BX BY BJ G Z

B：分隔符，它将X、Y、J的数值分隔开；

X：*X*轴坐标值，取绝对值，单位为μm；

Y：*Y*轴坐标值，取绝对值，单位为μm；

J：计数长度，取绝对值，单位为μm；

G：计数方向，分为按*X*方向计数（Gx）和按*Y*方向计（Gy）；

Z：加工指令（共有12种指令，直线加工指令4种，圆弧加工指令8种）。

注意：X、Y、J的数值最多6位，而且都要取绝对值，即不能用负数。当X、Y的数值为0时，可以省略，即“B0”可以省略成“B”。

13.5.2 直线编程

（1）建立坐标系，坐标原点设定在线段的起点。

（2）格式中每项的意义。

①X、Y 是线段的终点坐标值（x_e，y_e），也就是切割直线的终点相对于起点的相对坐标的绝对值。

当直线与 X 轴或 Y 轴相重合，编程时 X、Y 均可作 0，且在 B 后可不写。例如，程序 B0B5000B5000GyLl 可简化为 BBB5000GyLl。注意：作为分隔符的“B”不能省略。

②计数长度 J 由线段的终点坐标值中较大的值来确定，如 $x_e>y_e$，则取 x_e；反之，取 y_e。

③计数方向 G 是线段终点坐标值中较大值的方向，如 $x_e>y_e$，则取 Gx；反之取 Gy，如图 13-3 所示。当 $x_e=y_e$ 时，45°和 225°取 Gy，135°和 315°取 Gx。

④直线加工指令 Z 有 4 种：L1、L2、L3、L4，终点在第一象限取 L1，0°≤A<90°；终点在第二象限取 L2，90°≤A<180°；终点在第三象限取 L3，180°≤A<270°；终点在第四象限取 L4，270°≤A<360°。

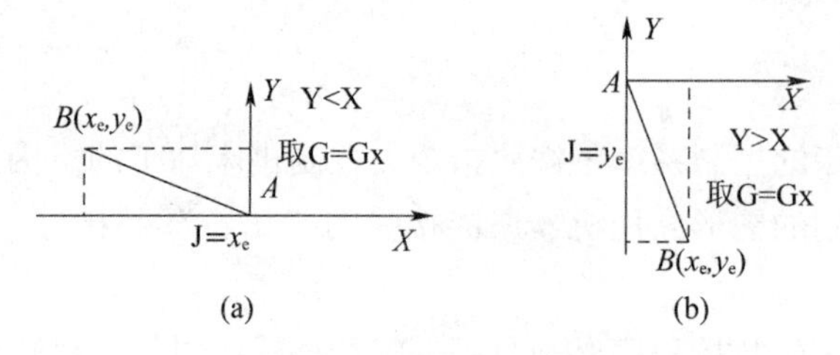

图 13-3　计数方向的确定

13.5.3　圆弧编程

（1）建立坐标系，坐标系原点设定在圆弧的圆心。

（2）格式中每项的意义。

①X、Y 是圆弧的起点坐标值，即圆弧起点相对于圆心的坐标直的绝对值。

②计数方向 G 由圆弧的终点坐标值中绝对值较小的值来确定，如 $x_e>y_e$，则取 y_e；反之，取 x_e。

③计数长度 J 应取从起点到终点的某一坐标移动的总距离。当计数方向确定后，J 就是被加工曲线在该方向（计数方向）投影长度的总和。对圆弧来讲，它可能跨越几个象限。

④圆弧加工指令 R 由圆弧起点所在的象限决定，共有 8 种，逆时针 4 种，顺时针 4 种，如图 13-4 所示。

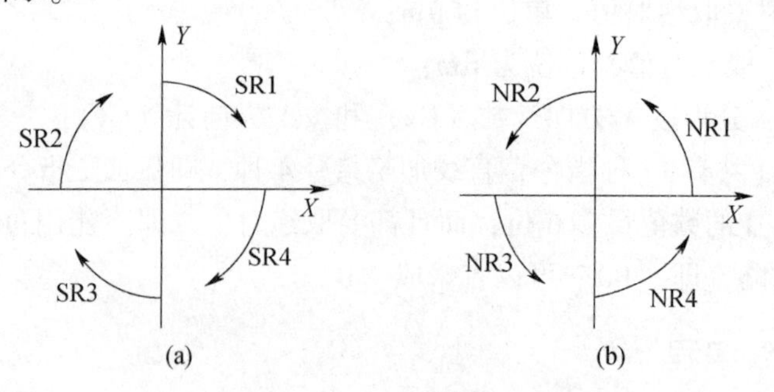

图 13-4　圆弧加工指令

13.6 电火花线切割加工操作步骤

13.6.1 HL 线切割编控系统

HL 线切割编控系统（HL 系统）是目前国内最广受欢迎的线切割机床控制系统之一，它的强大功能、高可靠性和高稳定性已得到行业内广泛认同。

HL-PCI 版本将原 HL 卡的 ISA 接口改进为更先进的 PCI 接口，因为 PCI 接口的先进特性，使得 HL-PCI 卡的总线部分与机床控制部分能更好地分隔，从而进一步提高 HL 系统的抗干扰能力和稳定性，且安装接线更加简单、明了，维修方便。HL-PCI 卡对计算机配置的要求不高，而且兼容性比 ISA 卡更好，不需要硬盘、软盘就能启动运行，其主要功能如下。

（1）一控多功能，可在一台计算机上同时控制多达 4 架机床切割不同的工件，并可一边加工一边编程。

（2）锥度加工采用四轴/五轴联动控制技术。上下异形和简单输入角度两种锥度加工方式，使锥度加工变得快捷、容易。可作变锥及等圆弧加工。

（3）模拟加工，可快速显示加工轨迹特别是锥度及上下异形工件的上下面加工轨迹，并显示终点坐标结果。

（4）实时显示加工图形进程，通过切换画面，可同时监视 4 架机床的加工状态，并显示相对坐标 X、Y、J 和绝对坐标 X、Y、U、V 等变化数值。

（5）断电保护，如加工过程中突然断电，复电后，自动恢复机床的加工状态。系统内储存的文件可长期保留。

（6）可对基准面和丝架距进行精确的校正计算，对导轮切点偏移进行 U 方向和 V 方向的补偿，从而提高锥度加工的精度，大锥度切割的精度大大优于同类软件。

（7）浏览图库，可快速查找所需的文件。

（8）具有钼丝偏移补偿（无须加过渡圆），加工比例调整，坐标变换，循环加工，步进电机限速，自动短路回退等多种功能。

（9）可从任意段开始加工，到任意段结束。可正向/逆向加工。

（10）可随时设置（或取消）加完工当段指令后暂停。

（11）暂停、结束、短路自动回退及长时间短路（1 min）报警。

（12）可将 AutoCAD 的 DXF 格式及 ISOG 格式作数据转换。

（13）HL 系统接入客户的网络系统，可在网络系统中进行数据交换和监视各加工进程（可选项）。

（14）加工插补半径最大可达 1 000 m。

（15）机床加工工时自动积累，便于生产管理。

（16）机床加光栅尺后，可实现闭环控制。

1. 文件调入

切割工件之前，都必须把该工件的3B格式文件调入虚拟盘加工文件区。所谓虚拟盘加工文件区，实际上是加工指令暂时存放区。具体操作如下。

首先，在主菜单下按〈F〉键，然后再根据调入途径分别作下列操作。

1）从图库WS-C调入

光标移到所需调入的文件，按〈Enter〉键即可，再按〈ESC〉键退出。

注意：图库WS-C是系统存放文件的地方，最多可存放约300个文件。更换集成度更高的存储集成块可扩充至约1 200个文件。存入图库的文件长期保留，存放在虚拟盘的文件在关机或按复位键后自动清除。

2）从硬盘调入

按〈F4〉键→〈D〉键→把光标移到所需调入的文件→按〈F3〉键→把光标移到虚拟盘→按〈Enter〉键→〈ESC〉键退出。

3）修改3B指令

有时需临时修改某段3B指令。操作方法如下：在主菜单下按〈F〉键，光标移到需修改的3B文件；按〈Enter〉键，显示3B指令，再按〈INSERT〉键，用〈↑〉〈↓〉〈←〉〈→〉键、〈PgUp〉及〈PgDn〉键即可对3B指令进行检查和修改，修改完毕，按〈ESC〉键退出。

4）手工输入3B指令

有时切割一些简单工件，如一个圆或一个方形等，则不必编程，可直接手工输入3B指令，操作方法如下。

在主菜单下按〈B〉键→〈Enter〉键→按标准格式输入3B指令。

例如，B3000B4000B4000GYL2，当坐标值为零则可省略。

例如，BBB5000GXL3。输入完一条后，按〈Enter〉键，再输入下一条，输入完毕，按〈ESC〉退出。手工输入的指令自动命名为NON. B。

5）浏览图库

HL系统有浏览图库的功能，可快速查找到所需的文件，操作如下：

在主菜单下按〈Tab〉键，则自动依次显示图库内的图形及其对应的3B格式文件名。按〈Space〉键暂停，再次按〈Space〉键则继续。

2. 模拟切割

调入文件后正式切割之前，为保险起见，先进行模拟切割，以便观察其图形（特别是锥度和上下异形工件）及回零坐标是否正确，避免因编程疏忽或加工参数设置不当而造成工件报废。具体操作如下。

（1）在主菜单下按〈X〉键，显示虚拟盘加工文件（3B格式文件）。如无文件，须退回主菜单调入加工文件。

（2）光标移到需要模拟切割的3B格式文件，按〈Enter〉键，即显示出加工件的图形。如图形的比例太大或太小，不便于观察，可按〈+〉〈-〉键进行调整。如图形的位置不正，可按〈↑〉〈↓〉〈←〉〈→〉键、〈PgUp〉及〈PgDn〉键调整。

（3）如果是一般工件（即非锥度，非上下异形工件）可按〈F4〉键→〈Enter〉键，即时显示终点X、Y回零坐标。

（4）锥度或上下异形工件，须观察其上下面的切割轨迹。按〈F3〉键，显示模拟参数设置子菜单，其中限速为模拟切割速度，一般取最大值4 096，用〈←〉〈→〉键可调整。

3. 正式切割

经模拟切割无误后，装夹工件，开启储丝筒、水泵、高频脉冲电源，可进行正式切割。具体操作如下。

（1）在主菜单下，选择加工#1（只有一块控制卡时只能选加工#1，如同时安装多块控制卡时，可选择加工#2、加工#3、加工#4），按〈Enter〉键→〈C〉键，显示加工文件。

（2）光标移到要切割的3B文件，按〈Enter〉键，显示出该3B指令的图形，调整大小比例及适当位置（参考模拟切割一节）。

（3）按〈F3〉键，显示加工参数设置子菜单如下：

V. F.	变频	-1. 切割时钼丝与工件的间隙，数值越大，跟踪越紧
Offset	补偿值	-2. 设置补偿值/偏移量
Grade	锥度值	-3. 按〈Enter〉键，进入锥度设置子菜单
Ratio	加工比例	-4. 图形加工比例
Axis	坐标转换	-5. 可选8种坐标转换，包括镜像转换
Loop	循环加工	-6. 循环加工次数，1：1次2：2次，最多255次
Speed	步速	-7. 进入步进电动机限速设置子菜单［注3］
XYUV	拖板调校	-8. 进入拖板调校子菜单
Process	控制	-9. 按〈Enter〉键进入控制子菜单
Hours	机时	-10. 机床实际工作小时

4. 编程

HL系统提供编辑编程（会话式编程）和绘图式编程两种自动编程系统，有以下两点须注意。

（1）编程时数据存盘及程序存盘，只是把图形文件××. DAT及3B格式文件XX. 3B存放在虚拟盘里，而虚拟盘在关机或复位后是不保留的。所以，还须把这些文件存入图库或硬盘里，方法是：编程完毕退出，返回主菜单，按〈F〉键，可看到刚编程的图形文件及3B格式文件，把光标移到该文件，按〈F3〉键，再选择图库或硬盘，按〈Enter〉键即可。

（2）编程时，如果想把已存在于图库或硬盘里的图形文件（××. DAT）调出来用时，应先把该图形文件调入虚拟盘。

5. 格式转换

在主菜单下按〈T〉键，插入装有DXF格式或G格式文件的磁盘，再按提示操作即可。DXF文件必须为AutoCAD R12的DXF格式。当有效段数大于500时，DAT格式文件自动分为多个文件。

用户也可用绘图编程Towedm的“数据接口”来直接读入DXF格式文件，这样处理DXF文件，将没有段数的限制，也能支持AutoCAD的R14及R2000版本。

6. U盘的使用

U盘插好后，在主菜单选择“文件调入”，然后按〈F4〉键，看到“调磁盘”子菜单后，选择“X：USB盘”即可列出U盘上的文件和文件夹，选择文件夹即打开下一层文件夹，选择〈..〉返回上一层文件夹。要将文件存入U盘，应先插好U盘，然后选好文件名，按〈F3〉键，再选择“X：USB 盘”，即可将文件存入 U 盘的当前文件夹。

如在调取 U 盘时，显示器中央显示“X：磁盘错”，有以下几种可能性：U 盘驱动程序不支持该电脑主板；该 USB 盘不兼容；该 USB 盘未插好。

7. HL 线切割编控系统一般操作步骤

1）绘图编程部分

（1）开机，启动机床进入 HL 系统。

（2）进入绘图编程菜单，如图 13-5 所示。

（3）绘制工件图形。

（4）绘图结束后，文件存盘。

（5）进入数控程序菜单。

（6）选择加工路线。

①选择加工起始点和切入点；

②选择加工方向（Yes/No）；

③设置尖点圆弧半径；

④设置补偿间隙。

（7）轨迹仿真。

（8）代码存盘。

（9）退出系统。

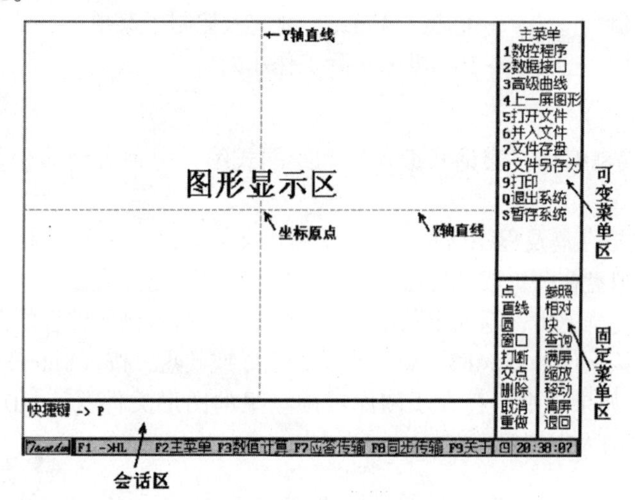

图 13-5　绘图编程菜单

2）加工部分

（1）把电极丝移动到起割点附近，确保电极丝和工件间有缝隙。

（2）打开储丝筒开关，使电极丝旋转。

（3）打开切削液开关。

（4）开高频脉冲电源（红色为开启状态）。

（5）锁 X、Y 托板电动机（红色状态时电动机被锁）。

（6）开始加工。

（7）监守操作岗位，认真观察切削过程。

(8) 加工结束后，关闭电源。

13.6.2 AutoCut 线切割编控系统

AutoCut 线切割编控系统（以下简称 AutoCut 系统）是基于 Windows XP 平台的线切割编控系统，AutoCut 系统由运行在 Windows 下的系统软件（CAD 软件和控制软件）、基于 PCI 总线的 4 轴运动控制卡和高可靠、节能步进电动机驱动主板（无风扇）、伺服螺距补偿卡、0.5 μs 高频主振板、取样板组成，其系统构成如图 13-6 所示。用户用 CAD 软件根据加工图纸绘制加工图形，对 CAD 图形进行线切割工艺处理，生成线切割加工的二维或三维数据，并进行零件加工；在加工过程中，AutoCut 系统能够智能控制加工速度和加工参数，完成对不同加工要求的加工控制。这种以图形方式进行加工的方法，是线切割领域内的 CAD 和 CAM 系统的有机结合。AutoCut 系统具有切割速度自适应控制、切割进程实时显示、加工预览等方便的操作功能。同时，对于各种故障（断电、死机等）提供了完善的保护，防止工件报废。

AutoCut 系统软件包含 AutoCAD 线切割模块、NCCAD（包含线切割模块）、CAXA 的 AutoCut 插件以及机床控制软件。

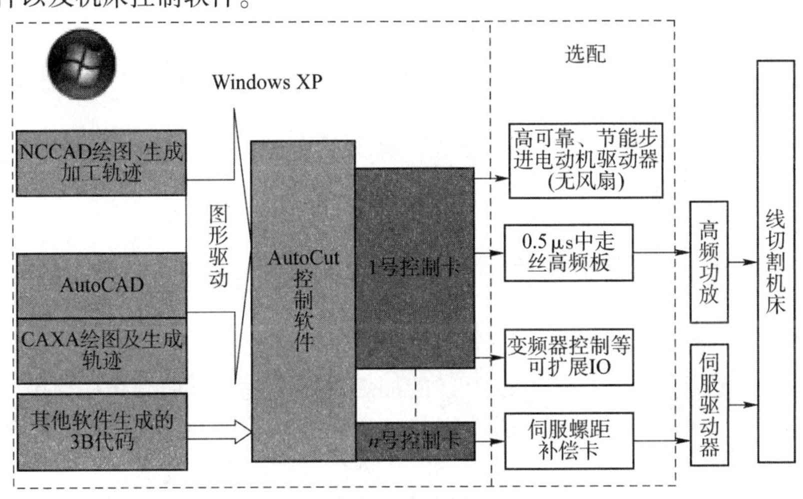

图 13-6 AutoCut 系统构成

AutoCut 系统主要功能与特点如下。

(1) 支持图形驱动自动编程，用户无须接触代码，只需要对加工图形设置加工工艺，便可进行加工；同时，支持多种线切割软件生成的 3B 代码、G 代码等加工代码。

(2) 软件可直接嵌入到 AutoCAD、NCCAD、CAXA 等各版本软件中。

(3) 多种加工方式（如连续、单段、正向、逆向、回退等）可灵活组合。

(4) X、Y、U、V 四轴可设置换向，驱动电动机可设置为五相十拍、三相六拍、正交编码脉冲方向（90°相位差）、五相双十拍、正负脉冲驱动等模式。

(5) 实时监控线切割机床的 X、Y、U、V 四轴加工状态。

(6) 加工预览，加工进程实时显示；锥度加工时可进行三维跟踪显示，可放大、缩小观看图形，可从主视图、左视图、顶视图等多角度进行观察加工情况。

(7) 可进行多次切割，以提高光洁度；带有用户可维护的工艺库功能，使多次加工变得简单、可靠。

（8）可启用虚拟坐标系，方便用户加工。

（9）锥度工件的加工，采用四轴联动控制技术，可以方便地进行上下异形工件的加工、指定锥度角、变锥，使复杂锥度图形加工变得简单而精确。

（10）可以驱动四轴运动控制卡，工作稳定可靠。

（11）支持多卡并行工作，一台计算机可以同时控制多台线切割机床。

（12）具有自动报警功能，在加工完毕或故障时自动报警，报警时间可设置。

（13）支持清角延时处理，在加工轨迹拐角处进行延时，以改善电极丝弯曲造成的偏差。

（14）支持齿隙补偿功能，可以对机床的丝杆齿隙误差进行补偿，以提高机床精度。

（15）支持螺距补偿，能够对机床的螺距误差进行分段补偿。

（16）支持光栅补偿，能够对机床的定位误差进行实时补偿。

（17）支持 4 种加工模式：普通快走丝模式、3 位编码中走丝、中走丝智能高频振荡和智能运丝。

（18）断电时自动保存加工状态，上电后可恢复加工；能进行短路自动回退等故障处理。

（19）加工结束自动关闭机床电源。

（20）支持手摇轮和手控盒功能，使机床操作更加简单方便。

（21）具有中文、英语、俄语和土耳其语等语言切换，为产品出口创造了良好的语言环境。

（22）加工时可随时查询英制坐标位置，解决了英制国家（如美国）的换算问题。

（23）具有临时移轴功能。

（24）跳步加工时可选择储丝筒停在换向 A 或换向 B。

（25）采用图形驱动技术，降低了工人的劳动强度，提高了工人的工作效率，减小了误操作概率。

（26）面向 Windows XP 等各版本用户，软件使用简单，即学即会。

（27）本软件对超厚工件（1 m 以上）的加工进行了优化，使其跟踪稳定、可靠。

选择 AutoCAD 相应的版本进行插件安装。安装完毕后，打开 AutoCAD 2004，在主界面和菜单中可以看到 AutoCut 的插件菜单和工具栏，如图 13-7 所示。

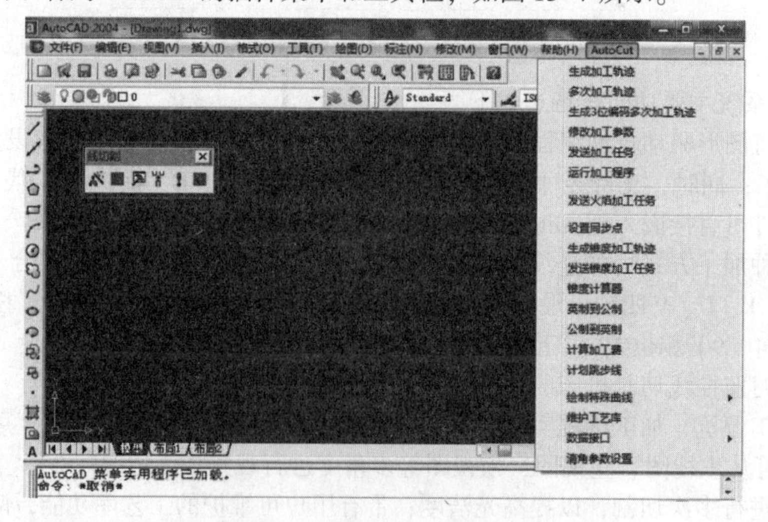

图 13-7　AutoCAD 2004 主界面

1. 线切割工具栏

线切割工具栏各按钮功能如下：

(1) ：生成加工轨迹；

(2) ：修改加工参数；

(3) ：发送加工任务；

(4) ：运行加工程序；

(5) ：多次加工轨迹 3 位编码。

注意：当线切割工具栏关闭后，在 AutoCAD 工具栏下方的空白处右击，在弹出的对话框中选择“AutoCut”，勾选“线切割”将重新打开线切割工具栏。

单击菜单栏中“AutoCut”将会弹出下拉菜单如图 13-7 所示，图中列出线切割模块中所包含的功能，下文将对每个功能作具体的操作说明。

2. 生成加工轨迹

以生成矩形一次加工轨迹为例，在 AutoCAD 上画一个 2×4 的矩形，如图 13-8 所示。

图 13-8　在 AutoCAD 中绘制需要加工的图形

3. 加工参数的设定

单击菜单栏上的“AutoCut”下拉菜单，选“生成加工轨迹”菜单项，或者单击工具栏上的按钮，在弹出的对话框中设置生成加工轨迹的加工参数（快走丝线切割），如图 13-9 所示。

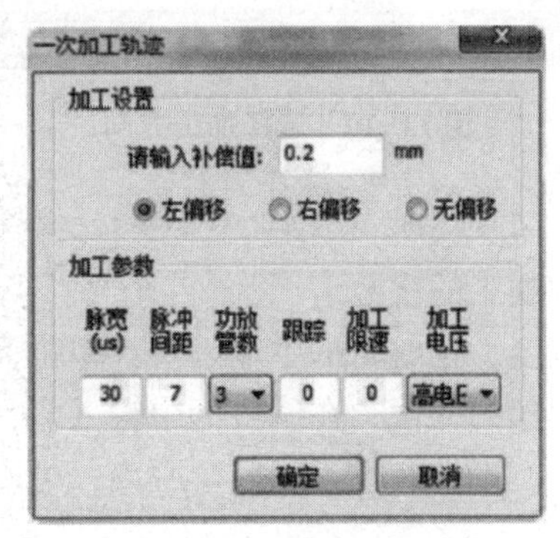

图 13-9　快走丝线切割参数设置

4. 选择穿丝点

设置好补偿值、偏移方向及加工参数后，单击图 13-9 中的“确定”按钮。在命令行提示栏中会提示“请输入穿丝点坐标”。可以采用：绝对坐标的方式，直接在命令行中输入坐标“0，-2”，便以该点作为穿丝点坐标；直接单击选择一点作为穿丝点坐标；采用相对坐标的方式（AutoCAD 的“对象捕捉”和“对象跟踪”都是打开的），将光标移到轨迹上一个点（Y 轴负向与轨迹的交点）上，点会变成黄色，会以该点为基准点，光标沿着竖直方向移动，会出来一条竖直的虚线，这时可以手动在“命令行”中输入穿丝点坐标，本例中在“命令行”输入“2”，也可以直接在虚线上单击选择一点作为穿丝点坐标。

5. 选择切入点

穿丝点确定后，命令行会提示“请输入切入点坐标”。这里要注意，切入点一定要选在所绘制的图形上（AutoCAD“对象捕捉”功能是开启的，否则无法捕捉到轨迹上的点），否则是无效的。切入点的坐标可以手动在命令行中输入，也可以在轨迹上选取任意一点作为切入点。

6. 选择加工方向

切入点选中后，命令行会提示“请选择加工方向〈Enter 完成〉”，如图 13-10 所示，移动光标可看出加工轨迹上红、绿箭头交替变换，在绿色箭头一方单击，确定加工方向，轨迹方向将是当时绿色箭头的方向。

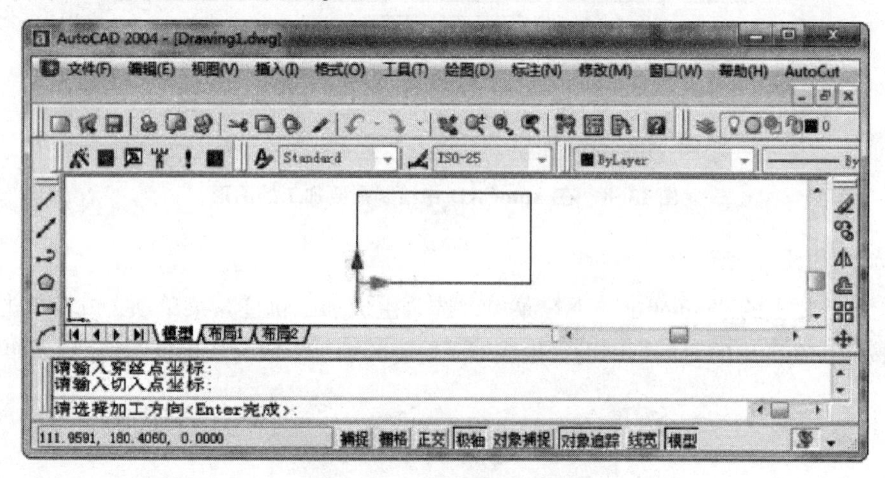

图 13-10 选择加工方向

7. 生成加工轨迹

（1）加工次数：多次切割加工的次数。

（2）凸模台宽：凸台的宽度，在编辑框中输入值，单位为 mm。

（3）钼丝补偿：加工中钼丝的补偿，在编辑框中输入值，单位为 mm。

（4）过切量：加工结束后，工件有时不能完全脱离；可以在生成轨迹时设置过切量使得加工后工件能够完全脱离。

8. 轨迹加工

生成的单次加工轨迹和多次加工轨迹只能通过“发送加工任务”发给 AutoCut 软件，

单击菜单栏上的“AutoCut”下拉菜单，选“发送加工任务”菜单项，或者单击工具栏上的按钮，会弹出如图13-11所示的“选卡”对话框。

单击选中“1号卡”按钮，（在没有控制卡的时候可以选“虚拟卡”看演示效果），命令行会提示“请选择对象”，此时用单击已经生成的加工轨迹（粉色）进行选取。

加工轨迹选取完之后，右击进入如图13-12所示的AutoCut控制软件界面，便把需要加工的轨迹发送到了AutoCut软件中。

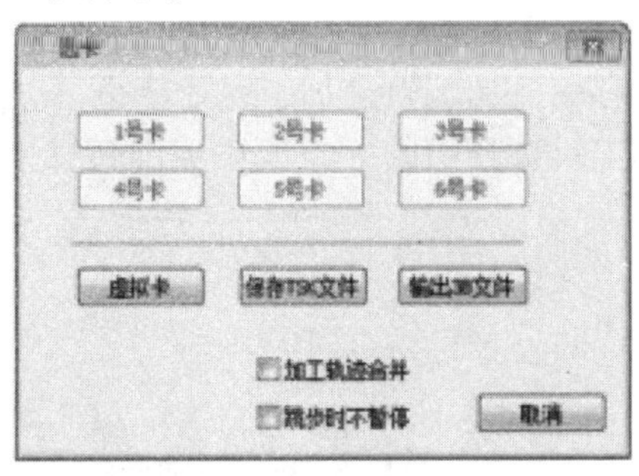

图13-11　“选卡”对话框

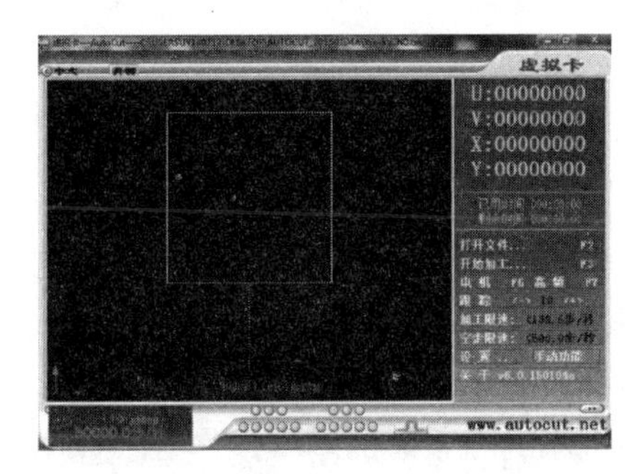

图13-12　AutoCut控制软件界面

9. 运行加工程序

单击菜单栏上的“AutoCut”下拉菜单，选“修改加工参数”菜单项，或者单击工具栏上的按钮，会弹出如图13-11所示的“选项”对话框。单击选中“1号卡”按钮（在没有控制卡的时候可以选“虚拟卡”看演示效果），进入控制界面。

10. 开始加工设置

在功能区单击“开始加工”，会弹出如图13-13所示的“开始加工……虚拟卡”对话框。

1）工作选择（可通过〈F5〉键选择）

（1）开始：开始进行加工。

（2）停止：停止目前的加工任务（当正在加工的任务被停止后，将不能继续加工剩下尚未完成的任务）。

2）运行模式（可以通过〈F2〉键选择）

（1）加工：进行实际加工（高频脉冲电源是打开的）。

（2）空走：机床按照实际加工图形空走（高频脉冲电源

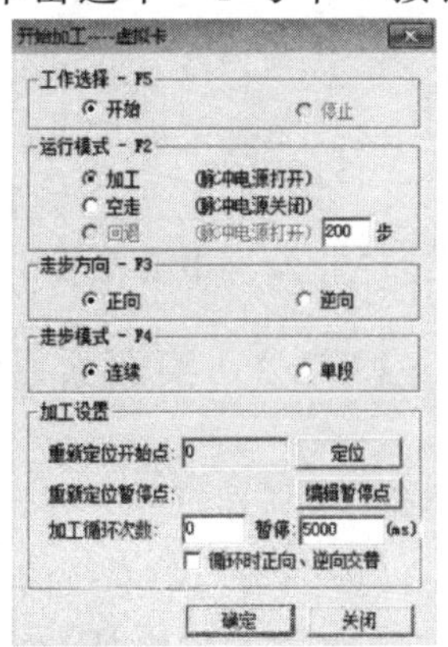

图13-13　“开始加工……虚拟卡”对话框

是关闭的)。

(3) 回退：回退到指定步数（高频脉冲电源是打开的)，在“回退”后面的编辑框中可以设定指定的回退步数。

3）走步方向（可以通过〈F3〉键选择)

(1) 正向：实际加工方向和加工轨迹相同。

(2) 逆向：实际加工方向和加工轨迹相反。

4）走步模式（可以通过〈F4〉键选择)

(1) 连续：加工时，只有一条加工轨迹加工完才停止。

(2) 单段：加工时，加工轨迹其中的一条线段或圆弧加工完成时，会进入暂停状态，等待用户处理。

13.7 电火花线切割加工实训

13.7.1 实训项目一：电火花线切割加工设备及编控系统认知

视频 13-1
电火花线切割加工设备及编控系统认知

1. 实训目的与要求

(1) 掌握电火花线切割机床的基本原理。

(2) 了解电火花线切割机床的基本结构。

(3) 掌握电火花线切割机床编控系统的基本操作。

2. 实训设备与工具、量具

DK7732 型线切割机床、游标卡尺。

3. 实训材料

实训室提供的钢板。

4. 实训内容

(1) 熟悉电火花线切割机床的各组成构件。

(2) 掌握电火花线切割机床各功能按键的作用及操作步骤。

(3) 掌握电火花线切割机床编控系统的使用方法。

13.7.2 实训项目二：HL 系统加工五角星

视频 13-2
HL 系统五角星加工

1. 实训目的与要求

(1) 掌握 HL 系统的基本操作。

(2) 熟练应用 HL 系统绘制指定尺寸的五角星图形。

(3) 熟练使用电火花线切割加工设备正确地进行五角星的加工。

2. 实训设备与工具、量具

DK7732 型线切割机床、游标卡尺。

3. 实训材料

实训室提供的钢板。

4. 实训内容

（1）熟悉 HL 系统的基本操作。
（2）应用 HL 系统绘制指定尺寸的五角星图形。
（3）会应用 HL 系统进行轨迹生成及模拟仿真。
（4）熟练掌握材料的装夹步骤，进行正确的加工。
（5）加工结束后，清理加工现场。

13.7.3　实训项目三：AutoCut 系统加工六边形

视频 13-3　AutoCut 系统加工六边形

1. 实训目的与要求

（1）掌握 AutoCut 系统的基本操作。
（2）熟练应用 AutoCut 系统绘制指定尺寸的六边形图形。
（3）熟练使用电火花线切割加工设备正确地进行六边形的加工。

2. 实训设备与工具、量具

DK7732 型线切割机床、游标卡尺。

3. 实训材料

实训室提供的钢板。

4. 实训内容

（1）熟悉 AutoCut 系统的基本操作。
（2）应用 AutoCut 系统绘制指定尺寸的六边形图形。
（3）应用 AutoCut 系统进行轨迹生成及模拟仿真。
（4）熟练掌握材料的装夹步骤，进行正确的加工。
（5）加工结束后，清理加工现场。

13.8　实训安全操作规程

（1）未经指导教师允许，禁止擅自动用设备等一切物品。
（2）开机前须了解并掌握线切割机床的机械、电气等性能。
（3）开机前须检查室内温度是否符合工作要求（15 ~ 24 ℃）。
（4）检查各按键、仪表、手柄及运动部件是否灵活正常。
（5）注好油，检查好程序。

（6）操作机床时，操作者必须站在绝缘板上，且不得用手柄或其他导体触摸工件或电极。

（7）装卸工件时，工作台上必须垫上木板或橡胶板，以防工件掉下砸伤工作台。

（8）机床不可超负荷运转，X、Y 轴不可超出限制尺寸。

（9）工作结束后，立即擦洗机床，易蚀部位涂保护油，将工件及工、卡具摆放整齐，切断电源。

（10）计算机为机床附件，禁止他用。

（11）更换切削液或清扫机床时，必须切断电源。

（12）实训时不得擅自离岗，实训完毕后，认真清理实训场地，经指导教师同意后方可离开。

第14章 3D打印

14.1 概 述

1. 3D打印定义

三维打印（3D打印，下同）技术出现在20世纪90年代中期，是采用材料逐渐累加的方法制造实体零件的技术，相对于传统的材料去除、切削加工技术，是一种“自下而上”“从无到有”的制造方法，因此3D打印又称增材制造（Additive Manufacturing，AM），它是一种以数字模型文件为基础，运用粉末状金属或塑料等可黏合材料，通过逐层打印的方式来构造物体的技术，近二十年来，取得了快速的发展。快速原型制造（Rapid Prototyping）、三维打印（3D Printing）、实体自由制造（Solid Free-form Fabrication）之类各异的叫法分别从不同侧面表达了3D打印技术的特点。

3D打印技术通常是采用数字技术材料打印机来实现的，常用于模具制造、工业设计等领域的模型制度，后逐渐用于一些产品的直接制造，已经有使用这种技术打印而成的零部件。3D打印技术在珠宝、鞋类、工业设计、建筑、工程和施工（AEC）、汽车、航空航天、牙科和医疗产业、教育、地理信息系统、土木工程、枪支以及其他领域都有所应用。

3D打印技术常用材料有玻纤尼龙、聚乳酸、ABS树脂、耐用性尼龙材料、石膏材料、铝材料、钛合金、不锈钢、镀银、镀金、橡胶类材料。

2. 技术特征

（1）可以制造任意复杂的三维几何实体。由于3D打印技术采用离散/堆积成型的原理，因此可将一个十分复杂的三维制造过程简化为二维过程的叠加，实现对任意复杂形状零件的加工。越是复杂的零件越能显示出其技术的优越性。此外，3D打印技术尤其适用于制造复杂型腔、复杂型面等传统方法难以制造甚至无法制造的零件。

（2）快速性。通过对一个CAD模型的修改或重组就可获得一个新零件的设计和加工信息。用几个小时到几十个小时就可制造出零件，具有快速制造的突出特点。

（3）高度柔性。无须任何专用夹具或工具即可完成复杂的制造过程，能够快速制造工模具、原型或零件。

（4）实现了机械工程学科多年来追求的两大先进目标，即材料的提取（气、液固相）过程与制造过程一体化、设计（CAD）与制造（CAM）一体化。

因此，3D 打印技术在制造领域中起着越来越重要的作用，并将对制造业产生重要影响。

3. 增材制造三大系统工艺

（1）液体材料增材制造系统（Liquid-Based AM System）。

（2）固体材料增材制造系统（Solid-Based AM System）。

（3）粉末材料增材制造系统（Powder-Based AM System）。

4. 3D 打印成型技术和工作原理

3D 打印技术自 20 世纪 90 年代发展到现在，其成型技术已发展出多个分支，常见的成型技术有熔融沉积成型、光固化立体成型、选择性激光烧结和箔材叠层制造。3D 打印成型技术和工作原理如表 14-1 所示，4 种成型技术参数对比如表 14-2 所示。

表 14-1　3D 打印成型技术和工作原理

成型技术	英文	技术概述	工作原理	图片
熔融沉积成型	FDM（Fused Deposition Modeling）	是一种将各种丝材（如工程塑料 ABS 等）加热熔化进而堆积成型的方法	加热熔化进而堆积成型	
光固化立体成型	SLA（Stereo Lithography Appearance）	光固化立体成型是最早实用化的 3D 打印技术，采用液态光敏树脂原料	切片处理、扫描路径、逐层累加	
选择性激光烧结	SLS（Selective Laser Sintering）	选择性激光烧结	根据原型的切片模型控制激光束的二维扫描轨迹，有选择地烧结固体粉末材料	

续表

成型技术	英文	技术概述	工作原理	图片
箔材叠层制造	LOM（Laminated Object Manufacturing）	箔材叠层制造，又称层叠法成型	系统按照横截面轮廓将工作台上的箔材割出轮廓线，由热压机构将一层层箔材压紧并黏合	CO_2激光器 加工平面 热压辊 控制计算机 升降台 料带 收料轴 供料轴 LOM工艺原理图

表 14-2　4 种成型技术参数对比

成型技术	零件精度	表面质量	复杂程度	零件大小	材料价格	材料种类	材料利用率	生产率
FDM	较低	较差	中等	中小	较贵	石蜡、塑料丝	近 100%	较低
SLA	较高	优良	复杂	中小	较贵	光敏树脂	近 100%	高
SLS	中等	中等	复杂	中小	中等	石蜡、塑料、金属、陶瓷粉末	近 100%	中等
LOM	中等	较差	简单	中大	较便宜	纸、塑料、金属薄膜	较差	高

5. 3D 打印材料

3D 打印材料是 3D 打印技术发展的重要物质基础，在某种程度上，材料的发展决定着 3D 打印能否有更广泛的应用。

目前，3D 打印材料主要包括聚合物材料（工程塑料、生物塑料、热固性塑料、光敏树脂和高分子凝胶）、金属材料（黑色金属、有色金属）、陶瓷材料和复合材料等；除此之外，彩色石膏材料、人造骨粉、细胞生物原料以及砂糖等食品材料，也在 3D 打印领域得到了应用。3D 打印所使用的原材料都是专门针对 3D 打印设备和工艺研发的。

1）工程塑料

工程塑料是指被用作工业零件或外壳材料的工业用塑料，是强度、耐冲击性、耐热性、硬度及抗老化性均优的塑料。常用工程材料为丙烯腈-丁二烯-苯乙烯共聚物（ABS）、聚碳酸酯（PC）、聚酰胺（PA）、聚苯砜（PPSF）、聚醚醚酮（PEEK）、弹性塑料（EP），常用工程塑料参数对比如表 14-3 所示。

表 14-3　常用工程塑料参数对比

材料	ABS	PC	PA	PPSF	PEEK	EP
强度	高	高	较高	最高	较高	较差
韧性	高	高	一般	较强	较高	较高
耐冲击性	较高	较高	—	—	—	较高
耐温性	—	较高	—	最高	一般	一般
机加性能	较好	一般	较好	—	一般	一般
表面处理	较好	最好	较好	一般	—	一般
图例						

2）生物塑料

生物塑料主要有聚乳酸（PLA）、聚对苯二甲酸乙二醇酯-1，4-环己烷二甲醇酯（PETG）、聚羟基丁酸酯（PHB）、聚羟基戊酸酯（PHBV）、聚丁二酸丁二醇酯（PBS）、聚己内酯（PCL）等，具有良好的可生物降解性。常用生物塑料特性对比如表 14-4 所示。

表 14-4　常用生物塑料特性对比

材料名称	PLA	PETG	PCL
特性	一种环境友好型塑料，可生物降解为活性堆肥，它是从玉米淀粉和甘蔗中提取的	一种非晶型共聚酯，具有较好的热成型、坚韧性和耐候性，热成型周期短、温度低、成品率高	一种可降解聚酯，熔点只有 60 ℃左右，通常用作特殊用途如药物传输设备、缝合剂等，还具有形状记忆性
图例	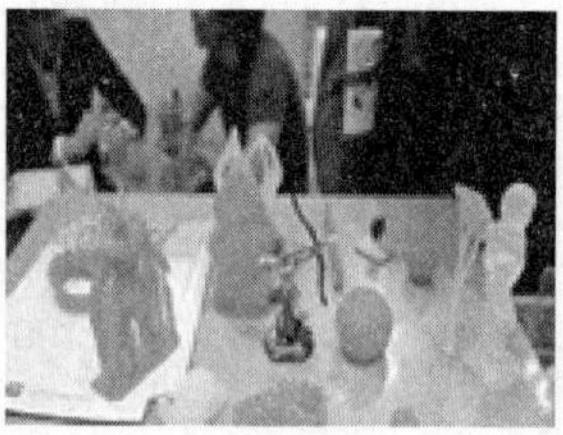		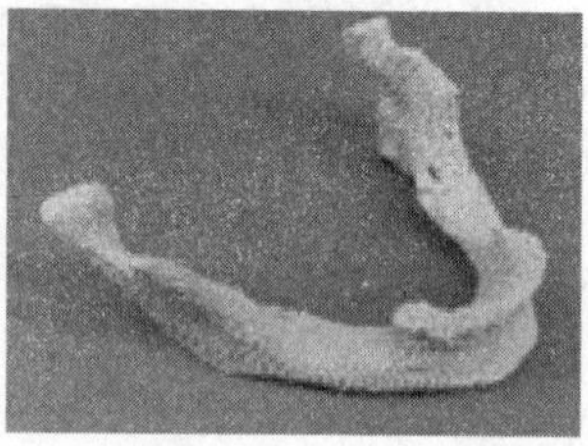

3）金属材料

金属材料良好的力学强度和导电性使得研究人员对金属物品的打印极为感兴趣。常用金属材料特性对比如表 14-5 所示。

表 14-5　常用金属材料特性对比

类别	黑色金属		有色金属			稀贵金属
	不锈钢	高温合金	钛	镁铝合金	镓	
特性	不锈钢具有各种不同的光面和磨砂面，常被用作珠宝、功能构件和小型雕刻品等的 3D 打印	高温合金具有优异的高温强度，良好的抗氧化和抗热腐蚀性能，良好的疲劳性能、断裂韧性等综合性能	钛的强度大，密度小，硬度大，熔点高，抗腐蚀性很强；高纯度钛具有良好的可塑性，但当有杂质存在时变得脆而硬	镁铝合金有着质轻、强度高的优越性能	镓具有金属导电性，其黏度类似于水，不同于汞（Hg），镓既不含毒性，也不会蒸发	在饰品 3D 打印材料领域，常用的有金、银、黄铜等
图例	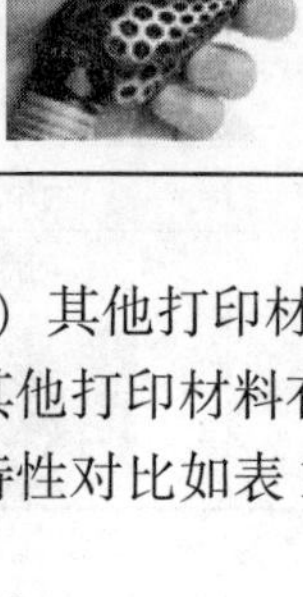	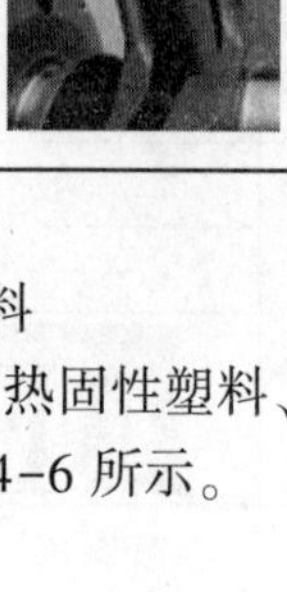	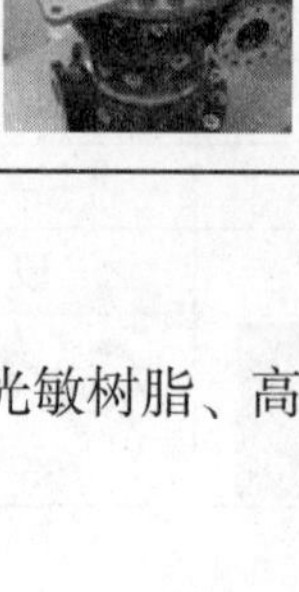	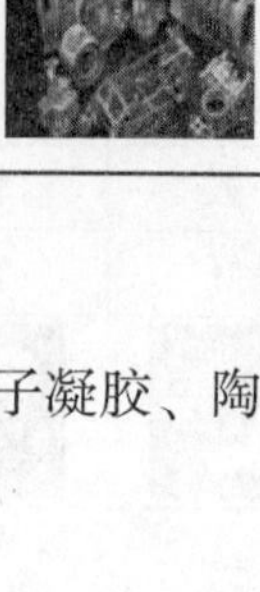	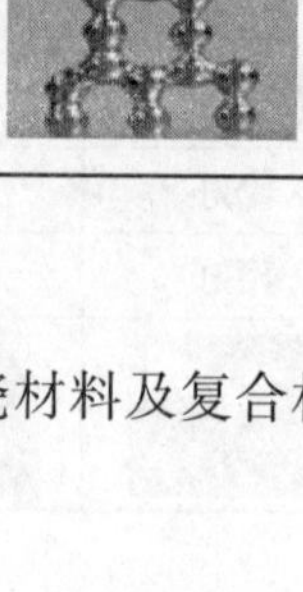	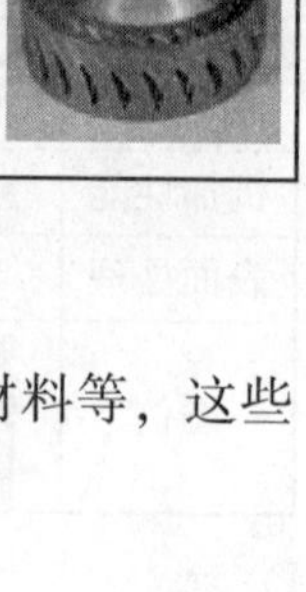

4）其他打印材料

其他打印材料有热固性塑料、光敏树脂、高分子凝胶、陶瓷材料及复合材料等，这些材料特性对比如表 14-6 所示。

表 14-6 其他打印材料特性对比

名称	热固性塑料	光固化树脂	高分子凝胶	陶瓷材料	复合材料
特性	热固性塑料具有强度高、耐火性好的特点，非常适用于3D打印的粉末激光烧结成型工艺	光固化树脂又称光敏树脂，是一种受光线照射后，能在较短的时间内迅速发生物理和化学变化，进而交联固化的低聚物，固化速度快、表干性能优异，成型后产品外观平滑，可呈现透明或半透明磨砂状态	高分子凝胶具有良好的智能性，在一定温度及引发剂、交联剂的作用下进行聚合后，形成特殊的网状高分子凝胶制品。如受离子强度、温度、电场和化学物质变化时，凝胶的体积也会相应地变化	陶瓷材料具有高强度、高硬度、耐高温、低密度、化学稳定性好、耐腐蚀等优异特性，在航空航天、汽车、生物等行业有着广泛的应用	3D打印的复合材料零件一次只能制造一层，每一层可以实现任何所需的纤维取向。结合增强聚合物材料打印的复杂形状零部件具有出色的耐高温和抗化学性能
图例					

14.2 实训目的

（1）了解3D打印机的概念、技术特征、加工原理、材料分类等。

（2）掌握3D打印机的操作方法、简单的维修、日常保养方法。

（3）具备一定的3D打印技术基本理论和正确熟练操作3D打印机的基本技能。

14.3 3D打印机结构参数及常用三维软件

14.3.1 3D打印机结构

以太尔UP打印机为例，其结构示意如图14-1所示。

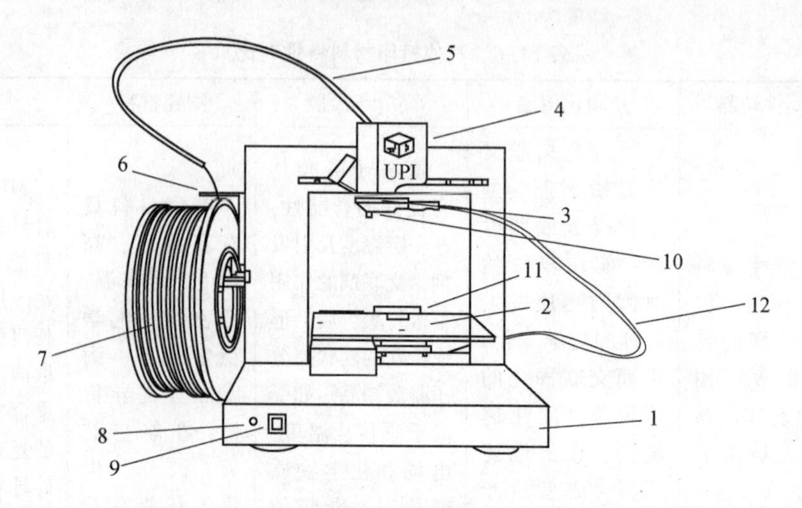

1—基座；2—打印平台；3—喷嘴；4—喷头；5—丝管；6—材料挂轴；7—丝材；8—信号灯；
9—初始化按钮；10—水平校准器；11—自动对高块；12—3.4 mm 双头铰。

图 14-1 太尔 UP 打印机结构示意

14.3.2 3D 打印机参数

以太尔 UP 打印机为例，其参数如表 14-7 所示。

表 14-7 太尔 UP 打印机参数

物理特性	打印材料	ABS 或 PLA
	材料颜色	白色/黑色/红色/黄色/蓝色/绿色等
	层厚	0.15 ~ 0.4 mm
	打印速度	10 ~ 100 cm³/h
	成型尺寸	140 mm×140 mm×134 mm
	打印机重量	5 kg
	打印机尺寸	245 mm×260 mm×350 mm
规格	电源要求	AC 100 ~ 240 V，50 ~ 60 Hz，200 W
	模型支撑	自动生成支撑
	输入格式	STL
	操作系统	Windows XP/Vista/7/8；mac OS
环境要求	室温	15 ~ 30 ℃
	相对湿度	20% ~ 50%

14.3.3 常用三维设计软件

3D 打印模型的成形依托于数字建模软件在电脑中进行三维设计，使用文件输出后缀为“.stl”的三维立体计算机辅助设计软件即可。在实训教学中经常使用的三维软件（计算机辅助设计软件）如表 14-8 所示（注：仅表示软件类型，不指向特定版本）。

表 14-8 实训教学中经常使用的三维软件

图例				
名称	UG	CATIA	SOLIDWORKS	CAXA
特点	功能强大，在汽车，模具方面应用广泛，可编程直接导入数控车床，自动加工	具有优秀的曲面设计功能，多用在航空航天、汽车领域	功能强大，组件繁多，操作便捷，用户界面清晰直观，具有灵活的草图绘制功能，多用在机械领域	国产软件，操作简单易上手，特色三维球功能使装配功能非常简单

14.4 3D打印机操作

14.4.1 打印机软件

双击打印软件图标“Up studio”，进入程序启动界面如图 14-2 所示，然后单击“UP”进入打印软件界面，如图 14-3 所示。单击图 14-3 中左侧命令栏的按钮可以对软件进行相关操作，如增加模型/图片、打印、初始化、校准、维护等。图 14-4 是界面右上角的模型调节轮，可以对打印的模型进行旋转、移动、缩放，以便得到更好的打印效果和质量。图 14-3 中界面中心的长方形线框范围内即为打印范围，打印模型如有超出长方形线框的部分则需要对文件进行修改。

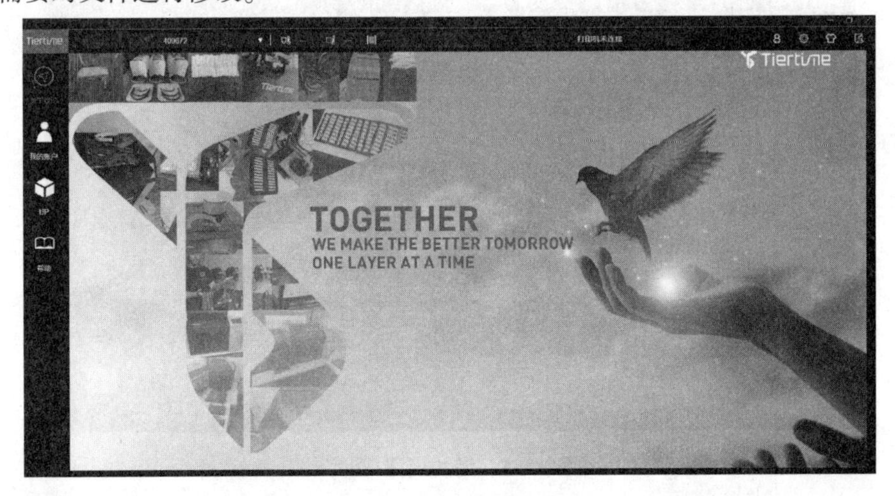

图 14-2 程序启动界面

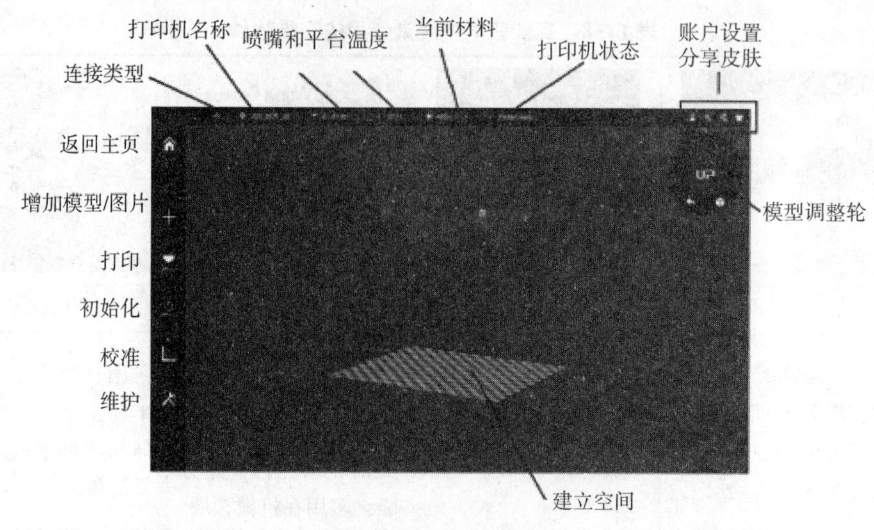

图 14-3 打印软件界面

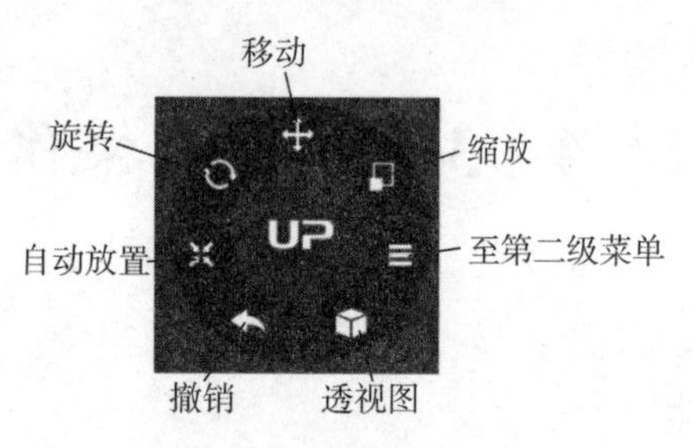

图 14-4 模型调节轮

14.4.2 打印流程

视频 14-1
3D 打印操作方法

1. 增加模型/图片

单击图 14-3 中的“+”按钮，选择想要打印的模型，如图 14-5 所示。

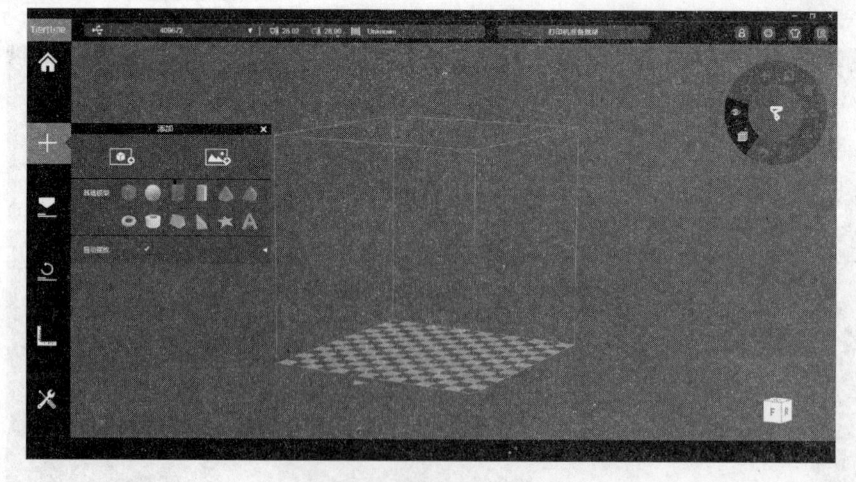

图 14-5 增加模型/图片

2. 初始化

单击图 14-3 中的“初始化”按钮，当打印机发出蜂鸣声，初始化即开始。打印喷头和打印平台将再次返回到打印机的初始位置，当准备好后将再次发出蜂鸣声。

3. 维护

单击图 14-3 中“维护”按钮，可按图 14-6 所示对话框进行操作。单击“挤出”选项，当喷头温度达到预定温度（ABS 为 260 ℃，PLA 为 200 ℃）时，可以看到从打印机喷头有丝状物被挤出，此时表明维护成功，停止后退出，即可打印。

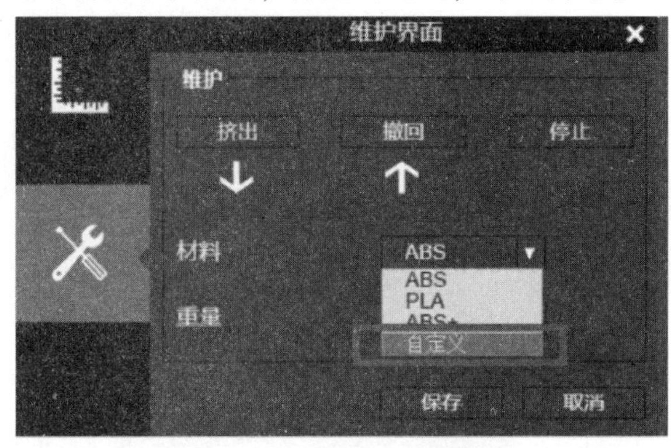

图 14-6 “维护”界面对话框

4. 设置打印选项

单击图 14-3 中“打印”按钮，在图 14-7 所示的对话框中设置打印参数（如质量）。

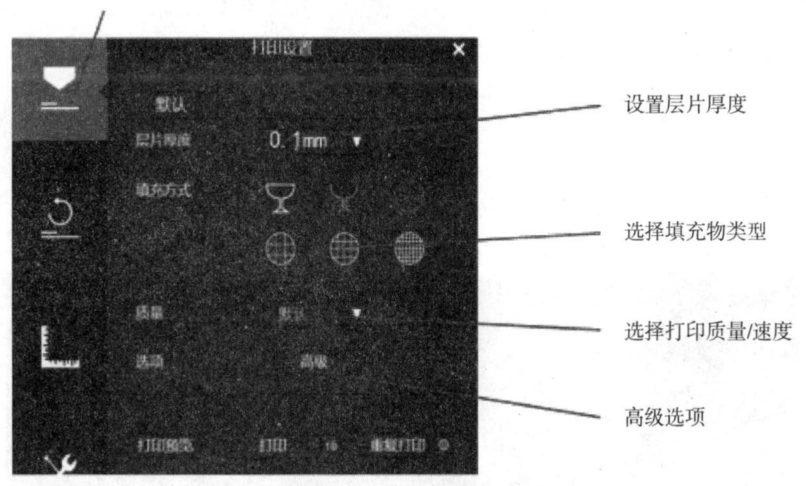

图 14-7 “打印设置”对话框

第 15 章 激光切割

15.1 概　述

激光切割是激光加工行业中最重要的应用技术之一，占整个激光加工业的 70% 以上，激光切割与其他切割方法相比，最大区别是它具有高速、高精度及高适应性的特点。同时，还具有割缝细、热影响区小、切割面质量好、切割时无噪声、切割过程容易实现自动化控制等优点，由于激光切割板材时，不需要模具，所以可以用来替代一些需要采用复杂大型模具的冲切加工方法，能大大缩短生产周期和降低成本，因此，目前激光切割已广泛地应用于汽车、航空、化工、轻工、电器电子、石油和冶金等领域。

2018 年 9 月，中国科学院西安光学精密机械研究所开发出国内最高单脉冲能量的 26 W 工业级飞秒光纤激光器，研制出系列化超快激光极端制造装备，实现了航空发动机涡轮叶片气膜孔的“冷加工”突破，填补了国内空白，达到了国际先进水平。该激光器可用于如图 15-1 所示的国产飞机发动机的生产。

图 15-1　国产飞机发动机

我国一直以来，都是重工业大国，素有“世界工厂”的美誉。近年来，众多“世界之最”“亚洲之最”的船舶问世，足以证明中国造船业的快速崛起。如今，“精密造船”和“快速造船”成为船舶制造业发展的主要趋势，激光切割功不可没。

在飞机工业中还可用激光切割钛合金、镍合金、铬合金、铝合金、氧化铍、不锈钢、钛酸钼、塑料和复合材料等难加工材料；并可用激光切割加工飞机蒙皮、蜂窝结构、框架、翼肋、尾翼壁板、直升机主旋翼、发动机机匣和火焰筒等结构。

15.2 实训目的

(1) 了解激光切割的特点与应用。
(2) 掌握激光切割机的原理及其作用。
(3) 学习常用工程图绘制软件，掌握图形绘制及文件格式转换方法。
(4) 掌握激光切割机实际操作技能。

15.3 激光切割机简介

15.3.1 激光切割机的概念及原理

激光切割是利用经聚焦的高功率、密度激光束照射工件，使被照射的材料迅速熔化、汽化、烧蚀或达到燃点，同时借助与光束同轴的高速气流吹除熔融物质，将工件割开，激光切割属于热切割方法之一，激光切割的原理如图 15-2 所示。

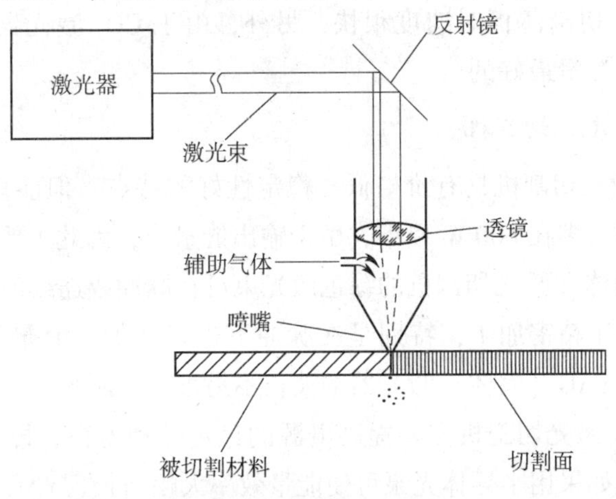

图 15-2 激光切割的原理

15.3.2 激光切割机分类

根据激光器的不同，可将目前市场上的激光切割机大致分为 3 种：CO_2 激光切割机、YAG（固体）激光切割机和光纤激光切割机。

1. CO_2激光切割机

CO_2 激光切割机，可以稳定切割 20 mm 以内的碳钢，10 mm 以内的不锈钢，8 mm 以内的铝合金。其中，CO_2 激光器发出的激光的波长为 10.6 μm，比较容易被非金属吸收，因此可以高质量地切割木材、亚克力、PP、有机玻璃等非金属材料，但是 CO_2 激光的光电转化率只有 10% 左右，CO_2 激光切割机在光束出口处装有喷吹氧气、压缩空气或惰性气体 N_2 的喷嘴，用以提高切割速度和保证切口的平整光洁。为了提高电源的稳定性和寿命，CO_2 激光器要解决大功率激光器的放电稳定性。根据国际安全标准，激光危害等级分 4 级，CO_2 激光属于危害最小的一级。气体激光器工作原理如图 15-3 所示，CO_2 激光切割机如图 15-4 所示。

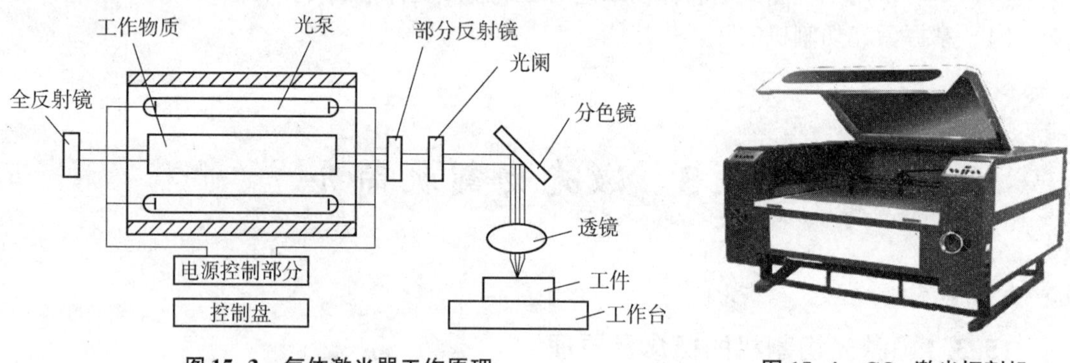

图 15-3 气体激光器工作原理

图 15-4 CO_2 激光切割机

CO_2 激光切割机的主要优点：功率大，一般为 2 000 ~ 4 000 W，能切割 24 mm 以内的全尺寸不锈钢，碳钢等常规材料，以及 4 mm 以内铝板和 60 mm 以内的亚克力板、木质材料板、PVC 板，且在切割薄板时速度很快，另外，由于 CO_2 激光器输出的是连续激光，所以其切割断面是最光滑最好的。

2. YAG（固体）激光切割机

YAG（固体）激光切割机具有价格低、稳定性好的特点，但能量效率一般小于 3%，目前产品的输出功率大多在 600 W 以下，由于输出能量小，因此主要用于打孔和点焊及薄板的切割，YAG（固体）激光切割机的绿色激光束可在脉冲或连续波的情况下应用，波长短、聚光性好，适用于精密加工，特别是在脉冲下进行孔加工时最为有效，也可用于切削、焊接和光刻等，YAG（固体）激光器的波长不易被非金属吸收，故不能切割非金属材料，且 YAG（固体）激光切割机需要提高电源的稳定性和寿命，即要研制大容量、长寿命的光泵激励光源，如采用半导体光泵可使能量效率大幅增长，YAG（固体）激光器原理如图 15-5 所示，YAG（固体）激光切割机如图 15-6 所示。

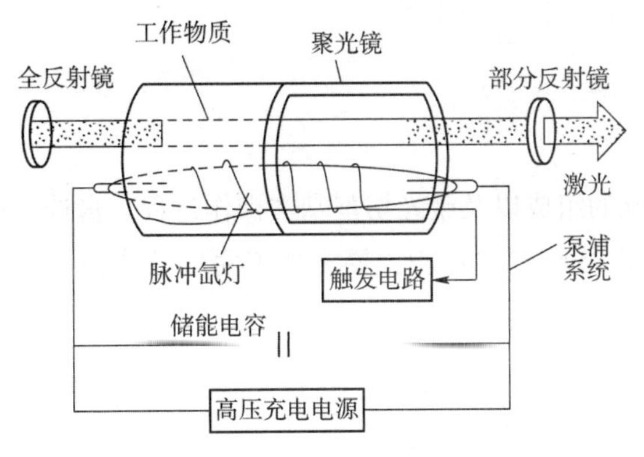

图 15-5 YAG（固体）激光器原理

图 15-6 YAG（固体）激光切割机

YAG（固体）激光切割机的主要优点：能切割其他激光切割机都无法切割的铝板、铜板以及大多数有色金属材料，价格便宜，使用成本低，维护简单，大部分关键技术已被国内企业所掌握，配件价格及维护成本低，且机器操作维护简单，对操作人员素质要求不高。

3. 光纤激光切割机

光纤激光切割机由于其可以通过光纤传输，柔性化程度空前提高，其主要特点为：故障点少，维护方便，速度奇快，所以在切割 4 mm 以内薄板时，光纤激光切割机有着很大的优势，但是受固体激光波长的影响，光纤激光切割机在切割厚板时质量较差，光纤激光切割机发出的激光的波长为 1.06 μm，不易被非金属吸收，故不能切割非金属材料。光纤激光的光电转化率可达 25% 以上，在电费消耗、配套冷却系统等方面的优势相当明显，根据国际相关安全标准，激光危害等级分 4 级，光纤激光由于波长短，因此对人体尤其是眼睛的伤害大，属于危害最大的一级，出于安全考虑，光纤激光切割机加工需要全封闭的环境，光纤激光切割机作为一种新兴的激光技术，普及程度远远不如 CO_2 激光切割机，光纤激光器原理如图 15-7 所示，光纤激光切割机如图 15-8 所示。

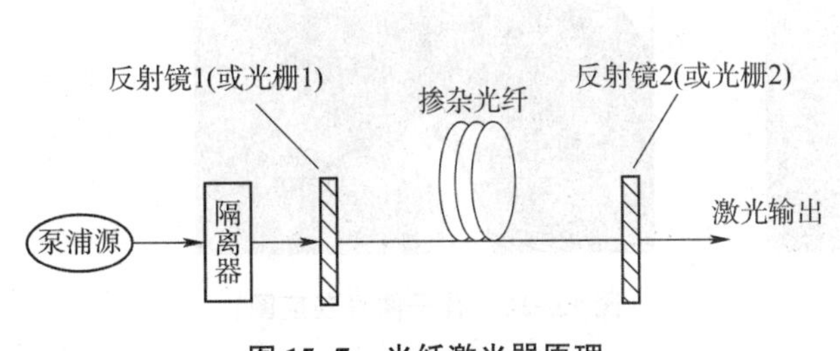

图 15-7 光纤激光器原理

图 15-8 光纤激光切割机

光纤激光切割机的主要优点：光电转换率高，电力消耗少，能切割 12 mm 以内的不锈钢板、碳钢板，是这 3 种机器中切割薄板速度最快的激光切割机，割缝细小，光斑质量好，可用于精细切割。

15.3.3 CO_2 激光切割机实操

1. 实训项目

本实训环节的主要目的是了解激光系统的组成以及激光切割基本操作过程。自选一张图片并对其进行预处理，对处理好的图片进行雕刻并切割，要求加工完成的作品成像清晰，边界整齐，作品大小（90±2）mm×（140±2）mm。

2. 实训设备与工量具

i. LASER-3000 激光切割机、钢直尺。

3. 实训材料

450 mm×900 mm×4 mm 的层压板。

4. 实训内容

1）图片的预处理

根据激光切割及雕刻工艺特点，首先处理预加工图片，用于加工的图片需要有较高的曝光度和对比度且内容不宜过多，因此需要对待加工图片进行前期处理后方可进行雕刻与切割。

图片可使用手机或电脑处理，处理流程为：原图→亮度调节→锐化调节→裁剪→待加工图片，处理效果如图 15-9 和图 15-10 所示。

图 15-9 孔子像（原图）

图 15-10 孔子像（灰度图）

2）激光切割机的组成

i. LASER-3000 激光切割机的组成如图 15-11 所示。

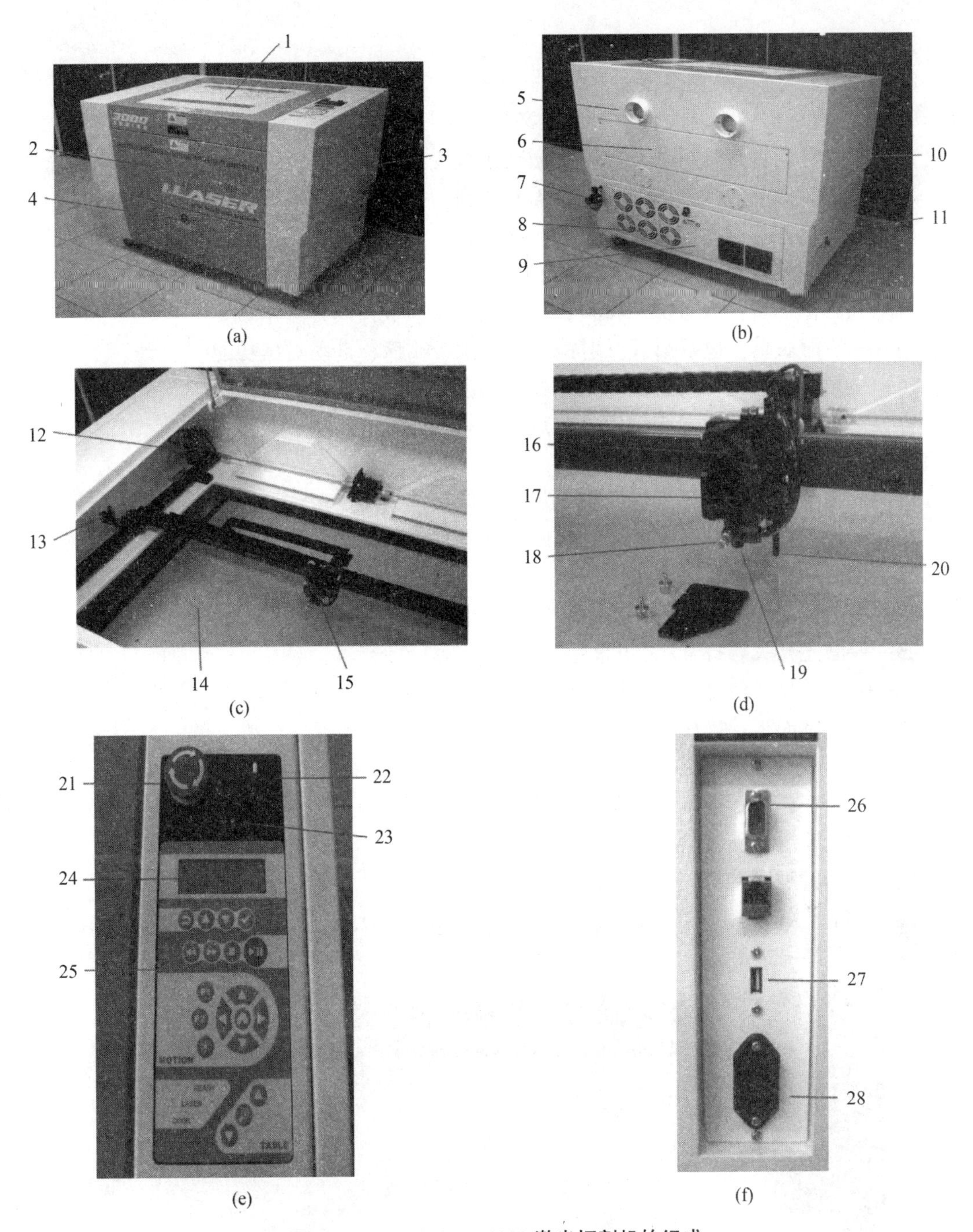

图 15-11　i. LASER-3000 激光切割机的组成

1——上盖：上盖装有安全装置，若打开则无激光激发。

2——前门：前门装有安全装置，若打开则无激光激发。

3——侧门（右）：无安全装置，打开则可放置较长的材料，变成 Class4 激光系统。

4——设备维修门：如无必要请勿打开此门，尤其是带电情况下。

5——排气孔：连接鼓风机将粉尘颗粒排除。

6——后门：打开可通材料，变成 Class4 激光系统。

7——油水分离器：提供设备吹气。

8——风扇：降低机箱温度。

9——底座后门：维修时使用，如无必要请勿打开。

10——左侧门：打开可通长材料，激光系统变成 Class4 激光系统。

11——底座侧门：维修时使用，如无必要请勿打开。

12——窗口镜片：此镜片可防止颗粒粉尘对反射镜片造成伤害，建议每天清洗。

13——第四反射镜：反射激光光源发出的激光，建议每天清洗。

14——工作平台：放置加工材料，可通过控制面板控制升降平台。

15——X 滑块组：包括第五反射镜、聚焦镜、喷嘴、自动对焦功能。

16——第五反射镜：反射激光光源发出的激光，建议每天清洗。

17——聚焦镜片：使激光聚焦，在焦点处集聚能量。

18——气压调整阀：调整喷嘴气压大小。

19——喷嘴：提供正压气流，防止灰尘污染聚焦镜片。

20——自动对焦棒：通过接触材料调整聚焦高度。

21——急停开关。

22——电源开关：可关闭主电源、部分机型无此开关。

23——激光开关：打开/关闭激光。

24——液晶显示信息：显示操作功能及系统信息

25——控制面板：操作机器按钮。

26——外接 I/O 口：提供额外控制。

27——USB 插座：连接设备与电脑传输文件使用。

28——电源插座：供给 220 V 主电源。

3）激光切割机的操作

打开急停开关、电源开关，启动空气压缩机。启动 CAD，设置工作幅面，尺寸为 700 mm×500 mm，如图 15-12 所示。

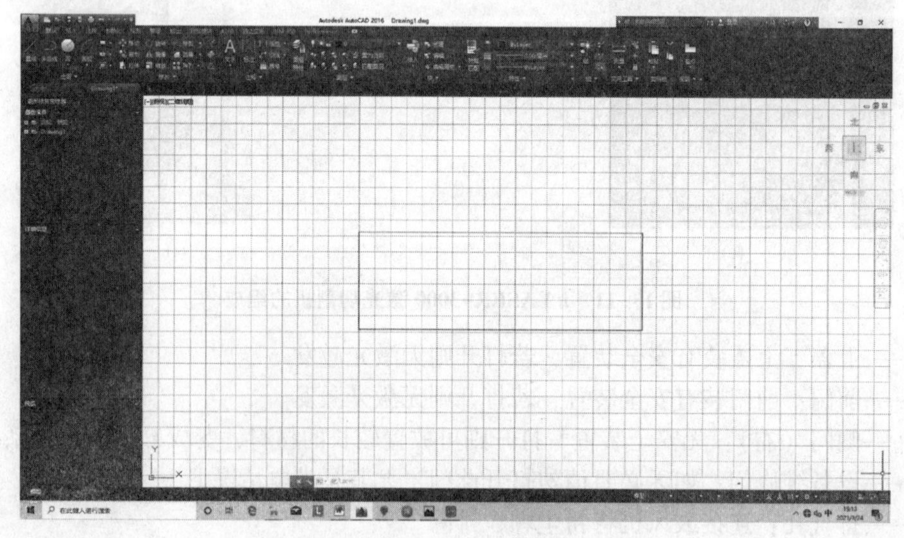

图 15-12　设置工作幅面

把需要输出的图形放置在工作幅面区域内，增加预加工图的外轮廓线，线宽设置为0 mm，如图15-13所示。

图15-13　导入待加工图片

按〈Ctrl+P〉键，首先设置雕刻模式，如图15-14所示。

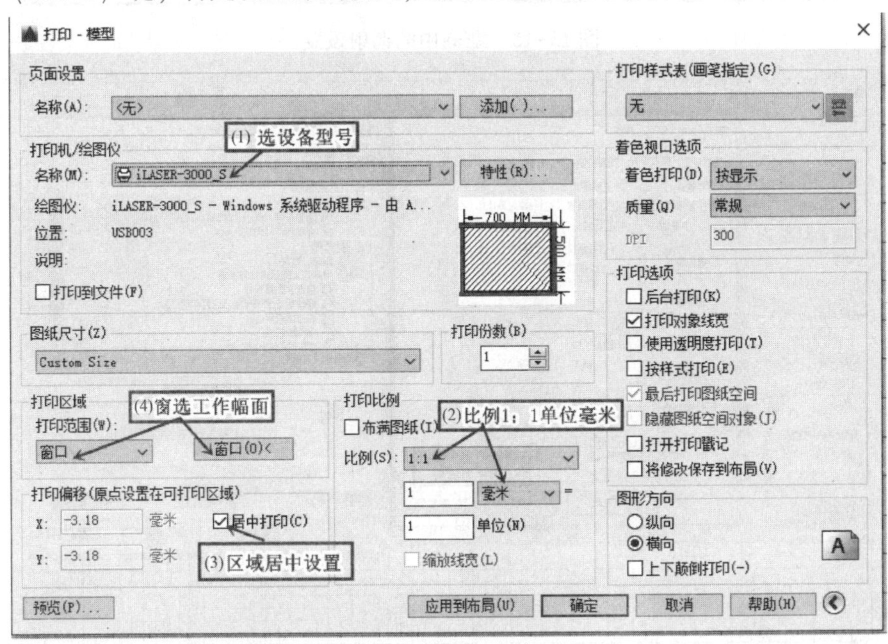

图15-14　设置雕刻模式

（1）设备型号选择 i. LASER-3000_S。

（2）输出比例选择 1 : 1，单位为 mm。

（3）输出区域一般选择居中，也可自行设置输出偏移位置。

（4）窗口选择图形输出区域为已经设置好的 700 mm×500 mm 的矩形工作区域。进行镭射设定和模式设定，如图 15-15 和图 15-16 所示。

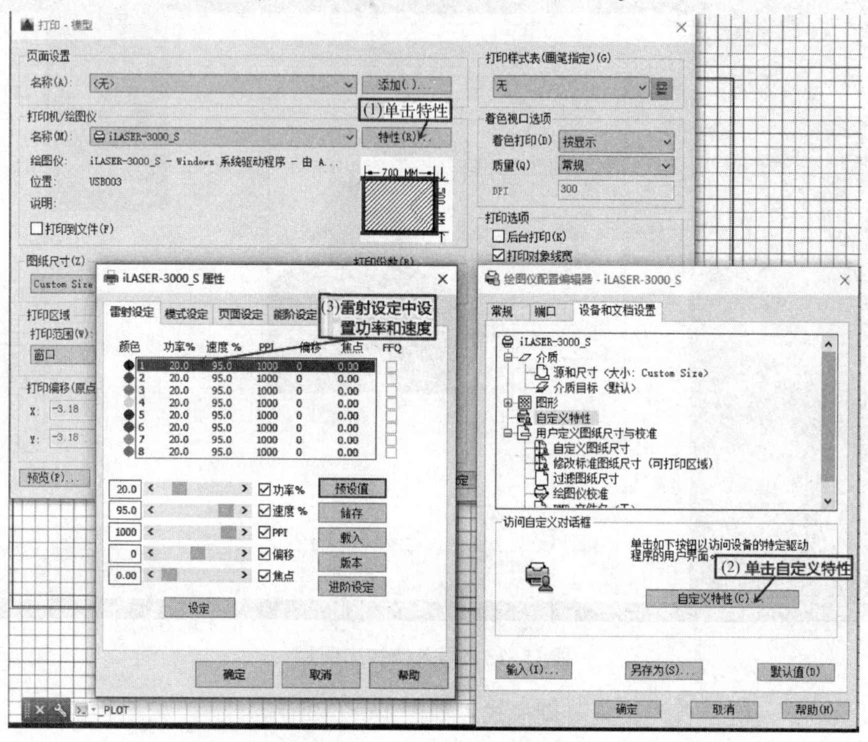

图 15-15　雕刻中的镭射设定

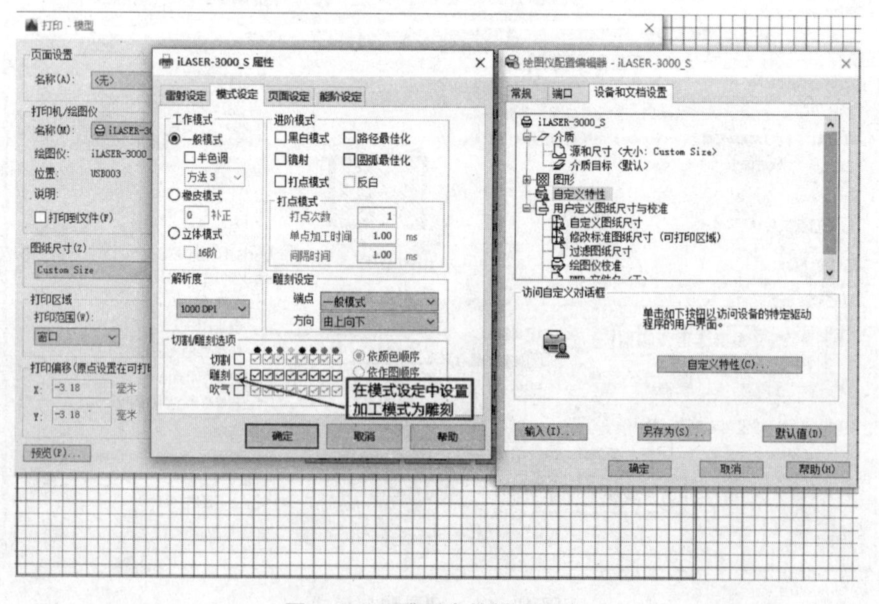

图 15-16　雕刻中的模式设定

雕刻设定步骤：特性→自定义特性→调整速度及功率→设定→颜色图层→确定→确定→确定→确定；完成雕刻图形输出。

接下来按〈Ctrl+P〉键，设置切割模式，如图 15-17 所示。

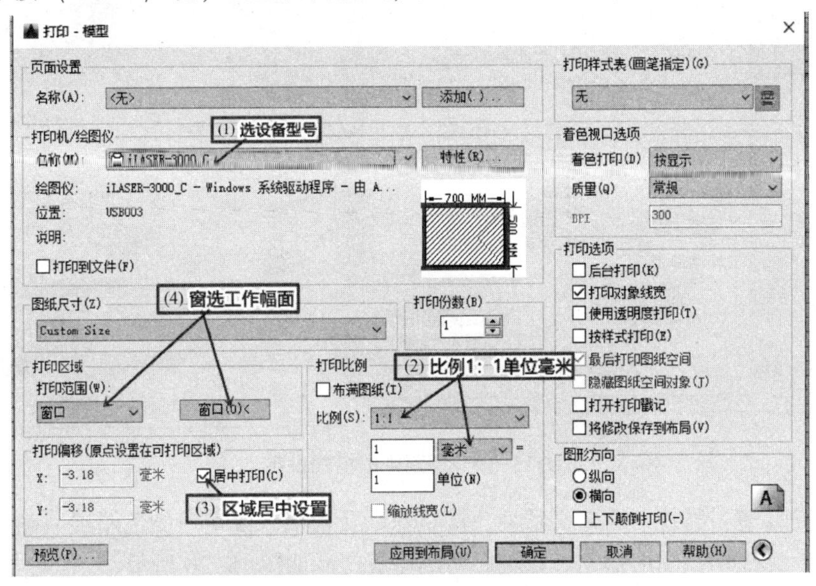

图 15-17 设置切割模式

（1）设备型号选择 i. LASER-3000_C。

（2）输出比例选择 1∶1，单位为 mm。

（3）输出区域一般选中居中，也可自行设置输出偏移位置。

（4）窗口选择图形输出区域为已经设置好的 700 mm×500 mm 的矩形工作区域。

进行镭射设定和模式设定，如图 15-18 和图 15-19 所示。

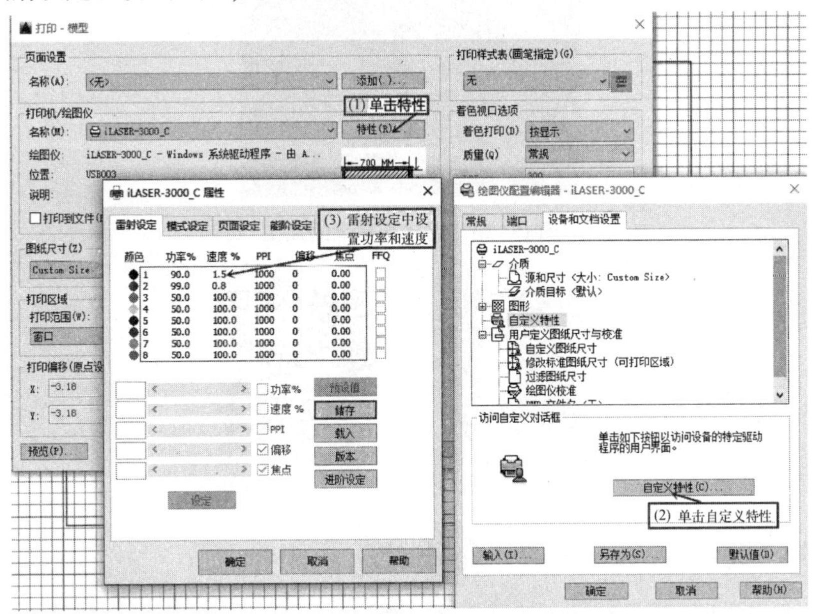

图 15-18 切割中的镭射设定

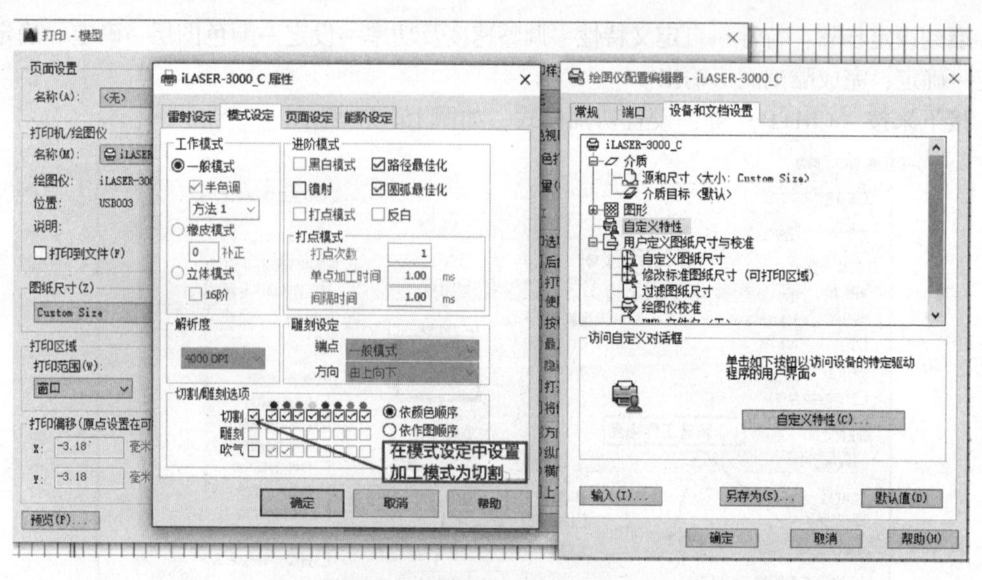

图 15-19　切割中的模式设定

切割设定步骤：特性→自定义特性→调整速度及功率→设定→颜色图层→确定→确定→确定→确定；完成切割图形输出。雕刻、切割完成产品如图 15-20 所示。

图 15-20　完成孔子像的加工

视频 15-1　切割文件设计及传输 CAD

视频 15-2　激光切割机控制面板操作

15.3.4　光纤激光切割机操作介绍

光纤激光切割机因其具有切割速度极高、稳定性极高、光束质量卓越等优点，目前已经被众多高校广泛使用。下面介绍 ZK-G-500 光纤激光切割机的操作方法。

激光切割软件 CypCut 的用户界面如图 15-21 所示，界面正中央的黑底为绘图板，其中白色带阴影的外框表示机床幅面，并有网格显示。网格与绘图区上方和左侧的标尺会随视图进行放大、缩小的变化，为绘图提供参考。

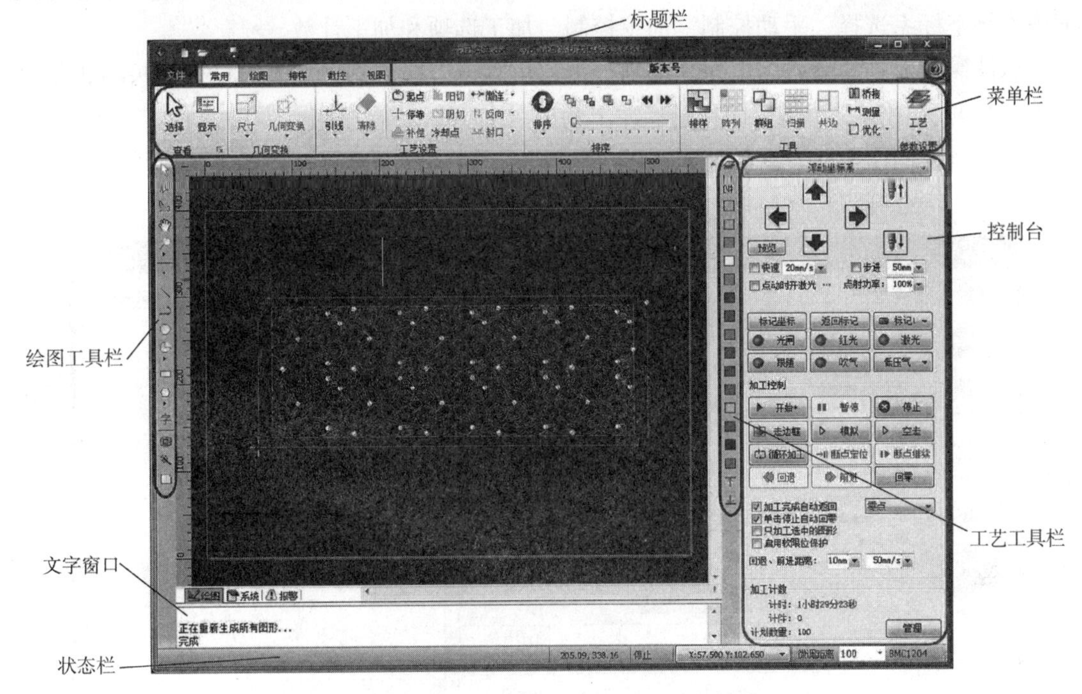

图 15-21 激光切割软件 CypCut 的用户界面

界面正上方从上到下依次是标题栏、菜单栏、工具栏（绘图工具栏、工艺工具栏）控制台、文字窗口、状态栏，其中工具栏以明显的大图标分组方式排列。

界面左侧为绘图工具栏，其提供了基本的绘图功能，其中前面 4 个按钮用于切换绘图模式，包括选择、节点编辑、次序编辑、拖动和缩放；其他按钮分别对应相应图形，单击这些按钮就可以在绘图板上插入一个新图形。最下方有 3 个快捷键，分别是居中对齐、炸开所选图形以及倒圆角。

绘图区右侧为工艺工具栏，包括一个“工艺”按钮和 17 个方块按钮；单击“工艺”按钮将打开“工艺”对话框，在此对话框内可以设置大部分的工艺参数。17 个方块按钮，每一个对应一个图层，选中图形时单击它们表示将选中图形移动到指定的图层；没有选中图形时单击这些按钮表示设置下次绘图的默认图层。其中，第一个白色方块表示一个特殊的图层——背景图层，该图层上的图形将以白色显示，并且不会被加工，最后两个图层分别为最先加工及最后加工图层。

界面下方包括 3 个滚动显示的文字窗口。左边的窗口为“绘图”窗口，所有绘图指令的相关提示或输入信息均在这里显示。中间的窗口为“系统”窗口，除绘图之外的其他系统消息将在这里显示，每一条消息都带有时间标记，并根据消息的重要程度以不同颜色显示，包括提示、警告、错误等。右边的窗口为“报警”窗口，所有的报警信息将在这里以红色背景，白色文字显示。

界面最底部是状态栏，根据不同的操作显示不同的提示信息。状态栏的左侧是已绘制的加工图形的基本信息，状态栏的右侧是几个常用信息，包括鼠标所在位置、加工状态、激光头所在位置，微调距离参数，用于使用方向键快速移动图形。最右侧显示的是控制卡的型号。

界面右侧的矩形区域为控制台，大部分与控制相关的常用操作都在这里进行，从上到下依次是坐标系选择、手动控制、加工控制、加工选项和加工计数。

软件操作流程：导入图形→预处理→工艺设置→刀路规划→加工前检查→实际加工。

（1）导入图形。单击界面标题栏左上角的“打开”按钮，弹出“打开”对话框，选择需要打开的图形，对话框的右侧提供了一个快速预览的窗口，可快速找到所需要的文件，如图 15-22 所示。

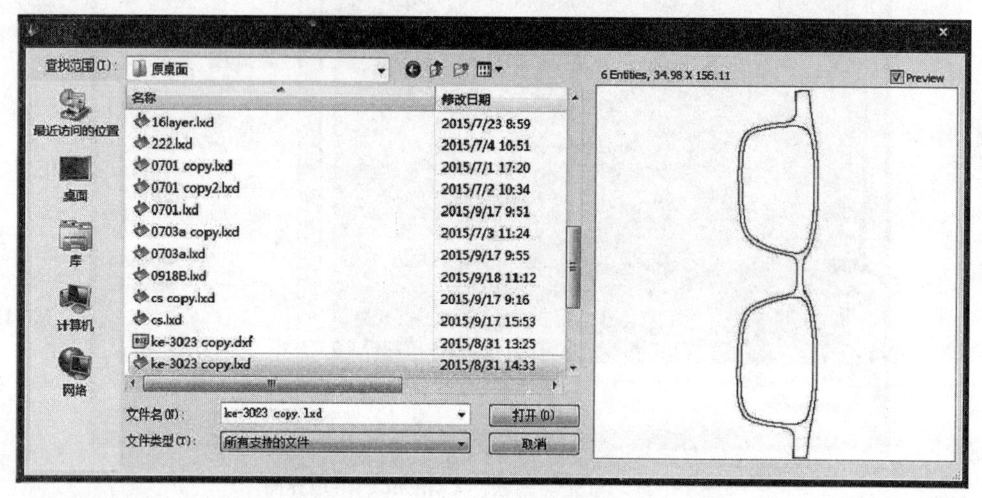

图 15-22　“打开”对话框

（2）预处理。导入图形的同时，CypCut 会自动进行去除极小图形、去除重复线、合并相连线、自动平滑、排序和打散，一般情况下用户无须进行其他处理就可以设置工艺参数。如果自动处理过程不能满足使用要求，可以打开菜单“文件”→“用户参数”进行配置。

（3）工艺设置。在这一步骤中需要用到“常用”菜单栏下“工艺设置”一栏中的大部分功能，包括设置引入引出线、设置补偿等。“引线”按钮用于设置引入引出线，“封口”按钮用于设置过切、缺口或封口参数；“补偿”补偿按钮用于进行割缝补偿；“微连”微连按钮用于在图形中插入不切割的小段微连；“反向”反向按钮可将单个图形反向；“冷却点”冷却点按钮用于在图形中设置冷却点，单击“起点”起点按钮，然后在希望设置为图形起点的地方单击，就可以改变图形的起点；如果在图形之外单击，然后再在图形上单击，就可以手工绘制一条引入线。

单击右侧工艺工具栏的“工艺”按钮，可以设置详细的切割工艺参数，“图层参数设置”对话框包含了几乎所有与切割效果有关的参数。

（4）刀路规划。在这一步中根据需要对图形进行排序。单击常用或排样菜单栏下的“排序”按钮可以自动排序，单击该按钮下方的小三角不仅可以选择排序方式，还可以控制是否允许自动排序过程改变图形的方向及是否自动区分内外模。

如果自动排序不能满足要求，可以单击左侧绘图工具栏上的“手工排序”按钮进入手工排序模式，用鼠标依次单击图形，就设定了加工次序。按住鼠标，从一个图向另一个图画一条线，就可以指定这两个图之间的次序。

将已经排列好次序的几个图形选中，然后单击“常用”或“排样”菜单栏下“群组”按钮就可以将它们的次序固定下来，之后的自动排序和手动排序都不会再影响群组内部的图形，群组将始终作为一个整体。

选中一个群组，然后右击选择“群组内排序”，也可以对群组内部的图形进行自动排序。

（5）加工前检查。在实际切割之前，可以对加工轨迹进行检查，单击各对齐按钮可将图形进行相应对齐，拖动如图15-23所示的交互式预览进度条（绘图菜单栏下），就可以快速查看图形加工次序，单击交互式预览按钮，可以逐个查看图形加工次序。

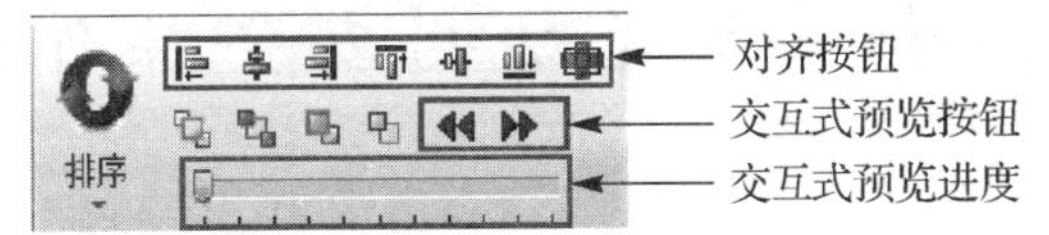

图15-23 交互式预览进度条

单击控制台上的“模拟”按钮，可以进行模拟加工，通过“数控”分页上的模拟速度功能可以调节模拟加工的速度。

（6）实际加工。在正式加工前，需要将显示器上的图形和机床对应起来，单击控制台上方向键左侧的“预览”按钮可以在屏幕上看到即将加工的图形与机床幅面之间的相对位置关系，该对应关系是以显示器上的停靠点标记与机床上激光头的位置匹配来计算的，图15-24显示了显示器上的常见坐标标记，单击“预览”时，停靠点将平移到激光头位置，视觉上就是图形整体发生了平移。

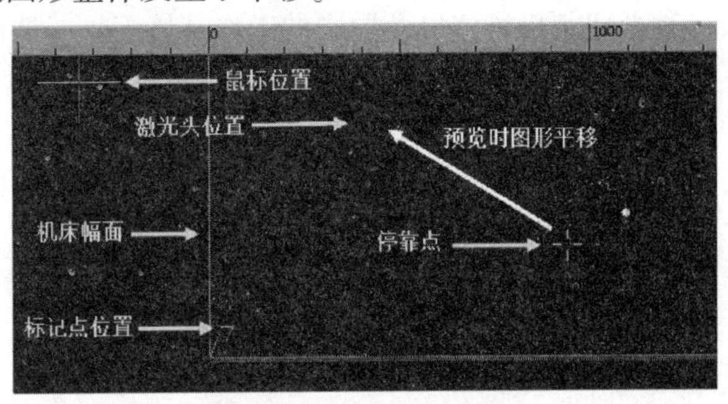

图15-24 常见坐标标记

如果红色十字光标所示的激光头位置与实际机床上的激光头位置不符，请检查机床原点位置是否正确，通过“数控”→“回原点”可进行矫正，若预览后发现图形全部或部分位于机床幅面之外，则表示加工时可能会超出行程范围。

单击“常用”菜单栏下“停靠”按钮，可以改变图形与停靠点的相对关系，例如，激光头位于待加工工件的左下角，则设置停靠点为左下角，依次类推。

显示器上检查无误后，单击控制台上的“走边框”按钮，软件将控制机床沿待加工图形的最外框走一圈，用户可以借此检查加工位置是否正确。还可以通过单击“空走”按钮在不打开激光的情况下沿待加工图形完整的运行，借此更详细地检查加工是否可能存在不当之处，最后，单击“开始”按钮开始正式加工，单击“暂停”按钮可以暂停加工，暂停过程中用户可以手动控制激光头升降，手动开关激光、气体等；暂停过程中可以通过“回退”与“前进”按钮沿加工轨迹追溯；单击“继续”按钮则继续加工，单击“停止”按钮可以中止加工，根据用户的设置，激光头可以自动返回相应点，只要用户没有改变图形形状或开始新一轮加工，单击“断点定位”按钮，软件将允许用户定位到上次停止的位置，单击“断点继续”按钮将从上次停止的位置继续加工。

15.4 金属激光切割安全操作规程

（1）开总电闸、开冷水机、开机、开气泵、开计算机，检查通入外气的压力大小，应为0.5~0.6 MPa。

（2）上料、调节激光切割头距离高度以及根据材料的不同厚度设定相应的激光切割速度和功率。

（3）导入文件、设定速度、下传文件设定切割原点，根据红光定原点按边框键观察所切割文件是否在被切割物体版面内，确定无误后方可正常切割。

（4）关机步骤为调电压、放电、关机、关气泵，关总电闸之前要确认平板打印机是否正在使用。

（5）每天都要保持激光切割机机体以及周围的工作环境卫生、清洁、整齐。

第 16 章 智能制造

16.1 概 述

1. 智能制造发展背景

制造业是国民经济的基础工业，是影响国家发展水平的决定因素之一。自瓦特发明蒸汽机以来，制造业已经历了机械化、电气化、自动化三次技术革命，每一次技术革命都有显著的特点。

随着计算机的问世，制造业大体沿着两条路线发展：一是传统制造技术的发展，二是借助计算机和数字控制科学的智能制造技术与系统的发展。20 世纪 80 年代以来，传统制造技术得到了不同程度的发展，但日益先进的计算机控制技术和制造技术，使得传统的设计和管理方法已无法有效解决现代制造系统中存在的很多问题。这促使研究人员、设计人员和管理人员需要不断学习、掌握并研究全新的产品、工艺和系统，然后利用各学科最新研究成果，借助现代的工具和方法在传统制造技术、计算机技术与科学、人工智能等技术进一步融合的基础上，开发出了一种新型的制造技术与系统，即智能制造技术。

当前，全球制造业正在发生新革命。随着德国工业 4.0（第四次工业革命）概念的提出，物联网、工业互联网、大数据、云计算等技术的不断创新发展，以及信息技术、通信技术与制造业领域的技术融合，新一轮技术革命正在以前所未有的广度和深度，推动着制造业生产方式和发展模式的变革。如今，人类社会的制造业已从机械化全面迈向智能化、个性化，“私人定制”式工业生产将成为最新一次技术革命的主要标志。

2. 智能制造的内涵与特性

智能制造是由智能机器和人类专家共同组成的人机一体化系统，以一种高柔性与集成的方式，借助计算机模拟人类专家的智能活动。智能制造是当前制造技术的重要发展方向，是先进制造技术与信息技术的深度融合。通过对产品全生命周期中设计、加工、装配及服务等环节的制造活动进行知识表达与学习、信息感知与分析、智能优化与决策、精准控制与执行、实现制造过程、制造系统与制造装备的知识推理、动态传感与自主决策。

智能制造集自动化、柔性化、集成化和智能化于一身，具有实时感知、优化决策、动态执行3个方面的优点。具体地看，智能制造在实际应用中具有以下特性。

1）人机一体化特性

在智能制造模式下，人介入制造系统的手段更加丰富，智能制造不单强调人工智能，而且是一种人机一体化的智能模式，一种混合智能。人机功能平衡系统智能协调，以人工智能、先进制造等领域的单元技术融合为支撑，人在制造环境中居核心地位，同时在智能机器的配合下，更好地发挥了人的潜能，使人机之间表现出一种平等共事、相互“理解”、相互协作的关系，使两者在不同的层次上各显其能，相辅相成，实现人与制造系统的和谐统一。

2）自学习和自维护能力特性

智能制造以原有的专家知识为基础，在实践中不断进行学习，完善系统知识库，并剔除其中不适用的知识，使知识库趋于合理化。同时，它还能对系统缺陷进行自我诊断、排除和修复，从而能够自我优化并适应各种复杂环境。

3）智能集成特性

智能制造在强调各子系统智能化的同时，更注重整个制造环境的智能集成。这是它与面向制造过程中特定应用的“智能化孤岛”的根本区别。智能制造将各个子系统集成为一个整体，实现系统整体的智能化。

4）可视化特性

智能制造要求生产状态实时透明可视、生产过程智能精细管控，对制造环境、设备与工件状态、制造能力要感知和处理，以物理空间和信息空间相融合，实现生产过程的透明可视化。

5）虚拟现实特性

虚拟现实是实现高水平人机一体化的关键技术之一。人机结合的新一代智能界面，使得可用虚拟手段智能地表现现实，这是智能制造的一个显著特征。

6）自律能力特性

智能制造具有搜集与理解环境信息及自身信息并进行分析判断和规划自身行为的能力。强有力的知识库和基于知识的模型是自律能力的基础。智能制造系统能监测周围环境和自身作业状况并进行信息处理，根据处理结果自行调整控制策略，以采用最佳可行方案，从而使整个制造系统具备抗干扰、自适应和容错等能力。

16.2 实训目的

（1）学习智能制造的基本内涵与特点、机床柔性制造系统、典型零件柔性制造系统的基本组成与工作流程。

（2）了解智能制造在现代机械制造企业中的应用。

16.3　柔性智能制造系统

16.3.1　柔性智能制造系统简介

柔性智能制造系统以智能数控机床为核心，辅之以托盘自动交换装置或工业机器人上下料机构及托盘（工件）暂存台架等，能完成多种工件及多种工序的自动加工、自动检测、自动排屑，能与物流系统设备衔接，并能实现与上级管理系统的通信。常见的柔性制造系统基本形式主要有桁架式柔性智能加工单元、固定式机器人柔性智能加工单元、组合式机器人柔性智能加工单元，分别如图 16-1 ~ 图 16-3 所示。

图 16-1　桁架式柔性智能加工单元

图 16-2　固定式机器人柔性智能加工单元

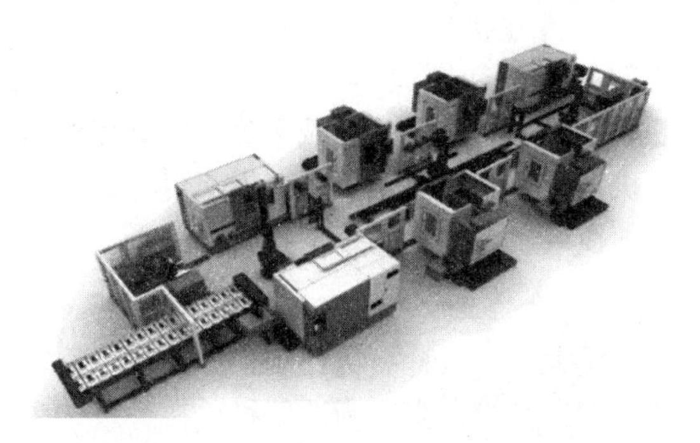

图 16-3　组合式机器人柔性智能加工单元

16.3.2　柔性智能制造系统基本组成

柔性智能制造系统一般由智能数控机床、物流系统和计算机控制系统三大部分组成。根据柔性制造系统的要求不同，还可包括一些在线检测、激光打标、毛刺打磨、清洗喷涂等辅助部分。

1. 智能数控机床

柔性制造系统根据其加工对象的不同，可分为以加工箱体类零件、回转体零件、混合型零件等为主的加工系统。对于以加工箱体类零件（如汽车发动机缸体、缸盖柔性制造单元等）为主的柔性制造系统，一般配有多台立式和卧式加工中心。对于以加工回转体零件为主的柔性制造系统，多数配有 CNC 车削中心或 CNC 车床，由于许多回转体零件上还有平面或键槽等特征加工，所以这类系统中往往还配有立式或卧式加工中心。对于一些专门零件加工，如齿轮加工，还需配备齿轮加工机床等。在加工混合型零件的柔性制造系统中，加工中心本身的刀库容量往往不能满足加工的需求，因此多设有自动刀库以补充机载刀库容量的不足。

2. 物流系统

物流系统主要包括自动引导小车（AGV）、工件托盘料仓、滚筒输送线、自动化立体仓库等，如图 16-4 所示。柔性制造系统的物流系统与传统的自动线或流水线的零件传送系统有很大差别。柔性制造系统的零件传送没有固定节拍，也没有固定顺序，有时甚至是几种零件混杂在一起传送，也就是说，整个物流系统的工作状态是可以随机控制的。

图 16-4　物流系统

柔性制造系统的物流系统可以有多种形式，对于箱体类零件，工件经常装在托盘上进行输送和搬运，该系统包括工件在机床之间、加工单元之间、自动仓库和托盘存放站之间，托盘存放站和机床之间的输送和搬运等。自动搬运设备有链式传送带、滚筒式传送带、有轨小车、无轨自动导引小车、悬挂式机械手等；托盘存放站与机床之间的装卸设备有托盘交换台（APC）和机器人，装卸工件的机器人又可分为内装式机器人、附装式机器人和单置万能式机器人等。在柔性制造系统中，自动导引小车有时也用来输送刀具。

3. 计算机控制系统

根据柔性制造系统的规模大小，其计算机控制系统的复杂程度也有所不同，通常分为三级分布式控制系统，低级为控制级，高级为决策级。在各级的决策与控制中，生产的计划与调度、加工过程途径的确定是主要问题。第一级为过程控制及逻辑控制级，其主要功能是对加工设备和装卸工件的机器人或托盘交换台的控制，包括对各种加工作业的控制和监测等，其计划时限为数毫秒至数分钟。第二级为工作站控制级，其主要功能是对柔性制造系统中各种自动化环节或 FMS 分系统进行控制与管理，控制对象包括物流运送、自动料仓存取、刀具管理、清洗、在线检测及自动加工单元等，其计划时限为数分钟至数小时。第三级为单元控制级，其主要功能是对各工作站进行管理和控制，因此有时也称为单元控制器，这一级控制主要负责生产管理，编制日程进度计划，把生产所需的信息，如加工零件的种类和数量、每批的生产期限、刀夹具种类和数量等送到第二级管理计算机，计划时限为几小时至几十小时。计算机控制系统示意如图 16-5 所示。

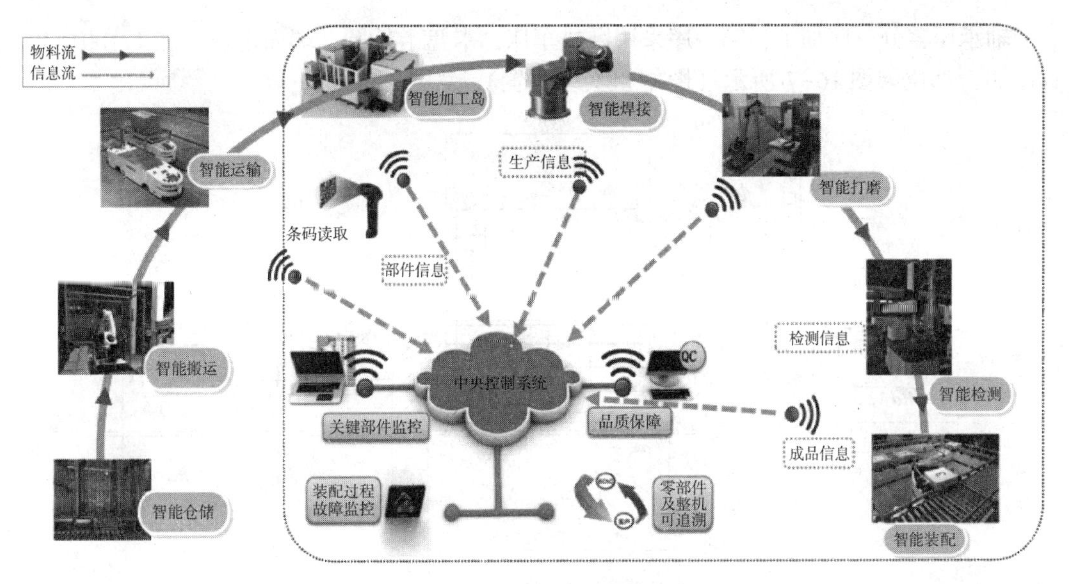

图 16-5　计算机控制系统示意

16.4　柔性制造单元

16.4.1　工艺方案

选用轴承压盖作为柔性制造单元的加工工件，轴承压盖（材质 45 号钢）基本信息如图 16-6 所示。

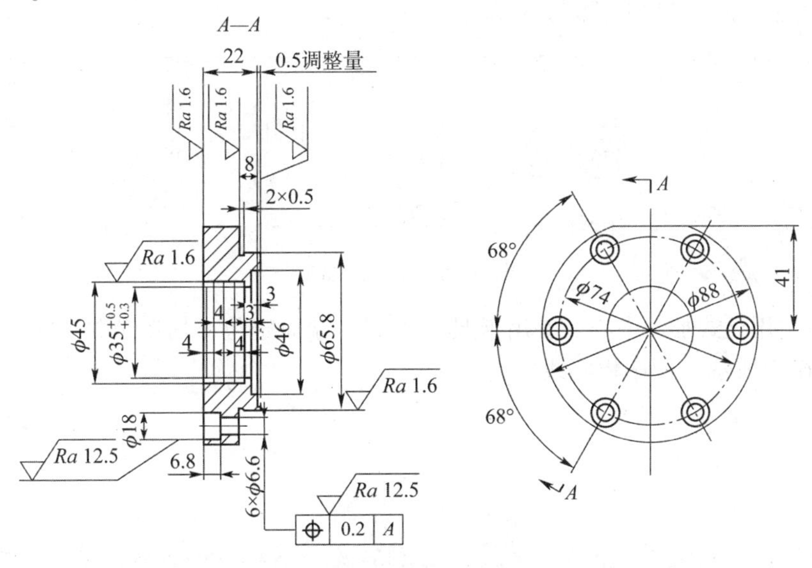

图 16-6　轴承压盖零件图

轴承压盖分三序加工，第一序采用卧式车床，卡盘卡外圆、端面定位，加工节拍 112 s，具体加工部位如图 16-7 所示（图中粗实线位置）。

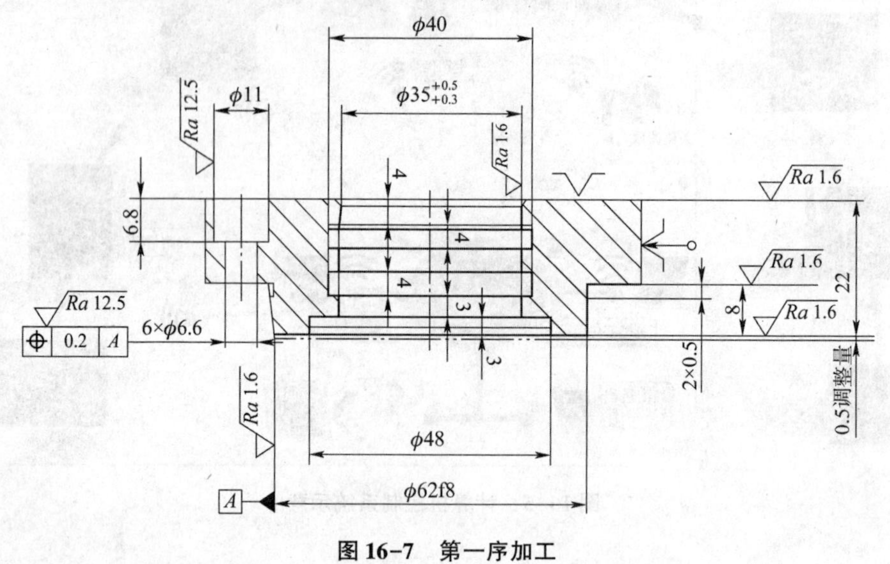

图 16-7　第一序加工

第二序采用立式车床，卡盘卡外圆、端面定位，加工节拍 62 s，具体加工部位如图 16-8 所示（图中粗实线位置）。

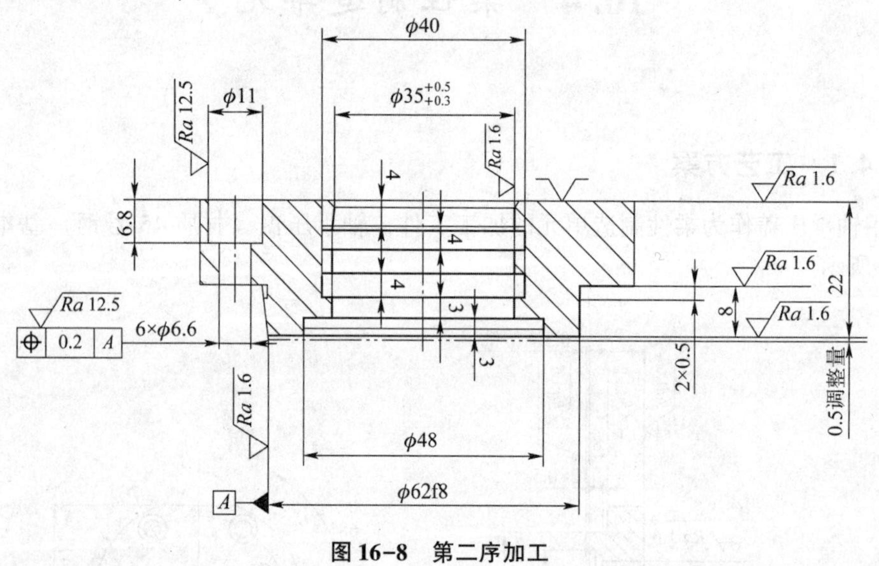

图 16-8　第二序加工

第三序采用立式加工中心，专用卡具卡外圆、端面定位，加工节拍 121 s，具体加工部位如图 16-9 所示（图中粗实线位置）。

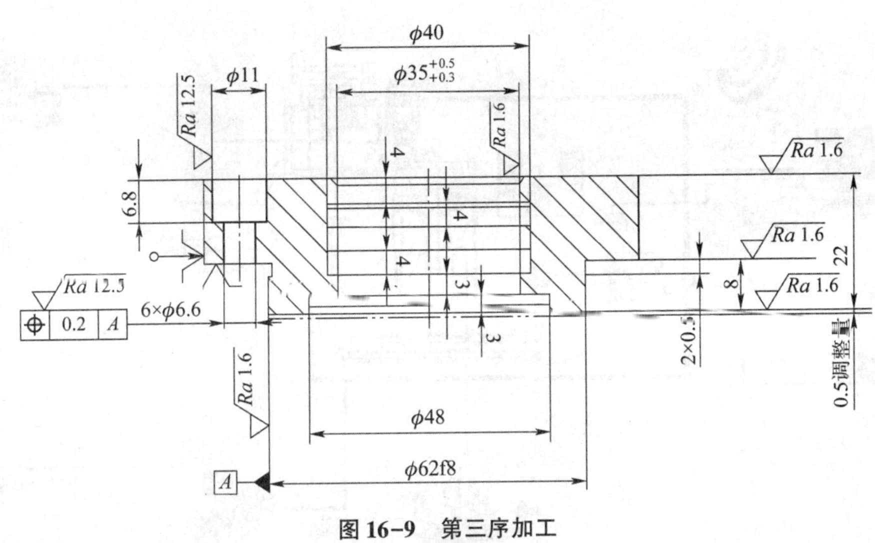

图 16-9　第三序加工

16.4.2　柔性制造单元布局介绍

本柔性制造单元由自动化加工单元和检测单元组成。自动化加工单元由三台智能机床、一套中转料库与一台机器人、一套工件种类检测单元、一套快换爪模块、一套抓手模块及一套翻面机构组成；检测单元由一台三坐标测量机、一台激光打标机、一套流转式料库及一台机器人组成。柔性制造单元整体工序如表 16-1 所示。

表 16-1　柔性制造单元整体工序

工件	机床型号	说明	设备数量	工件定位形式
轴承压盖	OP10 i5T3. 3	加工工件第一序	1	端面定位
	OP20 i5V2C	加工工件第二序	1	端面定位
	OP30 i5M4. 2	加工工件第三序	1	端面定位
	OP40 三坐标测量机	对工件进行检测	1	定位后测量
	OP50 打标机	工件大面打印标识	1	定位后打标

AGV 将料盘由立体仓库中运送至流转式料库，料盘定位后，机器人进行毛坯的抓取。当工件加工检测完毕后，由机器人抓取放置在料盘内，放满后，AGV 将料盘运送至立体仓库。

三台智能机床成品字形式布局，机器人位于三台智能机床之间，中转料库位于另一侧，工作区域设计防护栏，以保证操作人员的安全，布局紧凑，优化占地面积，上下料效率最优。整个自动化加工单元的具体布局如图 16-10 所示。

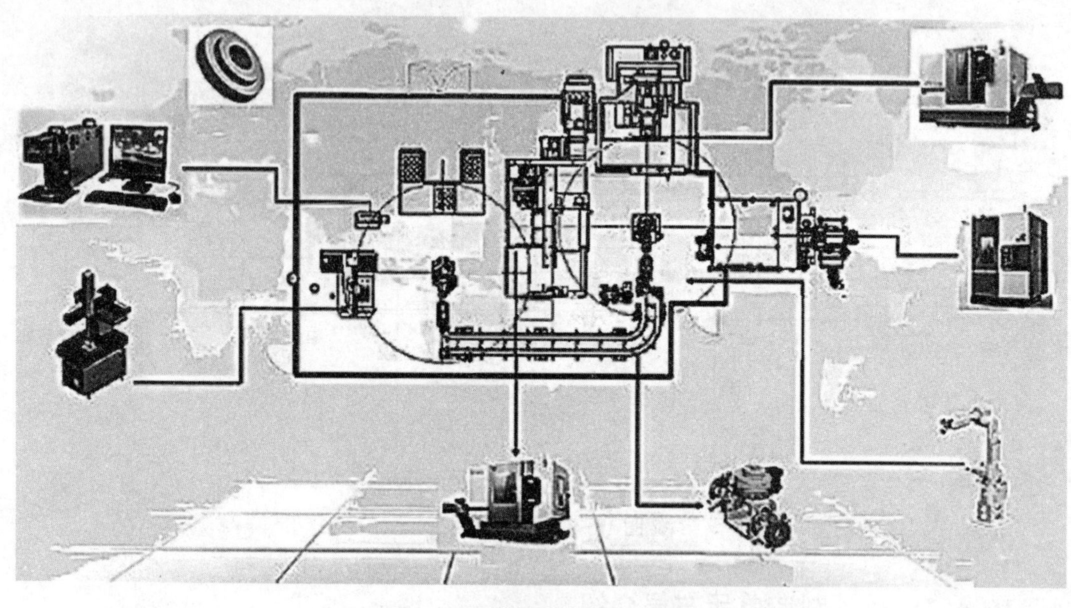

图 16-10　柔性制造单元布局图

16.4.3　柔性制造单元主要模块介绍

1. 机器人介绍

选用 20 kg 和 50 kg 规格的工业机器人，机器人控制轴数为 6 轴，最大水平工作半径分别为 1 730 mm 和 2 061 mm，最大夹持重量为 20 kg 和 50 kg，特别适合轻型零件的自动上下料应用，满足自动化加工单元的上下料要求，如图 16-11 所示。

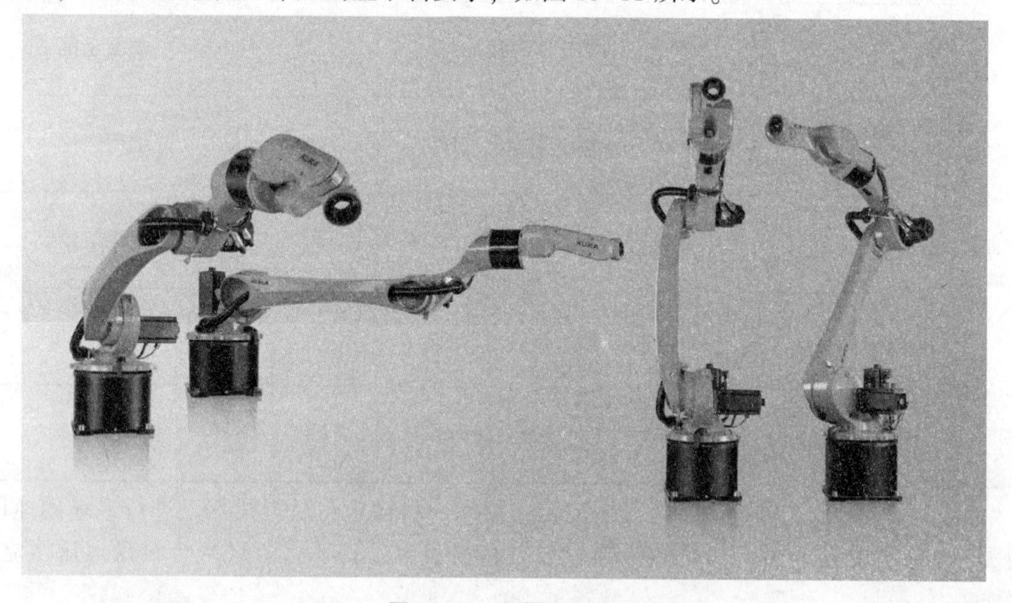

图 16-11　机器人示意

2. 中转料库

中转料库由电动机带动链条将工件输送到机器人指定的抓取工件位置。下料部分工件由自动化加工单元处机器人放在下料位置，通过由链条传送到测量机上料处，由检测单元处机器人抓取工件放进三坐标测量机中测量。中转料库示意如图 16-12 所示。

3. 抓手模块

抓手模块由 2 套气爪组成，布置在机器人的第六轴上，可同步完成上料与下料动作，上下料效率高，抓手模块示意如图 16-13 所示。单套气爪抓取工件最大重量为 2.9 kg（此参数受机器人载重的影响）。气爪为三指气爪，夹持工件的外圆或撑内孔。

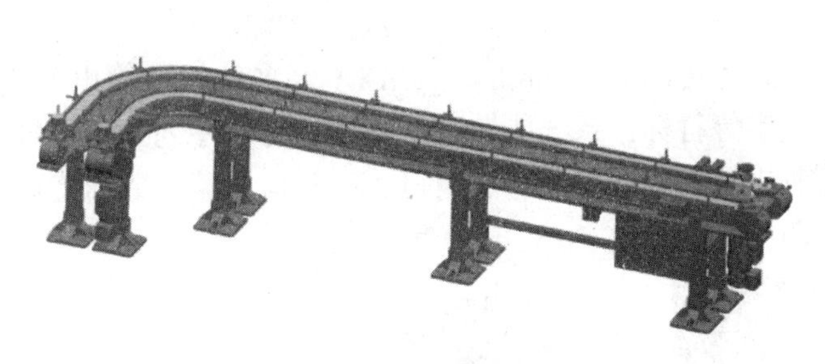

图 16-12　中转料库示意

图 16-13　抓手模块示意

4. 快换爪模块

为满足不同种类型工件的抓手系统的自动更换，需要配有快换爪模块，以保证自动、快速地实现不同类型抓手模块的更换，如图 16-14 所示。此系统可实现包括机械部件、电气控制部件、气动部件等适应自动更换的要求。

5. 翻面机构

由于零件是按照多序加工的，考虑到自动线的结构紧凑性和翻转的快速可靠性，因此在自动线的两序之间加一个翻面机构来实现对工件的 180°翻转，翻面机构示意如图 16-15 所示。

图 16-14　快换爪模块示意

图 16-15　翻面机构示意

6. 三坐标测量机及夹具

三坐标测量机是配合自动化加工单元的实时在线测量系统，能够代替所有的专用量规和手工检测仪器，无缝衔接生产线，实现连续监控；测量机夹具采用气动夹紧装置，安全可靠，方便快捷，可实现轴承压盖的准确定位，如图 16-16 所示。

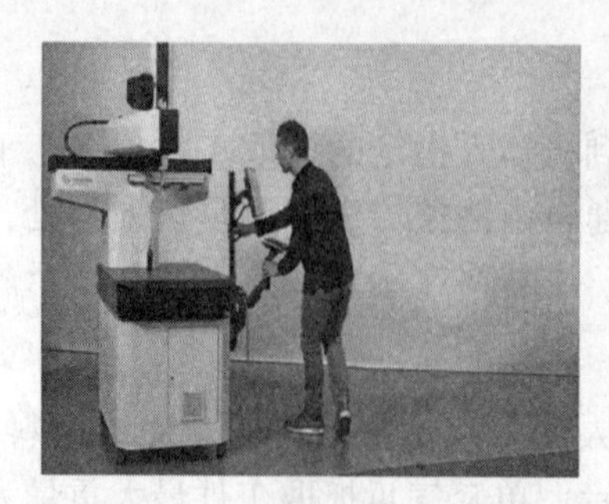

图 16-16　测量机及测量机夹具示意

7. 激光打标机

激光打标机兼容 AutoCAD、CorelDRAW、Photoshop、CAXA 等多种软件输出的文件，可进行条形码、二维码、图形、文字等打标；系统能够自动编码，打印序列号、批号、日期等，还可进行个性化定制；控制柜提供标准的网口、串口、USB 口，满足数据传输及设备扩展要求，激光打标机示意如图 16-17 所示。

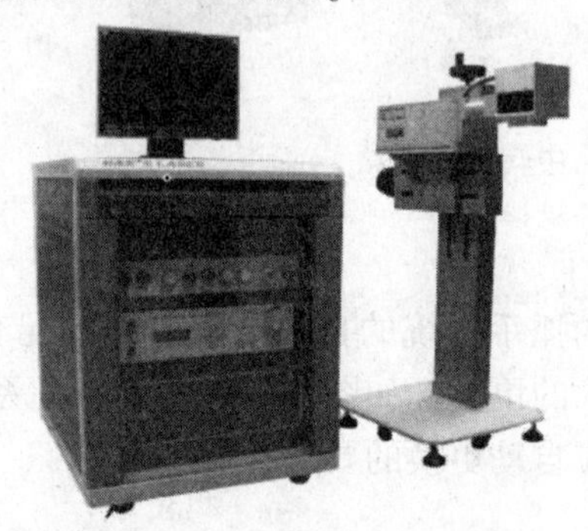

图 16-17　激光打标机示意

16.4.4　柔性制造单元中央总控系统介绍

柔性制造单元中央总控系统包括制造数据基础建模、计划排程、生产调度、库存管理、质量管理、生产管理、加工单元/设备管理、工作站、看板管理、程序管理、追溯管理、设备数据集成等管理模块，是一个智能、高效的制造协同管理平台。

柔性制造单元中央总控系统在加工单元生产综合过程集成控制平台基础上，面向加工生产过程，运用物联网等先进技术，通过对人、机、料、法、环等要素的在线监控、智能分析处理和展示，实现加工单元协调运作和精细化管理。其具体目标包括：均衡化和精细化生产、生产和物流过程的透明化和可视化、制造资源的组织和调度优化、全面质量管理和追溯、生产活动的智能分析等，柔性制造单元中央总控系统页面如图 16-18 所示。

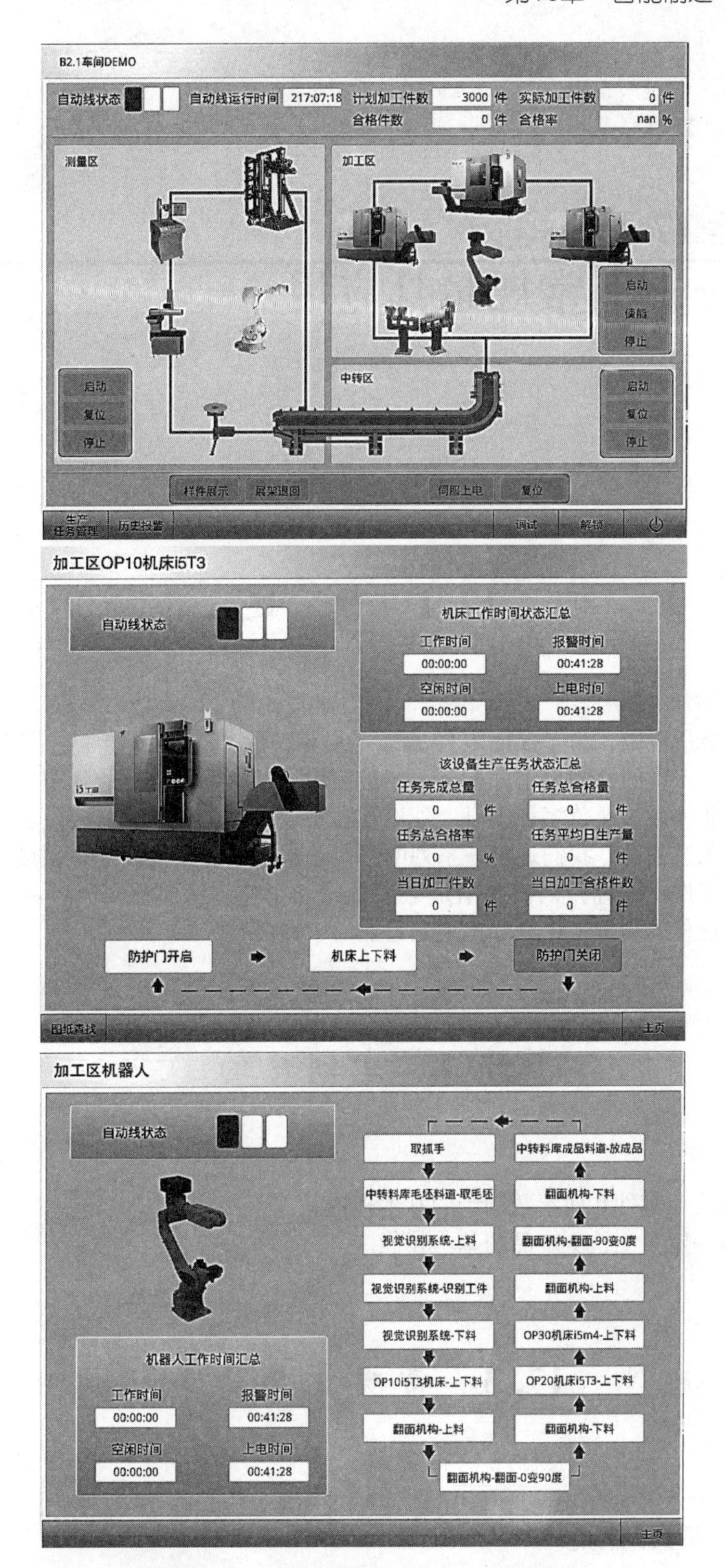

图 16-18 柔性制造单元中央总控系统页面

第17章 常规量具应用

17.1 概　述

在机械制造过程中，为了保证零件的加工质量，除了严格按照工艺要求进行加工以外，对零件进行正确的检测也十分重要，测量工作是产品检测的关键环节。测量技术是一门具有自身专业体系、涵盖多种学科、理论性和实践性都非常强的前沿科学。

在产品加工过程中，我们通过一系列的测量技术来保证零件的加工精度和互换性，经过检测，如果零件不达标，则需要增加必要的校正工作，从而提高了产品质量和生产效率。零件加工过程的测量工作就好比是制造业的“眼睛”。

17.2 实训目的

（1）了解工业零件几何参数测量的基本理论。

（2）具备一定手工检测产品的基本技能。

17.3 常规量具简介

17.3.1 量具的概念

量具是实物量具的简称，是一种形态固定、用以复现或提供给定量的一个或多个已知量值的器具。

17.3.2　量具的分类

根据量具的用途，可以将其分为标准量具、通用量具和专用量具。

1. 标准量具

标准量具主要指用作测量或检定标准的量具；通常用来校对和调整其他量具，精度等级最高，可作为标准量与被测对象几何量的比对，如量块、多面棱体、表面粗糙度比较样块等，如图17-1所示。

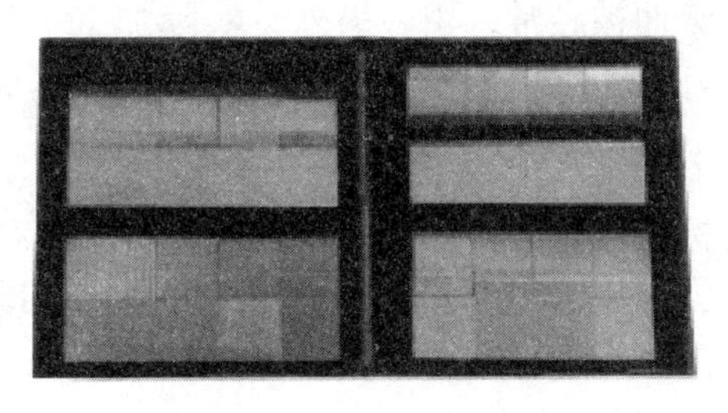

图17-1　量块和表面粗糙度比较样块

2. 通用量具

通用量具指应用范围较大且具有一定的量程，可通过一定方法获得被测对象具体数值的计量器具，如金属直尺、游标卡尺、千分尺、指示表、万能角度尺等。通用量具是本章的重点，在后续的小节中将详细讲解。

3. 专用量具

专用量具指为检测零件某一特定技术参数而设计制造的量具，测量范围单一，如塞尺、硬度仪、螺纹规、角度样板等，如图17-2所示。

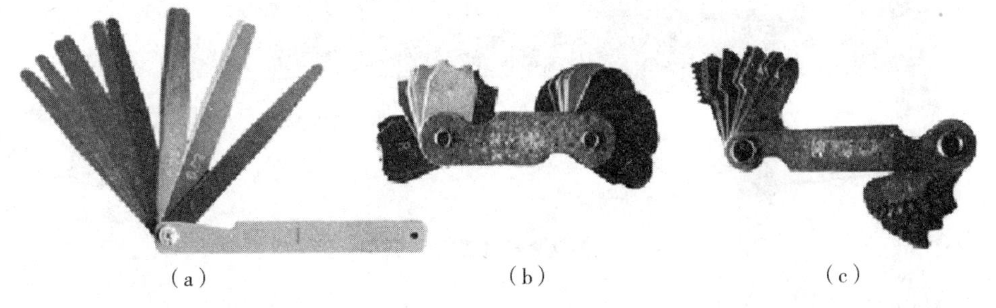

（a）　（b）　（c）

图17-2　几种专用量具

（a）塞尺；（b）半径规；（c）螺纹规

17.3.3　几种通用量具

1. 金属直尺

金属直尺的应用范围较广，是最简单、最便捷的长度测量工具，其规格主要有150 mm、300 mm、500 mm等，如图17-3所示。

图 17-3　金属直尺

金属直尺的测量精度较低，它的刻度线间距为 0.5 mm 或 1 mm，而刻度线本身的宽度就有 0.1 ~0.2 mm，易产生读数误差，小于 0.5 mm 的数值只能估计得出。如果用金属直尺直接测量零件的直径尺寸（轴径或孔径），由于其无法放在零件直径的正确位置，因此测量精度更低。虽然金属直尺本身的读数误差较大，但是在粗加工的测量中，因其方便快捷的优势而被经常采用。另外，实际加工中，金属直尺经常与其他高精度量具配合使用，效果很好。由于其使用简单，因此这里不再举例演示。

2. 游标卡尺

游标卡尺是最常用的游标类量具，其具有结构简单、维护与使用方便、测量范围较大等特点，多用于检测常规机械加工的中等精度尺寸，可测量零件的外（内）径、长度、宽度、厚度、深度、高度等线性尺寸。

1）普通游标卡尺的结构

如图 17-4 所示，普通游标卡尺由尺身及在尺身上滑动的游标组成。游标与尺身之间有一弹簧片，利用弹簧片的弹力可使游标与尺身靠紧并在游标滑动时产生一定的阻尼。游标上部有一紧固螺钉，可将游标固定在尺身上的任意位置，用以防止读数时游标滑动产生误差。尺身和游标都有量爪，利用内测量爪可以测量槽的宽度和零件的内径，利用外测量爪可以测量零件的厚度和外径。深度尺与游标连在一起，可以用于深度或台阶高度的测量。游标卡尺多为三用或四用的，四用的游标卡尺可利用主尺与游标尺最前端的配合来测量台阶高度。游标卡尺归零后，主尺与游标最前端可以对齐的就是四用游标卡尺。

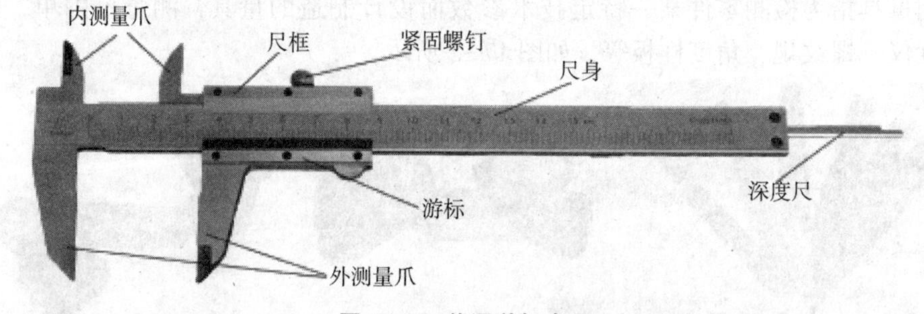

图 17-4　普通游标卡尺

2）游标卡尺的读数方法

机械加工中常用分度值为 0.02 mm 的游标卡尺，下面的讲解与训练均以此为例。读取数值时经常采用“加法”原则，即测量值=游标“0”刻度线左边主尺的毫米整数+游标上与主尺刻度线对齐的小格数×分度值。

若游标上没有刻度线与主尺刻度线完全对齐，则取最接近对齐的线进行读数。用游标卡尺测量多种型面时，读数方法一致。在读取数值时，须使视线与尺面保持垂直，用右手拇指推动游标尺，使测量爪贴紧零件表面即可，不可用力过大。如需从被测物体上取下再读取数值，请先将游标尺顶部的紧固螺钉拧紧，取下时尽量不要使游标尺受力，以防游标尺产生移动，导致测量结果错误。

例：如图 17-5 所示，被测零件此处宽度的数值 L 为 4.8 mm。

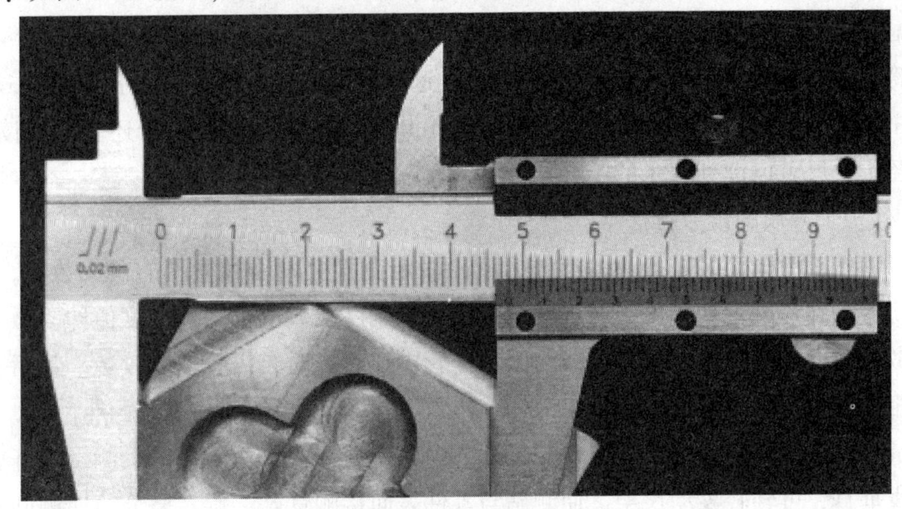

图 17-5　工件测量

各种型面的测量方法，请参阅下列视频。

视频 17-1
外径测量

视频 17-2
内径测量

视频 17-3
台阶测量

3. 外径千分尺

外径千分尺是螺旋测微器的一种，精度高于游标卡尺，但测量范围要比游标卡尺小一些，主要有 25 ~ 50 mm、50 ~ 74 mm、75 ~ 100 mm 等，常用在机械制造的精加工环节，主要由尺架、测砧、测微螺杆、固定套管、微分筒、测力装置和锁紧装置等组成，如图 17-6 所示。

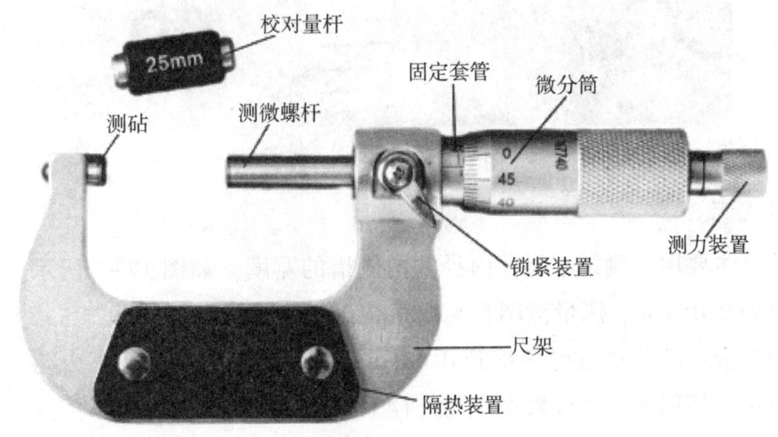

图 17-6　外径千分尺

1）外径千分尺的测量原理

根据螺旋运动原理，当微分筒旋转一周时，测微螺杆前进或后退一个螺距（0.4 mm）。当微分筒旋转一个分度后，它转过了 1/50 周，这时测微螺杆沿轴线移动了 1/50×0.4 mm = 0.01 mm，因此，使用外径千分尺可以准确读出 0.01 mm 的数值。由于还能再估读 1 位，因此外径千分尺可以读到毫米的千分位。

2）外径千分尺的读数方法

我们首先以微分筒的端面为基准线，读出固定套管上刻度线显示的最大数值。然后，在微分筒上找到与固定套管中线对齐的刻度线，该刻度线数值再乘以分度值即为微分筒读数。当微分筒上没有任何一根刻度线与固定套管中线对齐时，需要估算读数。最后，将两个读数相加即为实际测量值。

测量时，测微螺杆必须与零件被测尺寸方向保持一致。测量外径时，测微螺杆要与零件的轴线垂直，可轻轻晃动尺架，使测砧与零件表面接触良好。旋转微分筒使测砧表面接近零件被测表面后，转动微调旋钮（测力装置），当听到几声“咔，咔……”声音后，停止转动，读出读数。读数时最好不离开零件，若须取下读数，应先锁紧测微螺杆，再轻轻取下（微微晃动）。

使用方法请参阅视频 17-4。

视频 17-4
外径千分尺使用

例：如图 17-7 所示，固定套管上刻度线显示的最大数值为 25.5，由于微分筒上没有任何刻度线与固定套管中线对齐，估算读数为 47.7，则测量值 = 25.5+47.7×0.01 = 25.977 mm。

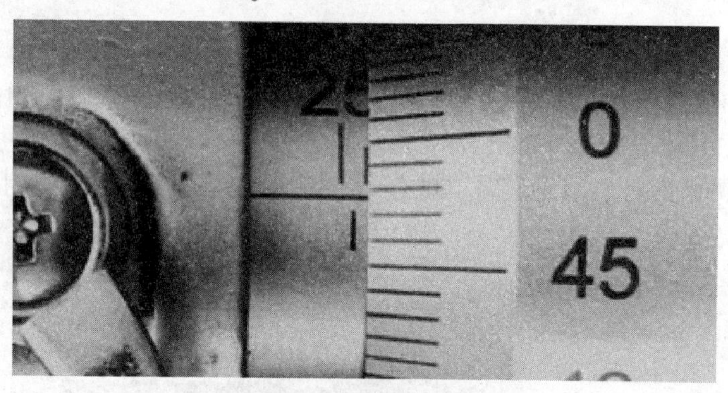

图 17-7　千分尺读数

4. 内测千分尺

内测千分尺主要用于测量小尺寸内径和内侧槽的宽度，如图 17-8 所示。普通内测千分尺的分度值为 0.01 mm，测量范围有 5～30 mm、25～50 mm、50～74 mm、75～100 mm 等。数显内测千分尺的分度值可精确到 0.001 mm，其特点是容易找正内孔直径，测量方便。内测千分尺的使用方法和读数原理与外径千分尺基本一致，这里不再详细说明。

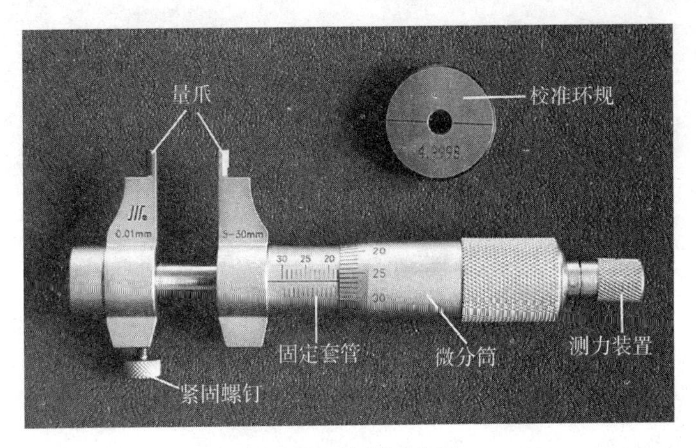

图 17-8　内测千分尺

5. 高度游标卡尺

高度游标卡尺的主要用途是测量零件的高度，也经常用于测量形状和位置公差尺寸及进行精密划线等，通常被称为高度尺。其结构特点是用质量大的基座代替固定量爪，游标通过横臂上装有测量高度及划线用的量爪，如图 17-9 所示。

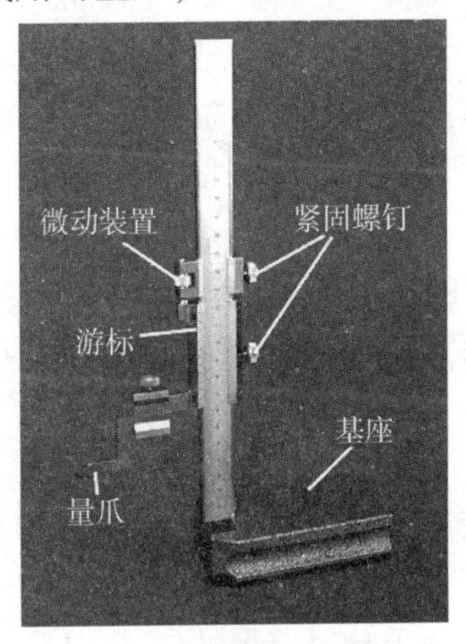

图 17-9　高度游标卡尺

用高度游标卡尺进行测量时，应在平台上进行。在测量高度时，量爪测量面的高度，就是被测量零件的高度尺寸，它的读数原理与游标卡尺读数原理一样，读数方法参照游标卡尺的两种读数方法。应用高度游标卡尺划线时，调好划线高度，用紧固螺钉把尺框锁紧后，也要在平台上先调整再画线。在钳工划线工作中，高度尺是重要的工具之一，需配合方箱、划线平板等一同使用。

6. 内径指示表

1）内径指示表的结构

内径指示表由指示表和专用表架组成，如图 17-10 所示，工业生产中常用于测量小型工件孔的直径和孔的形位误差，在深孔的测量中，使用非常方便。

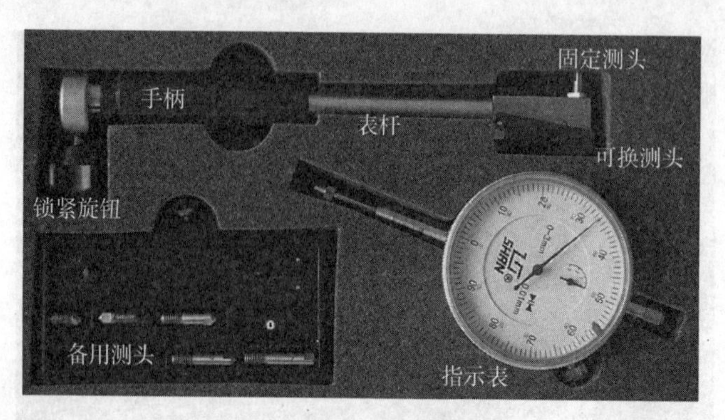

图 17-10　内径指示表

2）内径指示表的读数方法

内径指示表是利用活动测头移动距离与指示表示值相等的原理读数的。当活动测头移动 1 mm 时，指示表指针回转一圈。表盘上共刻有 100 格，每一格即为 0.01 mm。因此，指示表的分度值为 0.01 mm。图 17-10 中内径指示表活动测头（在可换测头处安装）的移动量为 0～3 mm，其测量范围是以更换或调整可换测头的长度来达到的。使用的内径指示表都附有成套的备用测头，最常见的测量范围有 10～18 mm、18～34 mm、35～50 mm、50～100 mm 等。

关于指示表的读数，应该按照先整数（小指针刻度）后小数（大指针刻度）的原则，两者相加，即得到所测量的数值。测量时，当圆表盘指针顺时针方向离开“0”位，表示被测实际孔径小于标准孔径，它是标准孔径与表针离开“0”位格数的差；当圆表盘指针逆时针方向离开“0”位，表示被测实际孔径大于标准孔径，它是标准孔径与表针离开“0”位格数之和。若测量时表盘小针偏移超过 1 mm，则应在实际测量值中减去或加上相应数值。

3）内径指示表的定尺

由于内径指示表是用于比较测量的量具，因此它测量时的基本尺寸是由其他量具提供的，按测量时的精度要求，为其提供尺寸的量具为外径千分尺、环规、量块及量块附件的组合体。在实际生产中，经常采用千分尺定尺寸。

将指示表的装夹套筒擦净，小心地装进表架的弹性卡头中，并使表的指针转过半圈左右（0.4 mm），旋紧锁紧旋钮将指示表锁住。拧紧旋钮时，力度适中，以防止将指示表的套筒挤压变形。

根据被测孔径的公称尺寸，选取一个相应尺寸的可换测头装到表杆上，其伸出的长度可以调节，用卡尺调整到两测头之间的长度尺寸比被测孔径的公称尺寸大 0.4 mm 左右，同时紧固可换测头。

根据被测量尺寸，选取校对环规或外径千分尺，校对指示表的“0”位。

7. 深度游标卡尺

深度游标卡尺用于测量凹槽或孔的深度、梯形工件的梯层高度、长度等尺寸，平常被简称为深度尺，如图 17-11 所示。例如，测量内孔深度时应把基座的端面紧靠在被测孔的端面上，使尺身与被测孔的中心线平行，伸入尺身，则尺身端面至基座端面之间的距离，就是被测零件的深度尺寸。它的读数方法和游标卡尺完全一样。

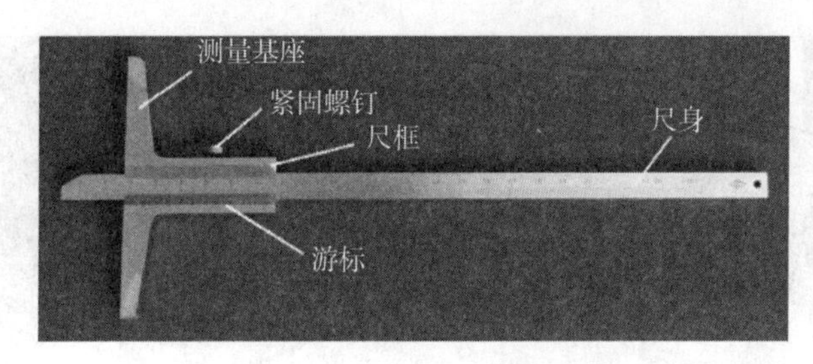

图 17-11　深度游标卡尺

测量时，先把测量基座轻轻压在工件的基准面上，两个端面必须接触工件的基准面。测量轴类等台阶时，测量基座的端面一定要压紧在基准面，再移动尺身，直到尺身的端面接触到工件的量面（台阶面）上，然后用紧固螺钉固定尺框，提起卡尺，读出深度尺寸。多台阶小直径的内孔深度测量，要注意尺身的端面是否在要测量的台阶上。

使用方法请参阅视频 17-5。

8. 万能角度尺

万能角度尺由直尺、基尺、主尺、扇形尺、游标尺、角尺、制动头与螺帽、卡块等组成，如图 17-12 所示。测量工件时，可调整扇形尺背面的旋钮，使基尺改变角度。达到所需角度时，可用制动头锁紧。卡块的作用是将角尺和直尺固定在需要的位置。

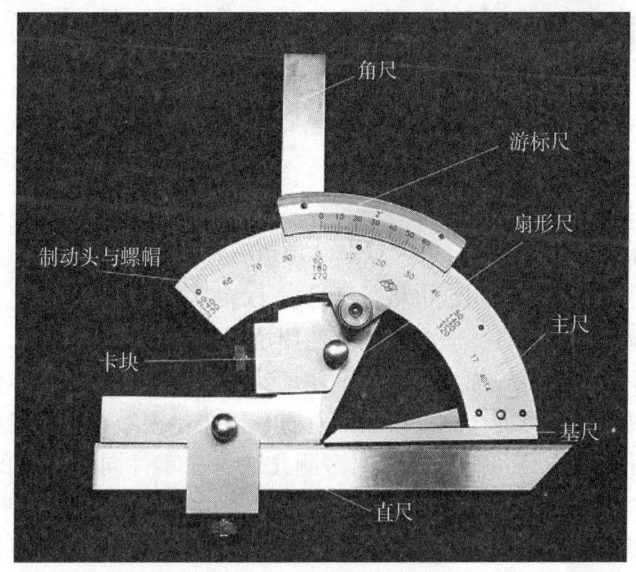

图 17-12　万能角度尺

万能角度尺可按游标原理读数，如图 17-13 所示。主尺每格为 1°，游标上每格的分度值为 2′，图示读数为 1°14′。

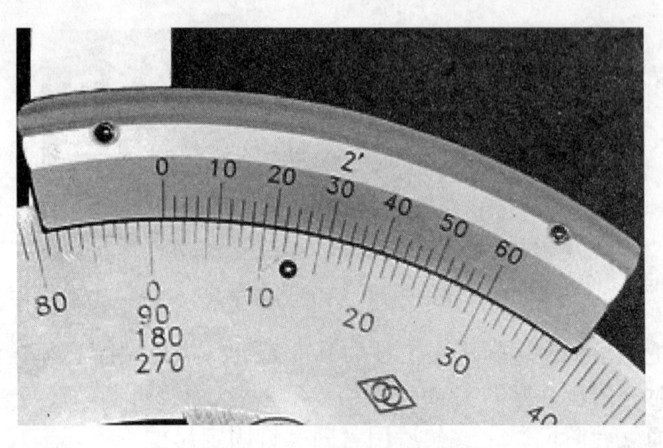

图 17-13　万能角度尺读数

万能角度尺的量程为0°~320°，测量不同的角度，须按不同方式对万能角度尺各部分进行组合，这部分作为思考题，请同学们在实训时根据对万能角度尺的观察，自己找出多种角度的测量方法。

17.4　常规量具使用的注意事项

（1）明确所使用量具的量程、精度是否符合被测零件的要求。

（2）测量工作前，检查量具各部分是否完整且无损伤，检查刻线是否清晰。各移动零部件是否活动自如，如有过松、过紧、晃动等现象，须进行修复或更换。

（3）使用前，用软布或专用纸巾将量具擦拭干净。

（4）需要校验零位的量具，应参照相关使用说明认真进行。

（5）测量零件时，不可施加力度过大，使量具相关部位刚好接触零件表面即可。

（6）读数时视线应尽可能与刻度线表面垂直，以减小视线歪斜造成的误差。

（7）为了获得正确的测量结果，可以多测几次，在零件同一截面的不同方向进行测量。对于较长零件，须在全长的多个部位进行测量。

（8）测量工作暂停或结束后，应把量具放到规定的位置，避免与零件或其他工量具混放。使用完毕后，应将量具擦拭干净，放入包装盒内。如长时间不用，应在量具易锈部分表面涂防锈油或工业凡士林，并将其存放于干燥、阴凉处，避免重压或倾倒。

参考文献

[1] 曹国强. 工程训练教程 [M]. 北京：北京理工大学出版社，2019.

[2] 曾海泉，刘建春. 工程训练与创新实践 [M]. 北京：清华大学出版社，2015.

[3] 陈艳巧，徐连孝. 数控铣削编程与操作项目教程 [M]. 北京：北京理工大学出版社，2016.

[4] 冯荣坦，宋扬，赵炜，等. CAXA 制造工程师 2006 基础实例教程 [M]. 北京：机械工业出版社，2009.

[5] 冯跃霞，许允，范国权. 钳工操作技能 [M]. 河南：河南科技出版社，2014.

[6] 顾蓓，信丽华，唐佳. 现代制造技术实习典型案例教程 [M]. 北京：清华大学出版社，2013.

[7] 郭术义. 金工实习 [M]. 北京：清华大学出版社，2011.

[8] 雷世明. 焊接方法与设备 [M]. 北京：机械工业出版社，2004.

[9] 李德富. 金属加工与实训——铣工实训 [M]. 北京：机械工业出版社，2010.

[10] 李杰，吴春晓，戚家. 数控车工能力进阶项目实训 [M]. 成都：四川大学出版社，2015.

[11] 李立军，赵新泽，赵亮方. 工程基础训练 [M]. 北京：中国水利水电出版社，2017.

[12] 李莉芳. 数控加工工艺与编程 [M]. 北京：北京理工大学出版社，2017.

[13] 李镇江，付平，吴俊飞. 工程训练 [M]. 北京：高等教育出版社，2017.

[14] 宁海霞，汪浩. 铸造工 [M]. 北京：化学工业出版社，2006.

[15] 祁立军. 机械制造工程训练 [M]. 西安：西北工业大学出版社，2016.

[16] 钱桦，李琼砚. 工程训练与创新制作简明教程 [M]. 北京：中国林业出版社，2016.

[17] 史晓亮，舒敬萍，彭兆. 机械制造工程实训及创新教程 [M]. 北京：清华大学出版社，2020.

[18] 孙永吉，张红梅，王栋梁. 机械制造工程训练全程指导 [M]. 北京：电子工业出版社，2015.

[19] 王鹏程. 工程训练教程 [M]. 北京：北京理工大学出版社，2014.

[20] 王欣. 热加工实训 [M]. 北京：机械工业出版社，2002.

[21] 郗安民，翁海珊. 金工实习 [M]. 北京：清华大学出版社，2009.

[22] 徐海军，王海英. CAXA 制造工程师 2013 数控加工自动编程 [M]. 北京：机械工

业出版社，2014.
[23] 徐向纮，赵延波．机械制造技术实训［M］．北京：清华大学出版社，2018.
[24] 闫洪．锻造工艺与模具设计［M］．北京：机械工业出版社，2012.
[25] 杨保成，吕斌杰，赵汶．数控车床编程与典型零件加工［M］．北京：化学工业出版社，2015.
[26] 杨钢．工程训练与创新［M］．北京：科学出版社，2015.
[27] 喻志刚，陈翠萍．数控车加工项目教程［M］．武汉：武汉大学出版社，2014.
[28] 张继祥，杨钢，钟厉，等．工程创新实践［M］．北京：国防工业出版社，2011.
[29] 张喜江．CAXA 制造工程师技能训练实例及要点分析［M］．北京：化学工业出版社，2015.
[30] 赵炳桢，商宏谟，辛节之．现代刀具设计与应用［M］．北京：国防工业出版社，2014.
[31] 赵延毓，杨继宏．数控车床加工技术［M］．北京：北京理工大学出版社，2017.
[32] 周桂莲，陈昌金，徐爱民．工程训练教程［M］．北京：机械工业出版社，2014.
[33] 周述积，侯英伟，茅鹏．材料成形工艺［M］．北京：机械工业出版社，2005.
[34] 朱建平．数控车床编程与操作［M］．北京：北京理工大学出版社，2018.
[35] 国家市场监督管理总局，中国国家标准管理委员会．GB/T 2484—2018 固结磨具一般要求［S］．北京：中国标准出版社，2018.